大气污染与健康流行病学研究

主　编　潘小川

副主编　李国星　曾　强

编　委（按姓氏笔画排序）

王旭英（医惠科技有限公司）　　　　　贾予平（北京市疾病预防控制中心）

王佳佳（首都医科大学）　　　　　　　倪　洋（天津市疾病预防控制中心）

田　霖（中国食品药品检定研究院）　　郭　群（中国环境科学院）

刘利群（中国医学科学院）　　　　　　郭玉明（澳大利亚蒙纳士大学）

李国星（北京大学公共卫生学院）　　　黄　婧（北京大学公共卫生学院）

杨敏娟（上海市浦东新区疾病预防　　　梁凤超（南方科技大学）

　　　　控制中心）　　　　　　　　　董兆举（滨州医学院）

张亚娟（宁夏医科大学）　　　　　　　曾　强（天津市疾病预防控制中心）

陈功博（中山大学）　　　　　　　　　熊秀琴（澳大利亚墨尔本大学）

武子婷（北京大学公共卫生学院）　　　潘小川（北京大学公共卫生学院）

秘　书　徐志虎（北京大学公共卫生学院）

人民卫生出版社

·北　京·

图书在版编目（CIP）数据

大气污染与健康流行病学研究／潘小川主编.—北京：人民卫生出版社，2021.11

ISBN 978-7-117-31969-0

Ⅰ.①大… Ⅱ.①潘… Ⅲ.①空气污染–关系–流行病学–研究 Ⅳ.①X51②R18

中国版本图书馆 CIP 数据核字（2021）第 168887 号

| 人卫智网 | www.ipmph.com | 医学教育、学术、考试、健康，购书智慧智能综合服务平台 |
| 人卫官网 | www.pmph.com | 人卫官方资讯发布平台 |

大气污染与健康流行病学研究

Daqi Wuran yu Jiankang Liuxingbingxue Yanjiu

主　　编：潘小川

出版发行：人民卫生出版社（中继线 010-59780011）

地　　址：北京市朝阳区潘家园南里 19 号

邮　　编：100021

E - mail：pmph @ pmph.com

购书热线：010-59787592　010-59787584　010-65264830

印　　刷：三河市潮河印业有限公司

经　　销：新华书店

开　　本：787×1092　1/16　印张：13

字　　数：316 千字

版　　次：2021 年 11 月第 1 版

印　　次：2021 年 12 月第 1 次印刷

标准书号：ISBN 978-7-117-31969-0

定　　价：49.00 元

打击盗版举报电话：**010-59787491**　**E-mail：WQ @ pmph.com**

质量问题联系电话：**010-59787234**　**E-mail：zhiliang @ pmph.com**

前　言

当今世界，大气污染问题及其对人群健康的危害正日益受到世界各国政府和学者的高度关注和重视。自 1972 年联合国人类环境会议通过《人类环境宣言》以来，我国陆续在国内部分城市开展了环境污染特别是大气污染对人群健康影响的研究，如 20 世纪 70 年代初兰州市大气污染对居民健康影响的研究，成为我国大气污染与健康流行病学研究领域的开山之作，曾获甘肃省科学技术进步奖，随后辽宁省城市大气污染对人群健康影响调查及全国 26 个城市大气污染与人群健康关系的研究，均为我国大气污染与健康流行病学研究的早期经典之作。

进入 21 世纪以来，随着全球大气环境监测技术和人群健康数据分析方法的突破及迅速发展，大气污染与健康的环境流行病学研究在其内涵、外延和方法学上都进入了崭新的发展阶段。随着大气质量实时监测与分析技术、时间序列分析模型、空间流行病学方法以及地理信息系统（GIS）、全球定位系统（GPS）和遥感系统（RS）3S 分析技术的大量应用和大数据概念的日益融合交叉，使得近年来大气污染与健康的环境流行病学研究在广度和深度上都提高到前所未有的新水平和新阶段。

本书汇集了北京大学公共卫生学院大气污染与健康环境流行病学研究团队近 20 年的相关科研成果及方法学研究经验的结晶，各个章节均结合实际研究案例，深入浅出地介绍了近年来大气污染与健康的人群流行病学研究的基本思路、研究设计、数据收集和统计分析的新技术、新方法，希望对从事大气污染与人群健康环境流行病学研究的学者、公共卫生一线工作者以及大专院校的研究生和本科生在专业上有所帮助和裨益。全书第一章和第二章介绍了大气污染与健康的流行病学基本特征和研究设计，第三章至第八章围绕大气污染人群危害的不同健康效应终点，结合案例分析，系统深入地介绍了相应的环境流行病学研究设计思路、数据分析方法和当前研究进展；第九章至第十一章则分别对大气污染健康影响的疾病负担、经济损失及相应干预措施的国内研究近况做了重点介绍。

本书编写之时，正逢新冠肺炎疫情在全球肆虐，承蒙各位编者不辞辛劳，终于成稿于此，特此深表感谢！

北京大学医学部公共卫生学院　潘小川

2021 年 6 月于北京

目　录

第一章

概　　述

第一节　大气污染及其主要特征

一、大气污染的概念

大气污染是指自然环境大气中外来的污染物质浓度达到某种程度,以致对自然生态系统的平衡造成破坏,对人类的生存和身心健康产生危害的现象。大气中外来的污染物质的形成,有自然的原因,也有人为的原因。大气污染是人类当前面临的重要环境污染问题之一。由于大气污染,使某些自然环境要素发生变化,生态环境受到冲击而失去平衡,导致自然环境系统的结构和功能发生改变,进而对人群的健康也会产生危害。这种因大气污染而引起环境变化进而导致人群健康危害的现象,称为大气污染健康影响(效应)。

当今世界各国政府和学者都对大气污染如此重视和关注,也正是因大气污染所引起的显著健康效应所促成的。在迄今为止的历次世界重大污染事件中,就有 7 件是由大气污染造成的。如马斯河谷烟雾事件、多诺拉烟雾事件、伦敦烟雾事件、洛杉矶光化学烟雾事件、四日市哮喘事件、博帕尔农药泄漏事件和切尔诺贝利核电站事故等,这些污染事件在造成大气严重污染的同时,均出现接触人群中毒和相关疾病的发病和死亡迅速增加,对人类社会的正常发展产生极大的震撼。

二、大气污染的基本特征

一般认为形成大气污染的三大要素是污染源、大气状态和污染受体(环境和人体)。大气污染的三大过程是污染物排放、大气运动和对受体(包括环境和人体)的作用。大气污染的程度与污染物的性质、污染源的排放、气象条件和地理条件等密切相关。其中,人为污染源按其性质和排放方式可分为工业污染源、生活污染源和交通污染源。

(一)大气污染源

一般可以分为自然污染源和人为污染源两大类。前者如火山爆发、森林火灾、岩石风化等,指自然界自行向大气环境排放有害物质或造成的有害影响;后者如各类燃料燃烧释放的废气、汽车尾气和工业排放等生产和生活活动产生的废气。当今全球的大气污染主要是人为因素造成的。大气污染源排放的有害物质对大气的污染程度,与污染源的特征,如排放方式、污染物的理化性质、污染物的排放量等内在因素有关,而大气污染对人群健康的影响则与人群的暴露水平和程度以及对污染物的群体遗传易感性密切相关。

1. **工业污染源**　工业企业排放仍然是当今尤其是发展中国家大气污染的主要来源。生产用化石燃料的燃烧,主要是煤炭和石油,在燃烧过程中会有大量的燃烧产物排放到大气中,主要有颗粒物、二氧化硫、一氧化碳、氮氧化物、各种烃类以及金属氧化物。我国是一个煤炭大国,近年的煤炭产量始终居世界第一位。预计在今后的长时期内,煤炭仍将是我国的主要能源。燃用煤炭最多的工业部门有电力、冶金、机械制造、化工、轻工、建筑材料等。燃烧产物的种类、数量与燃煤品种、数量、燃烧方法、燃烧设备、除尘净化设施等有关。因此煤炭燃烧也是我国大气污染的主要来源之一。第二大来源是工业生产过程中废气的排放。工业生产从原料进厂到产品出厂,由于不同的工艺流程和生产过程所限,各种污染物质难免有"跑、冒、滴、漏"的现象,这类污染物排放的组分复杂,因无组织排放,排放高度低,对附近地区的大气污染尤为严重。有的企业在生产过程中因多种原因不能将废气回收利用,而采取排气筒直接排放,易将废气扩散至较远地区,可造成远距离的大气污染。

2. **交通运输**　多年来,交通运输业的发展始终是世界经济发展的重要动力之一,随着全球交通运输业的发展,欧美发达国家汽车废气的大量排放已经成为其大气污染的主要来源,国外学者估计,21世纪全球大气污染的主要特征是机动车废气污染,并将逐步成为主要的污染来源。我国近年来随着经济的快速发展,汽车的生产和保有量也飞速增加,在国内主要的大城市中,机动车辆不断增加,大量的机动车上路使汽车废气的排放总量迅速增加;加之国内的道路条件先天不足,交通阻塞不断,汽车减速行驶或空档停车频繁,汽车燃料的质量又不好,造成严重的汽车废气污染,其对大气污染的分担率逐年升高,北京、上海、广州等一线城市汽车废气已成为大气污染的主要来源之一。

3. **生活炉灶与采暖锅炉**　目前我国大量中小城镇地区以及农村广大地区的居民生活炉灶仍然使用散煤、煤球或蜂窝煤,由于散煤质量不合格和炉灶结构不合理,造成大量燃烧不完全的污染物排放至低空大气,形成大气污染并对人群健康形成危害。我国北方城镇地区冬季采暖期,需要大量的煤炭或天然气燃烧供暖,使得冬季的大气污染物排放浓度常常很高,加之冬季逆温日较多,排出的污染物不易扩散而形成严重的近地面大气污染,对暴露人群可产生各种不良健康影响。

4. **地面扬尘**　我国近年来随着经济和人民生活水平提高,城市各项建设迅速发展,很多城镇居民区由于绿地面积少,防护意识差,建筑工地施工扬尘严重,加上大气污染的降尘,使地表面的浮尘较多。当人群经过和车辆行驶时,常使地面尘土飞扬,形成另类大气污染,遇风天时更易造成近地面大气污染。北京市近年的大气颗粒物污染就与此有重要的关系。

（二）大气污染物

根据大气污染物的形态,可分为气体和颗粒物两大类。气态污染物包括气体和蒸气。常见的气态污染物有 CO、SO_2、NOx、O_3 等。蒸气是某些固态或液态物质受热后,引起固体升华或液体蒸发而形成的气态物质,例如汞蒸气、苯、VOCs、硫酸蒸气等。蒸气遇冷后,仍能逐渐恢复到原有的固体或液体状态。

大气环境中颗粒状态的物质统称大气颗粒物(atmospheric particulate matters),包括固体颗粒和液体颗粒,颗粒物的粒径和化学组成是影响人体健康的两大基本要素,也是近年大气污染健康影响研究关注的焦点。

颗粒物粒径采用国际通用的空气动力学当量直径(aerodynamic equivalent diameter, AED)表示,简称空气动力学直径(aerodynamic diameter, AD)。AD 可以影响颗粒物在空气中的持续时间和进入呼吸道的部位,与人群健康关系密切。AD>100μm 的颗粒物在大气中一般仅悬浮几个小时,容易沉降到地面,形成降尘;而 AD≤100μm 的颗粒物称为悬浮性颗粒物,能均匀地分散在大气中形成相对稳定的悬浮体系,又称为气溶胶。粒径小的颗粒在大气中稳定程度较高,沉降速度慢,一般是 10μm 粒径的颗粒物,而 1.0μm 粒径的颗粒物沉降需 19~98 天,粒径小于 0.1μm 的颗粒则需要 5~10 年。

近年的研究认为,与人体健康关系密切的大气颗粒物可分为如下类型:

1. 可吸入颗粒物(inhalable particles)　指 AD≤10μm 的颗粒物,又称 PM_{10}。这类颗粒物一般沉降到地面需要 4~9 个小时,由于可以被人体直接吸入呼吸道,与人体健康的关系十分密切,能反映大气污染对人体健康的不良影响,是目前全球大多数国家大气质量监测的常规指标之一。

2. 细颗粒物(fine particles)　指 AD≤2.5μm 的颗粒物,又称 $PM_{2.5}$。这类颗粒物因粒径很细,可直接被吸入人体呼吸道的深部,甚至直达肺泡,所以对人体健康的危害更大。近年的研究发现,细颗粒物因为粒径小,更易于进入人体呼吸道;表面积大而吸附性强,更易于浓缩吸附大气中的有毒有害物质又可长期悬浮在大气中而被人体吸入。因而比其他颗粒物有更大的毒性和危害,是目前我国城市大气环境质量监测中超标频率最高的首要污染物,也是我国大气污染人群健康影响研究的重点。

3. 超细颗粒物(ultrafine particle)　国际上一般指 AD≤0.1μm 的颗粒物,但是,2012 年全国科学技术名词审定委员会将 $PM_{2.5}$ 命名为"细颗粒物"时顺带提出"直径在 1μm 以下的颗粒物(即 PM_1)可以称为超细颗粒物"。研究表明,细颗粒物($PM_{2.5}$)中,PM_1 所占比例常在 50% 以上,且 $PM_{2.5}$ 中的 PM_1 才是影响视觉能见度和人体健康的更主要因素。这类超细颗粒物主要来自汽车尾气,且多为在大气中形成的二次污染物。超细颗粒物更易进入人体的肺泡、血液、神经系统等,有研究表明其和白血病、心血管疾病的发生有一定关联。因此,研究超细颗粒物对评价大气环境和人体健康风险有重要意义。近年发达国家开展了这方面的研究,国内的相关研究也在逐步开展。

三、影响大气污染物浓度的因素

排入大气中的污染物是否形成污染并造成人群健康危害,取决于其浓度的高低,而影响大气污染物浓度的因素则主要包括污染源排放情况、气象因素和地理地形三方面。

(一)污染源排放情况

1. 排出量　一定时间内污染物排出量是决定大气污染程度最基本的因素。一般情况下,单位时间内从污染源排出的污染物量越大,大气污染的程度就越严重。一个地区的工厂企业及汽车尾气的污染物排出总量是该地区大气污染程度的关键影响因素,也是控制大气污染的措施和手段主要的思路和着力点。

2. 排放方式　污染源排出污染物的方式不同,对污染物浓度的影响亦很大。一种是无组织排放方式,即污染物不通过烟囱或排气筒而是任其由门窗或直接排入大气,因污染物排放高度低,扩散动力小,主要引起周边地区的大气污染。另一种是有组织排放,指通过烟囱或排气筒,把污染物排到一定高度和方位的大气中。这种排放方式的污染源比较容易控制。有些污染源采用连续排放的方式(如工厂企业),对大气污染的影响比较稳定;有些则是间歇排放方式,如采暖锅炉仅冬季排放,属于季节性排放的污染。发生意外事故时,常形成短时间突发的、高浓度的污染物排放。

3. 排出高度　排出高度是指烟囱的有效排出高度,即烟囱本身的高度与烟气提升的高度之和。排出高度越高,烟波断面越大,污染物的扩散和稀释程度就越大,因而污染物在大气中的浓度就越低。一般认为,污染源下风侧的污染物最高浓度大致与烟波有效排出高度的平方成反比。

4. 与污染源的距离　大气污染物排出后,向下风侧逐渐扩散、稀释,然后接触到地面,该地面接触点称着陆点。一般细颗粒物的着陆点距污染源较远,有害气体的着陆点更远。由于污染物的浓度以着陆点最高,其也是实际对人群健康产生危害的主要地点。

(二) 气象因素

1. 风和湍流　风和湍流对污染物在大气中的扩散和稀释起着决定性作用,也是决定大气污染程度的基本因素之一。

空气的水平运动称为风。风向和风速时刻都在变化。风速是每秒空气流动的距离(m/s)。风向是指风吹来的方向,以罗盘方位表示(8个或16个方位)。风向能反映污染源周围受影响的方位。风速则决定污染物被大气稀释的程度以及扩散的范围。

不规则的空气流动称为湍流。其表现为气流的速度和方向随时间和空间位置的不同而随机变化,并由此引起温度、湿度以及污染物浓度等因素的不规则变化。气温的垂直递减率越大,湍流运动越强。地面起伏程度越大,湍流运动也越强。大气中的污染物在湍流的作用下被加速扩散和稀释。

2. 气温　大气的温度主要来自太阳辐射和地表物体的热辐射。地面与空气的热量交换是气温升降的直接原因。距地面越近的空气温度越高,海拔越高气温越低。正常情况下,大气温度垂直递减率(γ)的平均值为 0.65℃/100m。其含义是:正常大气的高度每增加100m,其温度降低 0.65℃。这种大气温度随海拔高度逐步递减的特性,有利于地面热空气的垂直流动,也就有利于污染物的扩散稀释。

大气增温主要来自吸收并储存的太阳辐射(地面长波辐射)。由于太阳辐射在一天内是变化的,而使气温也呈现日变化。随着太阳辐射减弱,夜间地面温度和气温都逐渐下降,并在第二天日出前后地面储存的热量减至最少,所以一日之内气温最低值出现在日出后一瞬间而不在午夜。太阳辐射强度的季节变化导致了气温的年变化。

排放到大气的污染物随着近地面的气团逐步上升。其上升过程的温度变化,基本符合干绝热过程的规律。气团干绝热垂直递减率(γ_0)为 0.986℃/100m。其含义是:气团每上升100m,其温度降低 0.986℃。这也是污染物上升过程中本身温度降低的规律。当 $\gamma < 0$ 或 $\gamma = 0$ 时,大气温度反而随海拔高度升高而上升,形成上层气温高于下层气温的现象,称为逆温。逆温层的高度和厚度经常变动。由于逆温时的大气状态十分稳定,因此在逆温层内大气的垂直运动很难发展。当大气中出现逆温层时,处于逆温层中的烟、尘和水汽凝结物因不易扩散将会造成大量积聚,使能见度变差,空气质量恶化。大气的严重雾霾现象就大多发生在强逆温条件下。

晴朗无云(或少云)的夜晚,当风比较小时,地面因强烈的有效辐射而很快冷却,近地面的气温也随之下降。离地面越近空气受地表的影响越大,因而降温就越快,形成自地面开始的逆温,这就是辐射逆温。之后,随着地面辐射冷却的增加,逆温逐渐向上扩展,黎明时达到最强。日出以后,太阳辐射逐渐增强,地面很快增温,逆温便逐渐自下而上消失。中纬度地区冬季的辐射逆温层厚度常达 200~300m,有时还可达 400m 左右。辐射逆温最常出现,故与大气污染关系也最密切。

3. 大气稳定度 即指大气垂直运动的程度。在实际情况下,由于太阳辐射和其他各种气象因素的影响,大气温度垂直递减率(γ)经常发生变动,大气的这种状态称为大气不稳定状态。大气处于稳定状态时,污染物不易扩散。

4. 气压 大气的压强称为气压。在不同海拔高度、空气温度、地理纬度的情况下,气压的高低也不同。标准大气压是指在纬度45°的海平面上,气温为 273K 状态时的大气压。1 标准大气压 = 1 013.25 百帕(hPa) = 760mmHg,1mmHg = 133.322 帕(Pascal,Pa)。

当地表空气受低气压控制时,周围高压气团向中心运动,中心的气团便会上升,形成上升气流。由于地球的自转作用,北半球的上升气流向逆时针方向旋转,称为气旋。此时云层较多,风速较大,有利于大气污染物向上扩散。当地面空气受高压控制时,则形成反气旋。此时天气晴朗,风速小,出现逆温层而阻止了污染物向上扩散,因此会加重大气污染。

5. 气湿 大气的湿度,指大气中含水分的程度,常用相对湿度(%)来表示。大气中的颗粒物可吸收水分,增加粒径和重量,使大气扩散的速度下降,加重大气污染,同时大气中水分增加可催化其组分发生化学反应而形成光化学产物或酸雨等二次污染物。

(三) 地理地形

1. 山地和谷地 山坡表面白天因受日照而增温,气温比谷地高,空气上升,形成谷风,可将山坡上污染源排出的废气向上扩散,减少谷地的大气污染;夜晚山坡表面散热量大,冷却快,气温低于谷地,冷空气向谷地下沉,形成山风,同时产生逆温,将污染物压在谷底不易扩散,造成谷地大气严重污染。历史上曾出现过很多河谷地区的烟雾事件。

2. 海滨与陆地 陆地与海洋(江、湖、河、水库等类似)相连接处,白天由于太阳辐射热使陆地大气的升温速度比水面快,形成了由水面吹向陆地的风,称为海风。相反,夜间时陆地温度比水面低,气流由陆地吹向水面,形成陆风。如果污染源位于岸边,则白天其排放的污染物很难向海面扩散而蓄积在岸上,对附近居住区形成污染。

3. 城市热岛 城市热岛环流是城乡温度差引起的局地风。由于现代化城市人口密集,城市上空二氧化碳的增加和人为热源的释放等原因,城市附近的热量收入和散发均远大于四周郊区,故气温平均比周围乡村高,犹如处于四郊包围的"热岛"。有研究报告城乡年均温度差别大时可达 6~8℃。城市热岛的热空气上升,四郊冷空气流向城市,形成热岛环流,亦称城市风。城市风能将污染物和郊区工厂排放的污染物一起带到市区,使城市空气质量恶化。

第二节 大气污染的人群暴露评价

一、大气污染的人群暴露特征

大气污染的流行病学研究中,如何准确、灵敏和客观地定量测定和评价人群对大气污染的实际暴露特征及水平,对准确评估暴露-反应关系,确认病因推断并定量评价人群的健康效应具有重要意义,成为近年来环境流行病学研究中十分活跃的领域之一。一般可以从以下三个方面具体描述:

（一）环境浓度

环境浓度(environmental concentration)指污染物在某种环境介质(大气、水、土壤等)中的存在形态和数量,例如大气中 SO_2 的浓度,水体中汞的浓度等。这些也是一般环境监测工作的主要内容,可以通过仪器和采样分析技术获得。

（二）暴露水平

暴露水平(exposure level)指上述环境介质中的污染物与人体表面(如皮肤、消化道或呼吸道上皮)接触(包括接触方式、接触量及影响因素)的程度,例如人体每日呼吸进入体内的空气中可吸入颗粒物(PM_{10})的水平。这类数据常常需要附加问卷、现场观察及时间-活动模式的调查等手段才能准确获得。

（三）体内剂量

体内剂量(internal dose)指通过多种途径进入人体内的大气污染物含量。一般指进入人体血液循环的污染物水平或其代谢产物的含量,例如人体的血铅含量、尿中黏康酸的水平或血中碳氧血红蛋白(HbCO)的含量等。

环境浓度、暴露水平和体内剂量这三个方面相互联系、密不可分,实际上反映了人群对大气污染暴露的不同阶段和暴露评价的不同层次,构成大气污染的人群暴露评价的主要内容和全过程。

在环境流行病学研究中,暴露评价方法首先是用于识别和确定不同的暴露人群组。同时,暴露评价方法整合了环境监测、个人问卷和时间-活动日记的资料,为准确估计不同污染水平、不同污染地区、不同行为模式和不同污染接触时间的人群暴露差异提供了一个非常重要的研究工具和手段。特别应该注意的是,环境暴露具有低剂量、长期性的特点,流行病学意义的相对危险度(*RR*)常常低于2,而我国的一般环境污染背景相对较高,在缺乏环境意义上真正的"非暴露组"(清洁对照)情况下,如何准确、科学和全面地描述和评价人群对外环境因素的暴露水平和暴露时间,对环境流行病学研究的结果具有至关重要的意义。

二、大气污染的人群暴露测量

随着大气质量自动监测技术、3S(GPS、GIS、RS)监测和分析技术及分子生物学的迅速发展,对人群暴露的定量测量和时空分析评估正成为大气污染人群暴露评价研究的中心环节和主要内容。一般可以分为两大方面:一是直接测量,包括对暴露接触点污染物浓度的测量和人体暴露生物标志的采样和测量;二是间接评价,通过大气污染物浓度时空水平定量监测、人群暴露模型推算和问卷调查分析等方法估计人群暴露量。常用的基本测量方法有3种:①接触点(point-of-contact)测量,即直接采样测定大气环境介质与人体接触点的污染物浓度和接触时间;②情景评估(scenario evaluation),即通过模型假设估计人群在不同情景下的暴露浓度和接触时间,进行模拟推算;③暴露重建测量(exposure reconstruction),指通过测量人体暴露生物标志来评估已经进入人体的污染物内剂量。

（一）接触点测量

接触点测量(point-of-contact measurements)主要指个体暴露量测量。大气环境质量监测的是大气环境中污染物的水平,测出的数值与人体的实际暴露水平不是一个概念,两者常有很大差别。而个体暴露量测量是对大气环境介质贴近人体接触面的采样和测定,同时考虑接触时间的因素,显著减少大气采样测定的不确定性,可获得较为准确的人体暴露数据。这种方法测量的是人群正在发生的大气暴露现况。例如交通警察携带个体采样器可以分别连续采样测定其在道路值勤时和其他时间对 NOx 和 CO(汽车尾气污染物)的不同暴露水平,结合时间-活动模式问卷,可较准确地评价其当时对 NOx 和 CO 的实际暴露情况。

这种测量方法的优点是直接测量人体接触点的污染物水平并可准确给出一定时间内仪器测量的定量数据。但另一方面,接触点测量的仪器和人工成本常常较高,较短的采样时间和样本量的局限能否反映真实的人群暴露(尤其是长期暴露),以及从测量结果难以判断污染来源等,均为该方法的局限。

(二)情景评估方法

情景评估方法(scenario evaluation method)是指研究者预先对个体或人群在特定时间、特定污染物浓度下,设定大气污染的不同暴露情景并进行估算或预测的方法,可简化为:"时间活动模式+实际监测/模型估算"。这是对人群将来预计要发生的环境暴露的测量。在实际应用时,又分为几种情况:①根据预设的人群暴露时间和活动"情景",结合"情景"地点的实际监测数据评价;②根据实际调查的人群暴露时间-活动模式,结合预设或模型估计的某种大气污染物浓度水平和分布"情景"进行评价;③前两种方法相结合,即时间-活动模式和污染物浓度都预设为"情景"进行评价。情景评估方法测量的是人群预期可能发生的暴露,也是目前环境流行病学领域应用日益广泛的方法学之一。

时间-活动模式(time-activity pattern),是指某一特定人群每天日常活动的内容、方式、类型和时间分布规律的问卷调查数据或人为设定的某种"时间-活动情景"。以往的大气污染暴露评价中,通常直接使用环境大气监测点的数据,或通过各种统计学模型估算出的污染物数据作为人群对污染物的实际暴露,不考虑污染物与人体的实际接触点,也不考虑暴露人群的日常生活方式、饮食习惯、职业特征、社交及业余爱好等因素对其实际接触水平的影响。这实际上混淆了人群暴露与环境浓度这两个不同的概念。近年的国内外暴露评价研究普遍认为,在适当的质量保证下通过问卷、日记、访视、观察和某些技术手段获得的"时间-活动"模式资料,对建立准确的人群暴露模型和合理的暴露-反应关系等具有非常重要的意义。

"时间-活动模式"资料包括三个方面:①各种日常活动的时间分布资料,又称为时间分配参数。时间分配参数包括进行一项活动需要花费的时间量(每年、每周或每天接触的时间量)和预期个体或人群从事该项活动的频率。时间-活动模式的空间分布类型,则要根据污染物、传播介质、位置和排放源的不同特征来描述。②影响日常活动及活动场所污染程度的相关因素的资料,称为微环境参数。③进行各项活动的暴露接触强度资料,称为强度参数。

"时间-活动模式"资料的优势:①进行个体暴露监测(个体采样)研究时有助于筛选影响个体暴露水平的主要因素;②某些个体采样监测在技术和实际应用上难以进行时,利用"时间-活动模式"资料可以对个体或人群组的实际暴露进行模拟分析,建立暴露模型,实现对人群暴露水平的客观和定量评价;③弥补某些环境监测数据的缺陷和不足,例如交通路口处的 CO 含量监测数据,只有结合交通警察的上岗时间和活动规律数据,才可能对其实际 CO 暴露水平进行客观测量和评价；④充分收集和分析影响暴露测量水平的混杂和干扰因素；⑤环境暴露与人群不良健康结局的研究中，可分析不同影响因素之间的交互作用；⑥可用于不同人群组的行为和社会学特征的分析和研究，进而掌握这些活动场所对人群暴露量的影响。

"时间-活动模式"资料的局限性：①由于时间-活动模式调查设计本身要求受调查者能够稳定地按照设计方案接受访视、填写问卷或记日记，必然要排除一些规定时间不在家（如要出外旅游、探视子女等）的对象，造成研究对象的选择偏性；②准确性和可靠性，由于时间-活动模式调查常需要受调查者自己回忆、填写问卷，对问卷项目要求理解的一致性、填写的认真程度等都会对问卷的准确性和可靠性产生很大影响；③个体差异，由于不同特征人群、不同个体每天的日常活动地点、方式、程度和时间上均可能有很大差异，反映在其数据中可出现很大的个体差异，对数据统计分析提出很大挑战。

（三）暴露重建

暴露重建（exposure reconstruction）即暴露生物标志的测量。要准确评价人群对大气污染物的实际暴露水平，暴露生物标志的应用具有特殊的意义。暴露生物标志（biomarker of exposure）一般指机体生物材料中外源性化合物（环境污染物）和/或其代谢产物与体内生物大分子相互作用产物的含量，可分为内剂量（internal dose）和生物有效剂量（biologically effective dose）。

由于生物标志直接反映了人体对环境污染物的实际暴露和体内吸收，同时，生物有效剂量标志则可进一步提供对靶器官（细胞）暴露剂量的估计值，从而对环境暴露与特异性的健康效应之间定量暴露-反应关系的确定提供了科学基础。另一方面，由于人体生物标志测定的是人群暴露大气污染物后进入体内的剂量，反映的是人群既往已经发生过的暴露，所以该方法测量的是既往暴露，在暴露科学上也称为暴露重建（exposure reconstruction）。

总之，接触点测量（point-of-contact measurements），即直接采样测定人体与大气污染物接触点上的暴露浓度和接触时间，并对数据进行整合评价，是对正在发生的暴露的测量；模拟情景测量（scenario evaluation），即通过模型假设估计人群在不同情景下的暴露浓度和接触时间，进行模拟推算，是对将来预计发生暴露的测量；暴露重建（exposure reconstruction），即通过测量人体暴露生物标志估计已经进入人体的内剂量，是对既往已经发生的暴露的测量，三种测量方法反映了不同的人群暴露状态。

第三节　大气污染与人群健康的暴露-反应关系

大气污染物作为影响人群健康的危险因素之一，已经众所周知。因此大气污染对人群健康影响流行病学研究的关键目标，应该是对大气污染物引起的特异性人群健康效应终点进行科学和定量评价，而定量评价的基础，离不开大气污染与相应健康效应终点之间定量的暴露-反应关系的建立和评价。

暴露-反应关系（exposure-response relationship）指人群的环境暴露水平与相应人群中发生某种健康效应的人数比例之间的定量关系。在环境流行病学中，由于常常难以真正获得人群暴露水平的真实资料，而多以环境的监测浓度作为替代，常称为浓度-反应关系（concentration-response relationship)。暴露-反应关系是环境流行病学一个非常重要的概念,对定量评估环境因素的人群健康影响,确认环境病因,制定环境卫生标准和预防措施,都具有重要作用。人群对外环境因素的反应总体上呈正态分布,此时的暴露-反应关系曲线一般呈 S型,即低暴露水平时的代偿适应期、高暴露水平时的敏感反应期和过高暴露时的饱和适应期三个反应阶段(图 1-1)。

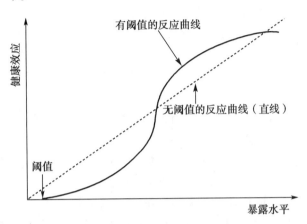

图 1-1　暴露-反应关系曲线
来源:陈学敏,杨克敌. 现代环境卫生学[M]. 2 版. 北京:人民卫生出版社,2008.

　　现代环境流行病学认为,环境有害因素对人群健康影响的暴露-反应关系有两种基本特征,即非线性(有阈)的暴露-反应关系函数曲线和线性(无阈)的暴露-反应关系函数曲线。后者一般指环境致癌物的暴露-反应关系。目前有关致癌作用机制的研究认为,大量遗传毒性致癌物是无阈值的,即该物质高于零以上的任何剂量都可以产生致癌效应。因此,采用美国环保局在健康风险评价中提出并在国际上通行的致癌强度系数法来推算致癌物的暴露-反应关系,在环境流行病学领域已得到广泛应用。如图 1-1 所示,其暴露-反应关系曲线就是一条过原点的简单直线。

　　大量有阈的外环境物质,其对人群健康影响的暴露-反应关系一般遵循 S 型曲线,其含义如前所述。环境暴露与人群健康效应之间的 S 型函数曲线至少应包含两个关键特征:一是外环境物质对人群健康的影响有个"阈值",即理论上低于此阈值浓度的暴露,不会对暴露人群的健康产生任何的不良效应。暴露-反应关系曲线上表现为曲线不过坐标的原点,而是相交于暴露水平横轴上的某个点。阈值的大小及范围取决于暴露个体的易感性(susceptibility)和环境因素本身的特性。人群暴露于外环境因素时,每个个体的反应不同,即反应的"阈值"各有不同。二是外环境物质对人群健康影响的暴露-反应关系在阈值出现之后的群体反应上还存在一个"拐点(turning point)",表现为拐点前的反应曲线呈现平缓、不规则、非直线(抛物线),拐点后曲线则呈陡直、规则、直线关系显著的特征。近年的环境流行病学研究认为,拐点前的曲线形态反映了一部分对环境暴露的健康效应出现较早、效应较显著、遗传易感性较高的亚人群的反应,即"高敏感人群"的反应。其拐点在何处出现,拐点的形态如何,实质上反映了这部分"高敏感人群"的遗传易感性及其与总体人群的相互关系,此处的曲线形态不规则也不稳定,不宜作为一般人群健康效应定量评价的基础。而拐点后的暴露-反应关系曲线形态规则,线性关系好,实质上反映了一般(总体)人群对环境暴露水平变化的健康效应,也成为环境流行病学人群健康效应定量评价的重要统计学理论基础。

第四节　大气污染与人群健康之间统计学关联的解释

当一项大气污染对人群健康影响的流行病学研究通过对环境暴露数据和相应人群健康数据的测量和评价,初步建立了环境暴露因素与相应人群健康效应之间的暴露-反应关系具有统计学意义(显著性水平为 $P<0.05$)之后,还需要对该统计学关联的真实性和可靠性进行深入地分析和解读。

一、偏倚

医学研究中的偏倚(bias)是指从研究设计、实施到数据处理和分析的各个环节中产生的有方向性的系统误差和错误,以及结果解释、推论中的片面性,导致研究结果与真实情况之间出现倾向性的差异,从而错误地描述和解释了环境暴露与人群健康效应之间的联系。

流行病学研究中误差的来源可以分为两类:一类是随机误差(random error),一类是系统误差(systematic error)。随机误差是总体的抽样误差引起,是抽样过程自然产生的,其大小可以用统计学方法进行估计,但没有方向性,这种误差的存在对研究结果的影响大小和方向也是随机的,或大于或小于真值。一般环境流行病学研究暴露与健康效应之间的关联具有统计学意义就意味着该结果排除了随机误差的影响($P<0.05$,置信区间95%)。

系统误差即偏倚(bias),是指研究结果系地偏离了真实情况。与随机误差不同,偏倚的存在总是造成研究结果或高于真值或低于真值,具有方向性。当偏倚使研究结果高于真值时,称为正偏倚;偏倚使研究结果低于真值时,称为负偏倚。在研究工作中定量估计偏倚的大小很困难,要在研究工作中完全避免偏倚几乎是不可能的,但可以在流行病学研究工作的各个环节尽量加以控制和减小偏倚对结果的影响,使研究结论尽可能符合实际情况。虽然偏倚的大小很难估计,但掌握偏倚的方向相对容易,环境流行病学研究和工作的实践经验对估计偏倚的方向和大小都是非常重要的。

一般把偏倚分为两类:即选择偏倚和信息偏倚。

1. 选择偏倚　出现在研究设计阶段,指由于研究对象选择不当而使研究结果偏离真实情况而产生偏倚。主要来自两方面,一是研究人群的选择不能很好地代表目标人群,主要表现为抽样随机化不够,选择的样本量不足或观察的健康效应指标发生频率太低,使研究结果出现偏倚。二是研究对象的失访,失访会使原来设计的研究对象的完整性缺失,代表性下降,所得结果自然难以代表目标人群的真实情况。

2. 信息偏倚　又称观察偏倚、测量偏倚,是指研究过程中进行信息收集时产生的系统误差。如测量儿童体重的秤不准,每次测量后只能回到大于零点的位置,则用该体重秤测量的儿童体重都会比实际体重高,出现正偏倚。另外测量方法的缺陷、诊断标准不明确或资料的缺失遗漏等都是信息偏倚的来源。

由于自然环境因素十分复杂,研究对象的选择又非常广泛,偏倚是环境流行病学研究中普遍存在的问题,要完全杜绝是不现实的,只能尽量减小和控制。

控制偏倚的措施包括:①严格遵照随机抽样的原则和要求,确保随机化原则的完全实施;②样本量的确定要适当增加,留有余地,保证统计学分析的显著性;③选择合适可行的健康效应终点,保证其暴露-反应的频率到达统计学的基本要求;④正确选择测量工具和检测方法,包括调查表的设计要合理可行,保证获得准确的信息等;⑤调查员要经过培训,统一标准和认识,减少测量误差。

二、混杂

环境流行病学研究中,由于一个或多个外来因素的存在,掩盖或夸大了暴露因素与健康效应的联系,从而部分或全部歪曲两者间的真实联系,称之为混杂(confounding)。引起混杂的因素称为混杂因子(confounder)。

混杂因子必须与所研究的暴露因素和疾病(健康效应)都有联系,因此又称为第三因子。然而,要成为一个混杂因子,仅有这些联系是不够的,拥有这种联系的因子并不一定都是混杂因子,还必须满足两个条件:第一,必须是外来的独立危险因素;第二,一定不是研究因素与所研究疾病因果链上的中间变量。最常见的如大气污染物中的致癌性多环芳烃类,其致癌的过程已知需要在体内经混合功能氧化酶的氧化后先生成二氢、二羟环氧化物等中间代谢产物,再形成终致癌物,诱发人类癌症。其在体内形成的代谢产物是其致癌机制和过程的一个环节,就不是混杂因子。再如:吸烟→高血压→心脏病,吸烟→慢性阻塞性肺疾病(chronic obstructive pulmonary disease,COPD)→肺癌,高血压与 COPD 都不是外来危险因子,它们是导致心脏病及肺癌过程即病因链中的因子。混杂在环境流行病学研究中也极为常见,因为环境因素在自然界广泛存在,大多数情况下都是同时作用于人群健康,在解释统计学关联时必须认真分析是否存在其他混杂因子的干扰,而产生错误的、不准确的统计学显著性。

混杂的测量一般可用如下公式表示:

(1)若 $cRR = aRR(f)$:则 f 无混杂作用,cRR 不存在 f 的混杂偏倚。

(2)若 $cRR \neq aRR(f)$:则 f 有混杂作用,cRR 存在 f 的混杂偏倚。

(3)若 $cRR > aRR(f)$:为正混杂(positive confounding),亦称阳性混杂,即由于 f 的混杂作用,使 cRR 高估了研究因素与研究疾病之间的联系。

(4)若 $cRR < aRR(f)$:为负混杂(negative confounding),亦称阴性混杂,即由于 f 的混杂作用,使 cRR 低估了研究因素与研究疾病之间的联系。

在某些流行病学书籍或研究实践中,也有学者把混杂作为第三种偏倚,即混杂偏倚。因为其对研究结果的作用与偏倚相同,都可使研究结果偏离正确的方向。但这里把混杂单独分出来介绍是因为混杂的干扰作用一般可以在收集数据后通过统计学方法处理,对混杂的效应进行调整和分析,缩小其影响。而前两种偏倚都要求在研究设计阶段必须注意防止,一旦研究开始,数据收集回来后偏倚已经产生,就不能调整了。

控制混杂的措施包括:①限制:针对某个或某些可能的混杂因素,在设计时对研究对象的入选条件予以限制;②配比:指的是对照选择时,使其针对一个或多个潜在的混杂因素与研究对象尽量相同或接近;③随机化(randomization):尽量随机的选择研究对象;④采用分层或多元分析技术,在数据处理时调整混杂因素。

三、交互

流行病学的交互作用(interaction)是指两个或多个因素相互依赖发生作用而产生的一

种效应。若交互作用存在,当两个或两个以上的因子共同作用于某一事件时,其效应大于或小于两因子或多因子单独作用的效应。

在统计学中,统计学交互作用与效应修正(effect modification,EM)的概念是一致的。效应修正指某种效应的大小依据某些第三因子的值而变化,此第三因子称为效应修饰因子(effect modifier,EF)。EM 不是需要控制的偏倚,但必须加以描述与报告。例如大气细颗粒物对人群健康的影响研究,应该同时考虑大气气象因素,如大气温度、相对湿度、风向、降雨等与大气细颗粒物对健康效应的交互作用影响。因为气温等因素对健康的影响已有证实,不同气温条件下,大气细颗粒物对人群健康效应的影响也会有所不同,模型上就表现为一种统计学的效应修正作用。这两种因素的交互作用与大气细颗粒物或气温对健康效应分别的单独作用是不同的,应该在统计学模型中体现出来。

因此,在对环境流行病学建立的统计学关联进行解释和分析时,剔除了偏倚的干扰,再剔除了混杂的影响,还需要对关联中可能包含的因素间交互作用及效应修饰因子进行描述和分析。所以,在初步建立的环境暴露与健康效应的统计学关联中,需要分别剔除偏倚、混杂和交互这三种因素对统计学结果的干扰和破坏,观察有显著意义的统计学关联是否还能存在。如果不存在,则不能证伪,说明之前建立的统计学关联是"伪关联"。如果关联仍然存在,则有较大把握提示,该环境暴露与健康效应的关联真实存在,可以进行下一步的病因推断。

第五节　病 因 推 断

上述环境流行病学研究的各个环节都完成以后,通常可依据一定的原则对建立的有显著意义的统计学关联进行病因推断。

流行病学对病因的定义目前还没有很明确和公认的描述。不同的流行病学家对病因的定义有不同的描述,但基本概念是一致的:

(1)能使人群发病概率升高的因素,其中某个或多个因素不存在时,人群疾病频率就会下降,这类因素就是病因。

(2)因果关联实际上可定义为针对事件或特征的类别之间的一种关联,改变某一类别(X)的频率或特性,就会引起另一类别(Y)的频率或特性的改变,这样 X 就是 Y 的原因。

(3)流行病学层次的病因一般称为危险因素(risk factor),其含义为使疾病发生概率或风险(risk)升高的因素。

上述关于病因的概念同样适用于环境流行病学。在进行环境流行病学的病因推断时,一般也应用流行病学教科书中介绍的基本原则。常用的因果推断标准如下:

(1)关联的时间顺序:前因后果。

(2)关联的强度:强度越大,因果关联的可能性越大,包括:①OR、RR;②剂量-反应关系;③生态学相关。

(3)关联的可重复性:不同人群、地区、时间再现的概率。

(4)关联的合理性。

(5)研究的因果论证强度。

应该注意的是,环境流行病学由于其环境暴露因素的特点,在病因推断的判定上与一般流行病学方法有所不同或有其不同的特点。例如,用关联的时间顺序判定前因后果,对于大多数的自然环境致病因素,导致人群产生健康效应都是单向性的,即是不可逆的。一般只可能是自然环境的变化导致人类疾病,不可能人类患病导致自然环境变化。例如大气细颗粒物可导致暴露人群的肺癌或心血管疾病发病增加,统计学关联是成立的,可应用生态学研究、横断面研究或病例对照研究等方法。虽然根据流行病学的传统定义,生态学或病例对照研究在时间上不能确定关联因素的前后顺序,统计学逻辑上也不能确定因果,但实际上一般常识都知道,只可能是大气细颗粒物增加引起人患肺癌,不可能人患肺癌导致大气细颗粒物增加,心血管疾病亦如此。因此,这类环境流行病学研究只要统计学关联成立,其因果联系基本可以确定,不必机械地照搬传统判定标准,那样只会造成大量科研资源的浪费和实际工作的失误以及人群健康不必要的实际损失。

(潘小川)

参 考 文 献

[1] 杨克敌. 环境卫生学[M]. 北京:人民卫生出版社,2017:71-77.
[2] 杨克敌. 现代环境卫生学[M]. 北京:人民卫生出版社,2019:215-225.
[3] 郭新彪. 环境健康学教程[M]. 北京:北京大学医学出版社,2021:37-40.

第二章

大气污染环境流行病学的研究设计

第一节　时间序列分析

一、概述

（一）基本概念

1. 时间序列　时间序列指按照时间顺序排列的一组数据,通常包含长期趋势、季节变动、循环变动以及不规则变动等部分。其中,长期趋势是时间序列随时间变化而逐渐增加或减少的长期变化;季节变动是时间序列在一年中或固定时间内呈现出的固定的变动;循环变动指沿着趋势线如钟摆式循环变动;不规则变动指在时间序列中由于随机因素影响所引起的变动。

2. 时间序列分析　时间序列研究设计用于研究某一时间段内暴露和结局变量之间的关系,早期在计量经济学领域广泛应用。20 世纪 80 年代,时间序列研究在环境流行病学研究中得到很大发展。随着方法学的不断完善,时间序列研究设计已被应用于空气污染、气象变量和其他时间协变量暴露的研究中。

（二）空气污染的时间序列研究

空气污染的时间序列研究通常是空气污染短期暴露对健康影响的研究,可以对空气污染健康影响进行定量评价,即得到空气污染物每增加单位浓度时所导致的健康风险(如相对危险度、超额危险度)和健康损失(如年超额死亡人数、健康寿命年损失等),从而对大气污染治理的措施及其效果进行评定,为制定相应的空气质量标准提供依据。

空气污染的时间序列研究中主要利用固定监测点来源的空气污染物监测数据,如环境监测站常规监测的气态污染物(NO_2、SO_2、CO 和 O_3)和颗粒物(TSP、PM_{10}、$PM_{10\sim2.5}$ 和 $PM_{2.5}$)指标,其健康效应指标多同样基于常规监测收集的资料,一般包括居民死亡(全死因或疾病别死因)、住院、门急诊和急救等资料。近年来随着 3S 技术[遥感技术(remote senescing,RS)、地理信息系统(geographical information system,GIS)、全球定位系统(global positioning system,GPS)]的发展和广泛应用,也有学者利用遥感数据衍射、空间插值等方法获得更小单位面积上的空气污染物水平,以补充环境固定监测站点的数量不足,即空间流行病学在空气污染流行病学研究中的应用。

早期的空气污染时间序列研究应用广义线性模型(generalized linear model,GLM)进行数据分析。近年来,更灵活的广义相加模型(generalized additive model,GAM)被国内外学者普遍采用。该模型由Hastie和Tibshirani于1984年最先提出,通过建立Poisson分布回归模型,利用参数和/或非参数的形式控制长期趋势、季节趋势、短期趋势和气象因素等各种潜在混杂因素的影响,进而探讨空气污染物对人群健康的影响。为了更合理地评价空气污染或气象因素对健康存在的滞后效应,环境流行病学专家又提出了分布滞后非线性模型(distributed lag nonlinear model,DLNM),以评价空气污染或气象因素与健康结局的关联。

空气污染的时间序列研究从大人群角度评价空气污染短期暴露对健康的影响,与个体行为特征等相关的因素不再成为混杂因素,但不同的地区特征和人群特征可能是重要的效应修饰因素。不同研究之间效应的一致性以及对效应修饰因素的分析是空气污染健康效应研究的重点。目前国内外普遍开展的区域研究和多城市研究即是综合利用多个国家、城市或地区的污染和健康数据,考虑不同人群的组合(如年龄亚组、性别亚组等),在获得单个效应估计值的基础上,运用Meta分析、Meta回归和贝叶斯多水平模型等方法,合并估计污染物健康效应大小并对其效应修饰因素进行描述。

时间序列分析的优缺点:时间序列分析由于其资料的易得性且主要在人群水平上对暴露及健康效应进行测量,较队列研究简便易行。同时,该方法通过对同一研究人群反复观察暴露条件改变后的健康影响,因此与时间变化相关的一些变量,特别是个体因素如年龄、生活习惯、吸烟等,就不再成为潜在的混杂因素。时间序列研究所需的数据易于收集且费用低廉,这也使其存在一定的局限性:暴露数据通常来自固定监测站点,并不能代表个体真实的暴露水平,还可能导致人群暴露的错分偏倚;健康效应数据通常来自死亡登记系统或疾病监测网络,可能受到编码错误的影响。

二、国内外研究现状

(一)国外研究现状

从20世纪末开始,国外学者就运用时间序列分析方法研究大气污染对人群健康的影响,目前已经在多个国家和地区、不同的大气污染背景下、不同的人群中取得了类似的结果,初步证实了大气污染对人群健康的影响。早期比较大型的多城市研究是美国NMMAPS研究(The National Morbidity,Mortality,and Air Pollution Study)和欧洲APHEA研究(Air Pollution and Health:a European Approach)。

美国NMMAPS研究是由HEI(The Health Effects Institute)于1996年开展的大型多城市研究,主要利用1987年以来美国多个城市的大气污染和人群死亡、疾病监测数据,分析大气污染物对人群死亡和疾病的影响,并在此基础上开展多水平研究,综合评价大气污染的健康影响。该研究还对空气污染时间序列分析中涉及的暴露测量误差(exposure measurement error)、死亡位移(mortality displacement)和多城市研究方法(methods for multicity analyses)等问题进行了阐述。

美国6个城市开展的时间序列研究表明,大气颗粒物成分(PM_{10}和$PM_{2.5}$)能使人群死亡增加,其中$PM_{2.5}$效应最强,2日平均$PM_{2.5}$浓度每增加$10\mu g/m^3$,人群总死亡上升1.5%(95% CI:1.1%~1.9%),COPD疾病死亡增加3.3%(95% CI:1.0%~5.7%),冠心病死亡增加2.1%(95% CI:1.4%~2.8%)。

有学者运用多水平回归模型合并分析了美国 20 个大城市 PM_{10} 对人群死亡的影响,发现当日 PM_{10} 每增加 $10\mu g/m^3$,人群死亡上升 0.48%($95\% CI$:0.05%~0.92%),O_3 校正后结果略有提高。2004 年重新分析美国 90 个城市的研究数据,发现 PM_{10} 效应值由 0.48%(模型使用软件默认的收敛标准)降至 0.41%(模型使用更严格的收敛标准),PM_{10} 与人群死亡的关联仍然存在。

随着美国 NMMAPS 研究纳入城市的增加和研究数据的逐渐更新,更多学者运用该研究数据库探讨空气污染时间序列分析中的各种方法学问题。有研究分析美国 100 个城市 1987—2000 年的污染和死亡数据,运用半参数的贝叶斯多水平模型(Bayesiansemi-parametric hierarchical models)评价多城市空气污染对死亡效应随季节的变化,发现滞后 1 日 PM_{10} 浓度每增加 $10\mu g/m^3$,冬季、春季、夏季和秋季人群死亡分别增加 0.15%($95\% CI$:-0.08%~0.39%)、0.14%($95\% CI$:-0.14%~0.42%)、0.36%($95\% CI$:0.11%~0.61%)和 0.14%($95\% CI$:-0.06%~0.34%),并且北方城市的季节差异较南方更大。另一项研究比较了 Meta 分析方法和 NMMAPS 研究结果,发现 O_3 短期暴露与死亡有关联,心血管疾病和呼吸系统疾病、老年人群等都是易感因素。不同方法之间结果的差异提示存在发表偏倚。

欧洲 APHEA 研究是 1992 年欧盟开展的一项多中心研究,主要针对空气污染短期暴露对健康的影响,包含 15 个城市的空气污染数据(SO_2、NO_2、O_3、TSP、PM_{10} 和 BS 等)和健康效应数据(人群死亡和医院门诊人次)等。

12 个欧洲城市开展的一项研究发现,西欧城市中 SO_2 或黑烟(black smoke,BS)每增加 $50\mu g/m^3$,人群死亡上升 3%($95\% CI$:2%~4%),PM_{10} 每增加 $50\mu g/m^3$,人群死亡上升 2%($95\% CI$:1%~3%);中部城市中 SO_2 和 BS 增加分别引起人群死亡上升 0.8%($95\% CI$:-0.1%~2.4%)和 0.6%($95\% CI$:0.1%~1.1%)。

随着 APHEA 研究进一步扩大,APHEA-2 项目共纳入 30 个欧洲城市的空气污染死亡效应研究和 8 个城市的空气污染对医院门诊率影响研究。Katsou-yanni 等利用 29 个城市的数据分析显示,PM_{10} 或 BS 每增加 $10\mu g/m^3$,人群总死亡上升 0.6%($95\% CI$:0.4%~0.8%),不同城市特征(如 NO_2、气温、人群死亡率等)对该效应有修饰作用。Atkinson 等研究发现,PM_{10} 每增加 $10\mu g/m^3$,儿童哮喘(0~14 岁)每日门急诊人数上升 1.2%($95\% CI$:0.2%~2.3%),成人哮喘(15~64 岁)上升 1.1%($95\% CI$:0.3%~1.8%),老年 COPD 和哮喘(≥65 岁)上升 1.0%($95\% CI$:0.4%~1.5%),老年总呼吸系统疾病上升 0.9%($95\% CI$:0.6%~1.3%)。Sunyer 则发现 SO_2 每增加 $10\mu g/m^3$,儿童哮喘每日门急诊数上升 1.3%($95\% CI$:0.4%~2.2%),未发现 SO_2 对其他呼吸系统疾病门急诊人次的影响。

在此基础上,部分项目综合了 APHEA、NMMAPS 和加拿大的多项研究结果,进一步评价空气污染对人群健康的影响,即 APHENA 研究(Air Pollution and Health:a Combined European and North American Approach)。该研究显示,空气污染对人群死亡和发病的影响与早期研究结果保持一致,其中 PM_{10} 的效应修饰因子在欧洲和美国有所不同,而 3 个地区的研究结果均未发现 O_3 存在显著的效应修饰因子。

也有学者运用时间序列研究设计探讨颗粒物不同成分对人群健康的影响。Krall 等利用美国 72 个地区 2000—2005 年的监测数据,分析 $PM_{2.5}$ 中有机碳(organic carbon matter,OCM)、元素碳(elemental carbon,EC)、硅、钠离子、硝酸盐、铵盐和硫酸盐共 7 种成分的健康效应,发现不同成分的毒性有所不同,提示单一关注颗粒物质量浓度并不合适。该研究小组还发现,O_3 与颗粒物的这 7 种成分相关性较弱,O_3 对人群死亡的影响不受其影响。

亚洲 PAPA 研究(Public Health and Air Pollution in Asia)是一项在泰国曼谷和中国香港、上海及武汉联合开展的空气污染短期暴露对人群死亡影响的研究。这项研究旨在针对亚洲地区较欧美工业发达地区更高的空气污染水平和更高的人群暴露水平,分析空气污染物(NO_2、SO_2、PM_{10} 和 O_3)对人群死亡(非意外总死亡、心血管疾病死亡和呼吸系统疾病死亡)的影响。研究分析了不同城市各种污染物对人群死亡的影响,在此基础上综合评价了污染物的多城市健康效应,发现污染物每增加 $10\mu g/m^3$ 时所导致的死亡效应与欧洲(APHEA)、美国(NMMAPS)或亚洲其他研究的结果基本一致或更高。

还有学者利用东亚 21 个城市(中国、日本、韩国各 7 个城市)1979—2010 年的数据研究 O_3 对人群死亡的影响。结果显示,控制死亡前 2 周温度的影响后,O_3(lag01)每增加 $10\mu g/m^3$ 人群死亡上升 1.44%(95%CI:1.08% ~ 1.80%),O_3 短期暴露与人群死亡率上升显著相关,该效应存在季节差异且在冬季明显降低。

(二)国内研究进展

我国关于空气污染健康效应的时间序列研究早期主要集中在北京、上海、武汉等城市,多为单一城市或地区的研究。潘小川课题组收集北京市城六区居民死亡资料和大气污染监测数据,采用时间序列的 GAM 模型,利用非参数平滑函数控制时间序列资料的长期趋势、季节趋势和其他与时间变异有关的混杂,同时考虑温湿度因素的影响以及污染物本身存在的滞后效应,定量评价研究期间北京市大气 SO_2、NO_2 和 PM_{10} 对居民心脑血管疾病死亡的影响。该课题组还分别运用时间序列研究设计和病例交叉设计分析大气污染对天津市心血管疾病死亡的影响,结果提示大气污染与心血管疾病死亡增加有关联,时间序列分析优于病例交叉研究设计。

随着统计方法的发展和空气污染监测技术的成熟,尤其是 $PM_{2.5}$ 纳入新的环境空气质量标准,国内陆续开展了一系列空气污染健康影响的多城市时间序列研究。一项在珠江三角洲地区选择 4 个城市(广州、佛山、中山和珠海)开展的空气氧化物 O_3 和 NO_2 对人群死亡的急性影响研究显示,污染物每增加 $10\mu g/m^3$,人群总死亡分别上升 0.81%(95%CI:0.63% ~ 1.00%)和 1.95%(95%CI:1.62% ~ 2.29%),模型调整 PM_{10} 后发现 O_3 在高暴露月份(9—11 月)对总死亡和心血管疾病死亡效应增强,而仅在非高暴露月份与呼吸系统疾病死亡有关。

李国星等收集北京、上海、广州、西安 4 个典型城市的健康、污染和气象数据,利用广义相加模型建立 $PM_{2.5}$ 与非意外死亡之间的暴露-反应关系模型并进一步计算由 $PM_{2.5}$ 导致的超额死亡人数。结果显示,$PM_{2.5}$ 污染对城市居民非意外死亡有影响,其相对危险度存在一定的地域差异。另一项在北京、天津、西安、上海、广州和武汉 6 个城市的研究发现,大气气态污染物 SO_2 和 NO_2 浓度的升高导致居民每日非意外死亡和循环系统疾病死亡增加,SO_2(lag01)每升高 $10\mu g/m^3$,非意外总死亡和循环系统疾病死亡分别增加 0.40%(95%CI:0.13% ~ 0.67%)和 0.48%(95%CI:0.11% ~ 0.85%);NO_2(lag01)每升高 $10\mu g/m^3$,非意外总死亡和循环系统疾病死亡分别增加 0.81%(95%CI:0.35% ~ 1.28%)和 1.03%(95% CI:0.40% ~ 1.66%)。该研究组还进一步在珠江三角洲、京津冀和长江三角洲等地区选择 160 个区县开展 $PM_{2.5}$ 对人群死亡健康影响,Meta 分析显示 $PM_{2.5}$(lag01)每升高 $10\mu g/m^3$,人群死亡上升 0.17%(95%CI:0.10% ~ 0.23%),其中珠江三角洲地区 $PM_{2.5}$ 效应最强。

CAPES 研究(The China Air Pollution and Health Effects Study)是一项在我国北部、中部和南部 17 个城市联合开展的空气污染健康效应研究。其中 PM_{10} 对人群死亡影响的贝叶斯多水平模型分析显示(16 个城市),死亡前 2 日 PM_{10} 滑动平均浓度(lag01)每增加 $10\mu g/m^3$,人群总死亡上升 0.35%(95%CI:0.18%~0.52%),心血管疾病死亡上升 0.44%(95%CI:0.23%~0.64%),呼吸系统疾病死亡上升 0.56%(95%CI:0.31%~0.81%),女性、老年人和低教育程度居民都是 PM_{10} 暴露影响的易感人群,进一步研究发现这一效应存在明显的季节差异。该项目还发现,NO_2(lag01)每增加 $10\mu g/m^3$,人群总死亡、心血管疾病死亡和呼吸系统疾病死亡分别上升 1.63%(95%CI:1.09%~2.17%)、1.80%(95%CI:1.00%~2.59%)和 2.52%(95%CI:1.44%~3.59%);SO_2(lag01)每增加 $10\mu g/m^3$,人群总死亡、心血管疾病死亡和呼吸系统疾病死亡分别上升 0.75%(95%CI:0.47%~1.02%)、0.83%(95%CI:0.47%~1.19%)和 1.25%(95%CI:0.78%~1.73%)。

一项在我国 272 个城市开展的研究显示,$PM_{2.5}$ 与人群非意外总死亡和心肺疾病死亡有关,暴露-反应关系提示我国 $PM_{2.5}$ 死亡效应比欧美地区低,且大部分地区当 $PM_{2.5}$ 处于高浓度水平时其效应趋于平稳;NO_2 对人群非意外总死亡和心肺疾病死亡也有影响,且该作用在单污染物模型和多污染物模型之间没有显著差异;O_3 则仅表现出对人群非意外总死亡和心血管疾病死亡的影响;CO 短期暴露能显著增加人群心血管疾病特别是冠心病死亡;SO_2 短期暴露与人群总死亡和心肺疾病死亡增加有关,分别调整 $PM_{2.5}$、CO、O_3 后,SO_2 效应没有显著改变,但控制 NO_2 后其效应明显下降。也有学者为探讨空气污染对人群发病的影响,利用全国 31 个城市 33 家大型医院的急诊资料进行分析,分布滞后模型和随机效应 Meta 分析结果显示,归因于 $PM_{2.5}$、PM_{10}、NO_2 和 SO_2 的急诊人次分别占 3.34%、3.96%、5.90% 和 5.38%。该研究小组还关注 PM_1 对医院急诊人次的影响,发现 PM_1 与医院急诊人次增加有关,且大部分 $PM_{2.5}$ 效应来自 PM_1。

第二节 定组研究

一、概念

定组研究(panel study)一般指在不同的时间点对一个稳定的人群样本的某种健康效应指标进行连续观察或测量,采用一定的统计方法对前后几次观察或测量获得的效应指标随时间所发生的变化和指标间的因果关系进行分析,揭示环境变化对人群健康影响的一类流行病学研究方法。

定组研究早期在社会学、经济学中用于预测长期变化或累积效应。由于其研究设计的特殊性,近年来被广泛应用于环境流行病学研究领域。它可以被视作由许多单个的时间序列组成的一类特殊的时间序列研究。每一序列均是对某一特定个体的重复测量。个体的测量可能仅关注健康结局,也可能同时关注健康结局和暴露。这些单个序列,可以采用合适的方法保留其个体的单独测量结果,也可以将其合并。将数据进行合并的序列即为时间序列研究,而将个体的重复测量结果进行保留并加以分析的则被命名为定组研究。同为研究短期效应的设计,能否获得个体测量数据,是定组研究与时间序列研究最重要的差异。

定组研究进入流行病学领域,最早被应用于流行病学实验研究,由基线调查和追踪调查组成,相当于实验研究中的干预前测量和干预后测量。通过比较两次调查中污染物暴露程度和两次测量结果差异间的关联性,探讨污染物对健康的影响情况。近年来,定组研究的研究模式逐渐发生转变,虽然其核心思想即"对同一组研究对象在不同时点连续测量并进行分析"没有改变,但已不能简单归为描述、分析或实验流行病学中的某一类,其研究对象可以是几人至几百人不等。在实际研究工作中,研究者通常可以利用环境的自然变化或研究对象场所的迁移改变等契机,采用定组研究设计,连续追踪测量同一组个体在不同时间点的暴露和健康效应,综合分析各时期暴露与健康效应之间的关系,探讨环境暴露对健康的影响及其机制。

定组研究属于前瞻性研究。定组研究收集研究对象的个体信息,并在多个时间点重复测量研究所关注的健康结局,因此其设计与队列研究类似。两者的区别:队列研究通常评估暴露对某一健康事件,如死亡或发病的效应,而定组研究通常评估随时间变化,暴露因素的短期效应;在研究时间上,定组研究通常持续几个月或一年,而队列研究可能持续几年。所以,定组研究被广泛用于研究随时间变化的环境暴露对健康结局的短期效应。如空气污染对敏感人群的短期健康效应研究,许多国家和地区都开展了针对空气污染物对儿童呼吸功能及呼吸系统症状,特别是患哮喘儿童的定组研究;还有关于空气污染对成人或老年人的急性效应研究,主要结局变量是呼吸系统症状、肺功能、心血管系统功能和炎症等;定组研究设计使其具备全面描述个体暴露特征的条件,有助于研究者进行室内污染暴露对人群短期健康效应影响的研究。近年来,定组研究有开展多点位研究的趋势,以欧洲为例,开展了许多大规模多群组的研究,如 PEACE 研究、ULTRA 研究、AIRGENE 研究等。

二、统计分析方法

(一)暴露数据

定组研究中的暴露为短期变化。该研究设计使得在个体水平上评价相关的暴露成为可能,而且暴露评价可较为密集。研究者常常采用个体监测、多点位监测,与日记或 GPS 装置相结合的方式,追踪研究对象在监测期间的活动和位置。环境监测和时间活动追踪相结合的方式,便于研究者确定暴露因素、混杂因素和效应修饰因素的来源。如户外活动时间、乘用交通工具类型等都可能是个体空气污染暴露的重要效应修饰因素。

(二)结局数据

定组研究可以对研究期间的健康数据进行连续评价,这与横断面研究中重复测量健康状况类似。定组研究关注的主要结局多为症状、能反映健康状况的生理学指标或微小发病率。目前,各国常规收集的健康资料实际上非常有限,所建立的健康信息系统中仅能收集到可识别为临床事件级别的数据,比如住院、门诊或急诊。然而,环境暴露更可能引起的是症状、轻微病状、呼吸功能、活动受限程度、药物使用状况、缺课等这些尚未上升到临床事件层级的急性效应。这些健康结局是环境流行病学研究者更关注的,可以使用定组研究设计进行研究。例如,定组研究已经逐渐成为环境暴露变化对呼吸功能指标、心率变异性指标等亚临床结局指标研究中的常用设计方法。

(三)混杂因素

定组研究同样存在时间变化因素的混杂偏倚,个体行为特征也有可能成为混杂变量,如极寒或极热时,研究对象选择在室内减少外出,或重污染天气时研究对象可能需要服用某些

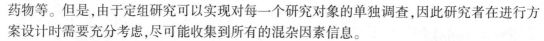

药物等。但是,由于定组研究可以实现对每一个研究对象的单独调查,因此研究者在进行方案设计时需要充分考虑,尽可能收集到所有的混杂因素信息。

(四)人群选择

定组研究需要对研究对象进行密集的追踪观察,开展大样本研究较为受限,这是目前定组研究更倾向于选择敏感人群作为研究对象的最主要原因。儿童、老年人、哮喘患者、冠心病患者、糖尿病患者等,均为常用的研究人选。需要注意的是,将对敏感人群的研究结果进行外推时,须非常谨慎。

定组研究中,常需要研究对象携带个体采样设备并完成日记或时间活动模式记录,选择人群时需要考虑研究对象的配合度以及完成质量。定组研究的样本人群可能无法代表一般人群,但由于定组研究的分析是基于对同一研究对象不同时间的比较,因此样本人群的选择可能会影响到结果的外推,但对于研究结果本身,通常不会产生偏倚。研究者在进行招募和筛选研究对象时,需综合考虑各方面情况,完善方案设计,以保证研究的顺利实施。

(五)数据分析

定组研究可以收集研究对象的个体信息,并在多个时间点重复测量所关注的健康效应指标,数据分析可以基于个体数据展开,也可以合并后开展基于群体的分析。定组研究中,健康效应测量数据可以是每个个体多次测量的二分类变量,如是否出现症状,也可以是连续变量,如肺功能。在某一时点,暴露测量可以来自某一固定监测点,即所有个体暴露测量完全一致,也可以是每个研究对象各有不同,采用个体检测或其他个体暴露估计方法。

由于定组研究连续收集了同一研究对象在不同时间点上的健康效应指标,相当于增加了研究的样本量,同时可以排除许多个体混杂因素的干扰,在回答一些动态变化的问题上非常有用。分析急性效应和预测长期或累积效应,与其他流行病学方法不同,定组研究没有选取特定的健康终点作为研究终点,也无须考虑对照样本的选择,其本身连续性的资料就是一个很好的时间对照资料。

一般假设同一个体的重复测量结果是相关的,不同个体间的测量是互相独立的。即往常将不同时间的所有重复测量进行合并,计算其平均值进行分析,缺陷在于忽略了数据随时间变化的本质,而将连续的结局变量视为相互独立的。近几十年来,针对效应指标随时间变化的特点,研究者对定组研究数据分析适用的模型做了很多调整,尤其是对有时间趋势的混杂因素的调整。

定组研究也有队列研究等流行病学研究固有的缺点,在整个研究过程中需要研究对象多次填写问卷或接受测量,失访的问题尤其突出。缺失数据对统计推断可能产生的影响,要从基础数据缺失的过程谨慎讨论,分析研究对象的退出与健康结局发生与否的相互关系。在处理研究对象退出产生的缺失数据时,需注意其可能对分析结果带来的偏倚。另一个问题是研究对象在多次重复测量或检测之后容易习惯倦怠,使样本不具有代表性。在连续研究中,定组研究要求研究过程中的研究条件都要保持一致,这样在时间的前后比较中,才能看出研究因素对健康效应的真正影响,所以在研究中不能随意更改健康效应甚至测量仪器,否则结果的获取就可能只是条件变动而导致的。在探讨变量因果联系时,定组研究不能排除待研究因素之外其他因素对健康效应的影响,验证能力弱于队列研究。

定组研究设计与队列研究的数据结构类似,因此可以选用类似的统计方法进行数据分析,尤其是在随访期间重复收集研究对象数据的队列研究。但由于定组研究中多名个体的重复测量结果组成纵向数据,数据之间具有很强的自相关性,因此在处理数据时需针对个体分析选择相对复杂的模型,以解决研究对象不同观察时间点指标间的内在联系和相关性,避免数据信息的损失,提高检验效能。下面介绍几种可用于定组研究统计分析的模型。

1. 广义估计模型 广义估计模型是在广义线性模型的基础上发展起来的,在 20 世纪 80 年代由 Zeger 等提出,可用于纵向数据的统计分析。广义线性模型中包含作业相关矩阵,表达各次重复测量值之间的相关性大小。广义估计方程可以解决纵向数据中应变量间的相关问题,得到更为稳健的参数估计值。广义估计方程还可以对不同组内相关结构的模型进行拟合,这是线性混合效应模型无法实现的。

2. 边际模型(marginal models,MM) 边际模型中,反应变量对暴露变量的回归模拟与个体内相关性的模拟是分离的,即边际模型中含有广义线性模型,且在模型残差里调整了观察值之间的相互依赖性。Zeger 等研究了纵向数据的边际模型,并开发出广义估计方程用于参数估计,这一方法已被用于空气污染的流行病学研究,如小儿哮喘与空气污染间的关系等。

3. 混合效应模型(mixed models,MM) 混合效应模型由固定效应项、随机效应项和随机误差项构成,其中随机效应项可用于处理具有自相关的数据资料,在处理重复测量数据在空间和时间上的相关性时具有明显优势,除能反映总体的平均变化趋势外,还能反映个体之间的差异。混合效应模型分为线性混合效应和非线性混合效应模型。非线性混合效应模型是对线性混合效应模型的一种扩展,其固定效应和随机效应均可以非线性的形式纳入模型,相对于线性混合效应模型的正态假设,非线性混合效应模型对数据的分布无特殊要求,数据可以是正态分布,也可以是二项分布或泊松(Poisson)分布等。

以线性混合效应模型为例,公式 2-1 中将每个研究对象作为随机效应自变量,将研究对象的个人变量、环境暴露数据作为固定效应自变量,将健康效应指标的检测值作为因变量,组成线性混合效应模型,其结构为:

$$Y_{it} = \beta_0 + \beta_1 X_{it} + \varepsilon_i + \varepsilon_{it} + \varepsilon_t + \gamma Z_{it} \qquad \text{公式 2-1}$$

式中 Y 为因变量,X 为固定效应自变量,β 为与 X 对应的固定效应参数估计值,Z 为随机效应自变量,γ 为与 Z 对应的随机效应参数估计值,ε 为剩余误差,i 为重复测量因素,t 为时间因素。在建立模型过程中,可以根据 AIC(akaike information criterion)指标最小的原则或其他符合研究者需要的原则,确定一个适当的协方差结构,以进一步筛选固定效应参数,将固定效应自变量强制进入模型,剔除参数假设检验中无统计学意义的效应指标后,继续计算保留在模型中的参数估计值。在探讨大气污染对健康影响的研究中,通常先使用单污染物混合效应模型探讨各污染物的滞后效应,滞后的天数在统计过程中逐步调整;再建立多污染物模型,分析控制了其他污染物后,所研究的目标污染物与健康效应指标之间的定量关系。

4. 随机效应模型(random effects models,REM) 随机效应模型以个体测量相互独立的假设为基础,假设测量间的独立性由个体的随机效应所致。因此,随机效应模型允许个体反应曲线与人群期望曲线的随机变差。该模型不仅能描述重复测量间的协方差,还解释了协方差的来源,其参数估计可以被解释为典型的个体效应,在空气污染流行病学研究领域中应用历史较长。

5. Logistic 回归模型 二项反应的 Logistic 回归模型基本模式如下 (公式 2-2) , 式中 , z_i ($i=1, \cdots, r$) 是观察队列中研究个体所具有的协变量 , T 是总的随访时间长度 (假设所有研究个体都相同) , α 是截距 , β_i ($i=1, \cdots, r$) 则是待估的回归系数。

$$P(Y/z, T) = \frac{1}{1+exp\left[-(\alpha+\beta z)\right]}$$ 公式 2-2

若按一定区间把随访时间分成相邻的若干个区间 , 然后把数据整理成寿命表的格式 , 再用 Logistic 回归模型分析 , 就形成了分组 Logistic 回归模型 (公式 2-3)。随访区间为 $j=1, \cdots, I, \delta_j = 1$ 表示事件发生 , $\delta_j = 0$ 表示存活或截尾。式中 , $p_j = p(Y_j = 1 | \delta_j = 0, j<I)$ 是进入 j 区间个体的发病或死亡概率。公式 2-3 与公式 2-2 的差别在于它考虑了随访时间因素。

$$logit(p_j) = log\left(\frac{p_j}{1-p_j}\right) = \alpha+\beta z$$ 公式 2-3

6. Cox 回归模型 Cox 回归模型中用 $h(t, z) = h_0(t) exp(\beta z)$ 对协变量与危险率之间的函数关系进行了定义 , 其中 $h(t, z)$ 为具有协变量 z 的个体在时刻 t 的危险率 , $h_0(t)$ 为时刻 t 时所有协变量均取值为 0 的基准危险率 , z_i 和 β_i 的意义与之前 Logistic 回归模型中一致。

分组 Cox 回归模型可以分析按随访区间整理的队列随访资料 , 其基本形式如下 (公式 2-4) :

$$log\left[-log(1-p_j)\right] = \alpha+\beta z$$ 公式 2-4

式中 , p_j 与公式 2-3 中一样 , 为进入 j 区间个体的发病或死亡概率 , 差别在于公式左侧为 $1-p_j$ 的互补对数转换 $log(-log)$, 而公式 2-3 是 logit 转换。

在事件发生率很低、随访时间较短、危险因素作用不强、基准危险率为常数等情况下 , Logistic 回归模型和 Cox 回归模型的参数估计值基本相当。随着死亡或发病比例增加 , 因素作用强度加大 (即危险率增加) , Logistic 回归模型和 Cox 回归模型的参数估计值相差越来越大 , 且 Logistic 回归模型的参数估计越来越不稳定。不论从截尾数据比例还是随访时间增加的角度 , Cox 回归模型均表现得更为稳定 , 因些在定群研究资料的分析中 , Cox 回归模型比 Logistic 回归模型具有优势。

三、典型案例

定组研究已经逐渐成为环境流行病学领域研究空气污染对人群健康影响的常用方法之一。从研究对象来看 , 有针对敏感人群的如儿童 , 尤其是患哮喘儿童 ; 老年人 , 尤其是患心血管系统疾病或其他慢性病如糖尿病等的老年人 ; 或针对特殊职业人群如司机、交警等的研究 ; 也有一部分研究选取健康成人作为研究对象 , 观察空气污染变化对这一类颇具代表性的人群带来的健康效应指标的变化情况。从环境暴露角度分类 , 目前定组研究又可以划分为以下几大类 : 自然环境中空气质量明显改变对人群健康效应指标影响的研究 , 这类研究有很多 , 比如针对沙尘天气对儿童呼吸功能影响的一系列研究 , 利用 2008 年北京奥运会环境污染治理措施带来空气质量明显变化观测人群呼吸、心血管功能变化的研究 , 还有针对季节变化、取暖方式等空气质量变化对人群健康影响的研究等 ; 职业人群作业期间及非作业期间暴露水平变化对健康效应指标影响的研究 , 通过追踪观测司机、交警、门卫等作业期间暴露于相对较为严重的交通污染环境的人群健康效应指标的变化情况,得到了很有意义的结论;利用研究对象自然迁徙造成的环境暴露水平变化,对相应健康效应指标变化情况开展的研究,随着城市化建设进程不断推进,人口的迁移变动日趋频繁,这类研究也有十分重要的意义。本节内容将以儿童肺功能、老年冠心病患者心血管功能和亚健康人群代谢系统健康效益等为例,介绍几项定组研究的应用实例。

雾霾成为国人关注的环境污染问题之前,沙尘暴一度是国内最受瞩目的天气污染事件,围绕沙尘暴对人群健康影响的研究很多,如沙尘天气对各年龄段人群门急诊人次影响的研究,对易感人群呼吸功能的病例对照研究等。由于研究设计的局限性,上述研究或缺少个体监测资料,或难以进行较长时间的追踪访问。而定组研究设计方法则可实现对目标人群健康效应指标进行个体测量,且可进行为期一段时间的最终调查,观察天气情况变化对相关指标产生的作用。叶晓芳、丽娜·马达尼亚孜等分别以包头为现场,以四年级学生为研究对象,通过基线调查掌握研究对象的病史资料、家庭成员吸烟情况以及随访开始前一周内健康情况,监测期间用呼气峰值流速计连续测量儿童每日早、中、晚的最大呼气流速(PEFR)值,同时收集每日气象资料、环境气态污染物资料,并采集颗粒物样本进行质量浓度和金属成分分析,建立线性混合效应模型。研究发现,污染物 $PM_{2.5}$、PM_{10}、NO_2 和 SO_2 浓度与儿童 PEFR 值呈负相关。随着 $PM_{2.5}$、PM_{10}、NO_2 和 SO_2 浓度的增加,儿童 PEFR 值在滞后 $0 \sim 3$ 天内都有不同程度的下降,且 $PM_{2.5}$ 对儿童 PEFR 值降低的效应比 PM_{10} 强。研究还发现,在滞后 $0 \sim 3$ 天内 $PM_{2.5}$ 和 PM_{10} 对儿童 PEFR 值有一个增强又逐渐减弱的趋势,在滞后 1 天时效应最强。SO_2 在滞后 1 天时效应最强,而 NO_2 的效应显现得比较早,在当天即达到效应的最大值,随着时间逐渐减弱。进一步分析 $PM_{2.5}$ 和 PM_{10} 金属元素与研究对象 PEFR 值的关系发现,Ca、Na、Mg 的含量与当日日均 PEFR 值存在统计学负相关($P<0.01$),且 $PM_{2.5}$ 中 Cr 含量与当日日均 PEFR 值具有负相关性($P<0.01$),而 Pb、Cd 含量与当日日均 PEFR 值未观察到相关性。在开展上述研究的过程中,叶晓芳等还对不同观测时期具有相同属性人群的数据资料分析方法进行了探讨,2005—2008 年研究团队分别在北京市、内蒙古包头市和阿拉善盟开展调查,所获得的研究资料有多地点研究的特点,且为了明确沙尘天气对 $9 \sim 10$ 岁儿童呼吸功能的影响,每年度研究均会选择当地小学四年级学生作为研究对象,这使得研究对象不是一个固定的群体,如何比较各年度环境暴露对儿童呼吸功能影响的变化成为一个问题。Thomas DC 认为可以在保证各年度研究对象同质性的前提下,进行各年度定组研究结果的比较甚至合并分析,这为开展相关研究设计提供了一个解决类似问题的新思路。

随着公众对空气污染及其健康损害的认识逐渐加深,对环境治理和环境保护的呼声及政府所采取的力度也逐渐加大。从单一的本地治理,发展为多省市区域联动的治理和防控模式,这其中,为确保 2008 年北京奥运会而展开的多省市综合环境污染治理措施,为京津冀等多地环境流行病学研究者提供了十分宝贵的观测空气污染水平短期内大幅度下降对人群健康影响的机会,分别在 2007 年夏季空气质量综合治理措施预实验阶段和 2008 年北京奥运会和残奥会期间开展了多项研究,有针对老年人群心血管功能的研究,针对儿童呼吸功能的研究,针对不同职业人群心肺功能的研究等。在上述定组研究设计中,环境暴露水平的估计,有研究对象日常活动地点监测与时间活动模式问卷结合的形式,也有个体测量的方式。心率变异性(heart rate variability,HRV)是定组研究设计中进行心血管功能研究的常用指标之一,HRV 是反映心脏自主神经张力较敏感的指标之一,其降低提示副交感神经对心脏的正常控制作用减弱,从而使机体发生严重心律失常的危险增高,由于监测数据主要通过心电图获得,在多次重复测量的定组研究设计中比血液指标等有创性检测的依从性更高。2007—2008 年空气质量综合治理措施分阶段进行期间,不同学者均观测到了空气污染水平显著改善,如国家自然科学基金资助的项目中,2008 年 8 月 $PM_{2.5}$、PM_{10}、SO_2 和 NO_2 等污染物浓度相比同期分别下降了 50.03%($t = 2.510$,$P = 0.031$)、61.72%($t = 3.582$,$P = 0.005$)、48.47%($t = 7.779$,$P < 0.001$)和 55.05%($t = 9.083$,$P < 0.001$)。研究对象报告的主观症状发生频率与大气污染物浓度变化趋势较为一致,并存在一定滞后效应,如自感不适发生率与前一日 $PM_{2.5}$ 浓度、日均相对湿度呈正相关关系,与日均气压呈负相关关系($P < 0.05$)。将心率、QTc 间期、QRS、HRV 等指标与当日和滞后 4 天的 $PM_{2.5}$、PM_{10}、SO_2 和 NO_2 浓度分别建立线性混合效应模型,建立模型的过程中需调整研究对象的性别、年龄、BMI、近期自感不适发生情况和气象因素。研究发现当大气中污染物显著降低时,静态心电图指标和 HRV 检测结果均提示心血管功能有所改善,表明大气颗粒物及气态污染物对心室肌复极化过程和自主神经调控心脏功能的作用具有短期效应,且这种调控作用在一定范围内极有可能是具有可逆性的。同时研究还发现,$PM_{2.5}$、SO_2 和 NO_2 对老年冠心病患者的 HRV 等指标的效应大于 PM_{10} 的效应,这一方面与细颗粒物对心血管功能影响更为明显有关,另一方面也可能是采取的交通限行和工业生产管控措施对于气态污染物的降低更为显著等因素有关。在这一特殊时期开展的研究还有很多,如机动车尾气中 CO 及机动车尾气来源的细颗粒物部分组分如铅、镍、铁等对机动车驾驶员 HRV 的影响;O_3 暴露水平变化对老年人群心血管功能的影响;$PM_{2.5}$ 和黑炭对儿童呼吸功能的影响等。借由人为干预措施引起的区域性空气质量变化,使用定组随访设计研究不同人群健康效应指标变化趋势,不仅可以对空气质量改善对人群健康是否能起到相应的改良作用的研究假设进行检验,还有助于对相关健康损害机制的探索研究。

近年来,大气污染的人群健康影响除既往关注较多的呼吸系统、循环系统等,还开始向生殖健康、代谢系统疾病和神经系统影响延伸。以糖尿病和糖尿病前期为例,我国成人糖尿病和糖尿病前期的年龄调整患病率分别为 11.6% 和 50.1%(约为 1.139 亿人和 4.934 亿人),糖尿病患者心血管及其他疾病死亡风险均显著高于未患病人群。北京大学公共卫生学院一项研究招募了糖尿病和糖尿病前期患者,通过室外站点监测、研究对象住宅内监测结合时间-活动模式问卷的方式进行环境暴露测量,同时收集 PEFR 等呼吸功能数据、每日血压数据、24 小时动态血压监测数据、反应性充血指数、呼出气一氧化氮等个体测量资料,在不同季节分别进行为期 10 天的追踪访视。血糖代谢异常、血管内皮功能异常和系统性炎性反应是 2 型糖尿病加剧的 3 个主要因素。该项研究以一系列功能性、细胞以及分子水平的健康终点,可以涵盖多种损伤机制通路,探索血糖代谢异常个体是否对大气污染物暴露更加敏感。研究发现,2 型糖尿病患者的呼出气 NO 水平显著高于糖尿病前期人群,糖尿病前期人群相比健康人群对不同粒径和组分的颗粒物暴露的健康影响存在差异,如大气 $PM_{2.5}$ 浓度与糖尿病和糖尿病前期人群舒张压存在负相关关系,且有 1~2 小时滞后效应;而在非糖尿病人群中收缩压和舒张压的一日波动与 $PM_{2.5}$ 浓度的波动存在相关性,$PM_{2.5}$ 日均浓度的升高可以引起该人群早晨收缩压下降,且存在一定滞后关系。糖尿病前期人群和非糖尿病人群相比,血糖代谢能力、血管内皮功能等方面均表现出更强的污染物累积效应,具体表现为出现时间更早、持续时间更长的损伤效应。

定组研究的优势在于它是基于个体的研究,能获取研究对象个体信息,以检验研究假设、研究修饰效应的作用以及识别易感人群。采用定组研究进行巧妙设计,可以利用较小的样本量达到研究目的,具有极高的研究效率。然而,定组研究需要对研究对象进行随访追踪,增加了研究对象的负担,从而带来研究对象依从性的问题,也存在研究对象改变自身行为导致相关暴露、效应数据变化的可能性。此外,密集的随访势必增加研究的成本,这会对样本量产生一定影响,而降低统计功效,在制定研究方案时应综合考虑。

第三节　环境暴露时空评价模型及其应用

一、概述

传统环境流行病学研究中,空气污染物与健康效应的暴露-反应关系大多通过线性模型、病例交叉研究、定群研究等实现。然而健康结局及环境暴露相关变量通常随着时间及空间变化而有所不同,因此环境污染物的健康效应也应该是具有时空性质的。近年来,暴露估计时空模型和暴露-反应关系时空模型的发展和应用为环境因素对健康影响的研究提供了新的方向。

时空分析中,要求污染物的暴露与健康结局的分布均随时间和空间变化。随着疾病监测登记系统的完善、健康调查研究的深入以及地址编码技术的成熟,获取省市、区县甚至个体水平的健康结局分布已成为可能。尽管国内外已针对环境污染物的健康效应进行了大量研究,然而污染物的精确暴露评价仍然是环境健康领域的难题。对于大气污染物的健康效应研究,传统环境流行病学研究中,大气污染物的暴露主要使用大气环境地面监测浓度或结合时间、活动模式的个体监测进行暴露评价,但由于个体监测需要投入大量人力、物力,很难应用于大规模人群暴露监测,尤其对于回顾性研究,难以获得精确的个人时间-活动模式及不同微环境下的暴露浓度,因此该类研究多采用某个地区一个或多个污染物地面监测点浓度均值作为全部人口的暴露浓度。然而这些固定监测点较为分散,且大多分布在城市,很难对大气污染物进行全面、连续的监测,导致进行环境健康危害分析时,难以考虑到大气污染物分布的时间及空间变异性,造成了暴露的错分。另一方面,某些大气污染物缺乏历史监测数据,如国家环境保护监测中心自 2013 年 1 月起公开发布 $PM_{2.5}$ 站点监测数据,此前缺乏连续监测的 $PM_{2.5}$ 历史数据,目前对 $PM_{2.5}$ 长期效应的研究也比较困难。

过去 15 年,空间暴露预测模型开发并用于大气污染物空间分布的估计,填补了地面监测所不能及区域的大气污染浓度预测,为大气污染物健康效应的时空分析提供了可能。

二、大气污染物时空分布估计模型简介

目前环境流行病学研究中,用于大气污染物时空分布估计及人群暴露评价的时空模型主要有空间插值模型、土地利用模型、大气化学模型、基于卫星遥感的污染物预测模型及将以上多种模型混合的数据融合模型。各种模型所具有的优缺点均较为明显,所适用的领域

及地域差别也较大,目前各种模型均在不断改进,已达到准确估计污染物时间和空间分布的目的。

(一) 空间插值模型

空间插值模型包括反距离权重法、样条插值法、克里格(Kriging)插值法等,是利用空间各点之间的自相关性获得连续的大气污染物浓度估计值。目前研究中,克里格模型因其预测准确性较好而应用较多。克里格模型是一种基于高斯分布的地理统计插值预测模型,能将空间上分散的点数据转化为连续的曲面数据集。1951 年,克里格模型由 Krige 提出,之后 Matheron 将其发展应用。该模型是利用中间介质(即固定点测量值)的空间自相关性,线性的计算在某一空间未知点上已知各点的权重,并进行权重加和的方法。因此,克里格方法中,空间上靠得越近的点其值就越为相似。在合理的假设下,克里格模型在已知点位上的预测值是线性无偏最优的。克里格法包括简单克里格(simple kriging, SK)、普通克里格(ordinary Kriging, OK)、泛克里格(universal Kriging, UK)、漂移克里格(Kriging with external drift, KED)以及回归克里格(regression Kriging, RK),不同种类的克里格模型均基于广义回归及相应的统计量,但通过不同的空间方法学来计算目标点位的估计值。在韩国进行的一项研究将普通克里格法与其他插值模型(最邻近法、反距离加权法)进行对比,发现克里格法对大气颗粒物的估计准确度最高。在中国,克里格法也应用于 $PM_{2.5}$ 空间分布的估计。如 Huang 等采用普通克里格模型,估计 2013 年 8 月至 2014 年 7 月间北京市 $PM_{2.5}$ 的空间变化模式,结果显示 $PM_{2.5}$ 浓度在冬季明显偏高;每日 $PM_{2.5}$ 浓度浮动较大,每月有 2~6 次高峰出现且夜间 $PM_{2.5}$ 浓度高于日间。

然而,由于克里格插值法依赖地面监测数据,在地面监测点较为稀少的地区或时间段捕捉空间变异的能力较差,因此在中国,该类方法在污染物长期健康效应的应用中较为有限。

(二) 大气化学传输模型

与空间插值法不同,大气化学传输模型(atmospheric chemical transport models, CTMs)对大气污染物浓度的估计可以完全不依赖地面实测值,其优势在于能够提供完整的时间与空间覆盖的污染物浓度预测。多尺度空气质量模型(community multiscale air quality model, CMAQ)与大气化学完全耦合模式(weather research and forecast model with chemistry module, WRF-Chem)是目前大气化学传输模型中应用较为广泛的两种模式。但由于受限于污染物排放清单及气象参数空间分布模拟的准确性,大气化学传输模型在预测大气污染物浓度时所产生的预测误差较为明显,这也是该类模型目前应用的主要缺陷。由此 Friberg 等提出了融合方法,充分利用克里格模型的高准确度及大气化学传输模型的覆盖,将普通克里格法与 CMAQ 模式相结合,对美国佐治亚州的 12 种大气污染物浓度进行了估计,结果显示数据融合方法可以解释污染物时空变异的 54%~88%,其中对 $PM_{2.5}$ 估计的准确度最高。在中国具有连续地面监测地区及时间段,多平台数据融合为提高大气污染物时空分布预测的准确性提供了思路。

大气化学传输模型是根据气象、排放输入及实测、化学拟合的交通信息来模拟污染物空间分布的方法,可用于模拟区域甚至全球的污染物信息,其优点在于可提供时间和空间完全覆盖的污染物及其成分浓度,但由于其所使用排放清单及气象数据等的误差,给大气化学模式对污染物预测带来了很多不确定性。对 2013 年 1 月中国 71 个大城市的 WRF-Chem 模拟的 PM$_{2.5}$ 浓度结果显示,研究区域平均预测误差为 18.9μg/m^3(15%)。Zhang 等在中国及日本同时使用 CMAQ 和 WRF-Chem 模型预测大气污染物浓度,台湾地区的验证结果显示,CMAQ/WRF-Chem 模拟的 PM$_{2.5}$ 与地面监测值的相关系数在1月、4月、7月和10月分别为0.35/0.08、0.44/0.19、0.27/0.29 和 0.49/0.15。

(三) 土地利用模型

土地利用模型(land use regression,LUR)是利用土地覆盖、道路及地形等信息通过空间分析、空间叠加、缓冲区分析等技术定量估计特定缓冲区污染物浓度的模型。1997 年,Brigg 首先将土地利用模型应用于环境污染物的空间分布描述。此后,该模型被广泛应用于大气颗粒物、黑炭、NO$_2$ 或 O$_3$ 等污染物的空间分布估计。Hu 等利用自适应土地利用模型估计 2014 年北京市 PM$_{2.5}$ 的空间分布情况,发现该年中北京市北部 PM$_{2.5}$ 浓度最低,南部及中部部分地区浓度最高。但由于土地利用模型所采用的土地覆盖、道路和地形信息随时间的变异极小,因此尽管该方法目前所预测大气污染物浓度的空间分辨率较高,但不适用于时间尺度较小(如天、周)的污染物预测。

(四) 基于卫星气溶胶光学厚度的预测模型

卫星监测数据可以弥补地面监测站的不足,对大气进行快速、大范围、周期性的动态监测。地球监测系统计划的卫星上所搭载的成像光谱仪传感器,可以实现对大气及陆地表面信息的实时获取。卫星获取的气溶胶光学厚度(aerosol optical depth,AOD)能够准确的反映一定地区范围的空气质量,在空间和时间覆盖面上弥补了一般地面观测难以反映污染物空间分布的缺点。目前研究已证实 AOD 数据与地面颗粒物浓度有较好的相关性,其相关性受气象等条件的影响。但探讨卫星监测数据与健康关系的研究十分有限。

卫星遥感数据及其算法的开发与应用为人群高分辨率、长时期的颗粒物暴露精确评价提供了可能。与地面固定监测不同,卫星监测可以对大气进行全方面、大范围、周期性的动态扫描。其特点为覆盖面积广、累计时间长、空间分辨率高及成本较低等,主要用于地面大气颗粒物空间分布的预测。由于卫星监测数据反演的气溶胶 AOD 能够在一定程度上反映地区空气质量,在空间和时间覆盖面上弥补了一般大气污染物地面监测难以描述污染物空间分布的缺点,尤其在中国缺乏污染物监测历史数据的情况下,仍可利用卫星 AOD 作为预测指标,实现污染物长期分布的预测。目前,使用较多的 AOD 数据来自美国国家航空航天局(National Aeronautic and Space Administration,NASA)Terra 和 Aqua 卫星搭载着中分辨率成像光谱仪(moderate resolution imaging spectro radiometer,MODIS)以及 Terra 搭载多角度成像光谱仪(multi-angle imaging spectro-radiometer,MISR)。Van Donkelaar 等对 2001—2006 年全球 PM$_{2.5}$ 浓度分布的研究提示,AOD 是 PM$_{2.5}$ 预测的可靠指标。多种模型结构的开发及应用,如混合效应模型、地理加权模型、贝叶斯多水平模型、多模型组合的多级模型以及机器学习模型,使基于卫星预测的污染物浓度不断接近地面实测值。同时,气象因素、土地利用、人口及社会经济等多种数据形式的加入极大地提高了模型的预测能力。目前,利用卫星遥感 AOD 进行地面颗粒物浓度预测已经形成了一个相对完善的研究体系,是较为可靠的颗粒物时空分布预测方法。

此外,在使用卫星监测数据反演的 AOD 预测地表颗粒物分布也存在一些困难,因为 AOD 与地面颗粒物浓度并非总是高度相关的。地面监测颗粒物浓度数据是地表附近某一高度的浓度值,其浓度测定是经过干燥的结果,代表的是干燥空气条件下颗粒物的质量浓度情况;而 AOD 是气溶胶从地面至大气顶层的垂直积分,对其监测是在大气环境中进行,这两者间的相关关系受大气环境以及颗粒物组分的影响。如 Gupta 等利用 2011 年全球 26 座城市地区的 AOD 数据,对地面 $PM_{2.5}$ 浓度与卫星 AOD 数据的相关性评价的结果显示,AOD 与地面 $PM_{2.5}$ 之间的相关性受相对湿度、云层覆盖率及混合层高度的影响且发现气象因素,如相对湿度、风速等对两者相关性影响较大;在无云且相对湿度小于 40%、大气混合层高度 100~200m 时,地面监测 $PM_{2.5}$ 浓度与 AOD 相关性最大。基于此,多种统计模型开发并利用估计较为精确的 AOD-颗粒物关系,如混合效应模型、地理加权模型、贝叶斯模型和多阶段模型等。Zongwei Ma 等建立地理加权回归模型,利用卫星遥感数据估计 2012 年 12 月 22 日至 2013 年 11 月 30 日全中国的 $PM_{2.5}$ 水平,结果表明模型加入气象因素与土地利用信息可极大地提高模型的预测能力。Chang 等融合不同空间分辨率的卫星 AOD 数据,并结合土地利用信息利用贝叶斯模型对 2003—2005 年美国东南部的 $PM_{2.5}$ 浓度进行反演,交叉验证结果显示模型 R^2 达到 0.78,且地面监测 $PM_{2.5}$ 浓度与反演值的平均方根误差(root mean-squared error,$RMSE$)为 $3.61\mu g/m^3$。该种方法与单独利用土地利用模型相比,$RMSE$ 减少了 10%。

(五) 数据融合模型

数据融合模型的开发旨在将不同模型或不同平台数据相融合,达到充分利用不同模型优势、消除模型局限性的目的,从而在时间和空间尺度上进行污染物的准确估计。Ma 等将卫星来源的不同算法 AOD 结合,提高预测 $PM_{2.5}$ 的空间覆盖率。Lv 等将普通克里格法与 AOD 结合,提高预测 $PM_{2.5}$ 浓度的准确性,结果表明对 2014 年中国北部 $PM_{2.5}$ 预测模型的交叉验证 R^2 由 0.48 提高到了 0.61。Friberg 等将克里格法与 CMAQ 化学模拟相结合,提高美国佐治亚州大气污染物的预测准确度,该方法获取了污染物时空变异的 54%~88%,其中对 $PM_{2.5}$ 的预测准确度最好。目前,基于卫星 AOD 对颗粒物浓度的预测结合了气溶胶光学厚度、植被系数、气象、道路等信息,也属于数据融合模型的一种。

三、流行病学应用研究现状

通过考虑研究个体环境或较小区域内研究对象的环污染物时间和空间暴露变化,实现环境污染物暴露的精确评价,为时空分析奠定了基础,此外,通过在模型中增加时间和空间特异的随机效应,调整暴露-反应关系的时空变化,也是环境流行病学中时空分析的常用方法。

Madrigano 等纳入了 1995—2003 年在伍斯特确诊的 4 467 例急性心肌梗死病例,并利用卫星 AOD 数据反演得到区域水平(10km 空间分辨率)的 $PM_{2.5}$ 暴露情况。该研究发现,区域 $PM_{2.5}$ 浓度每升高一个四分位数间距(0.59$\mu g/m^3$),相应人群发生急性心肌梗死的风险增加 16%(95%CI:1.04~1.29)。Kloog 等在美国马萨诸塞州利用 10km×10km 的 $PM_{2.5}$ 浓度估计该地区 $PM_{2.5}$ 长期暴露和短期暴露与居民死亡率的相关性,结果显示 $PM_{2.5}$ 对居民总死亡的长期效应和短期效应 OR 值分别为 1.6(95%CI:1.5~1.8)和 1.4(95%CI:1.3~1.5)。Hu 等运用贝叶斯分层模型研究基于 MODIS-AOD 的 $PM_{2.5}$ 浓度与 2003—2004 年美国循环系统疾病的相关关系,发现在 $PM_{2.5}$ 浓度较高地区,$PM_{2.5}$ 的升高与人群缺血性心脏病的发生有关($R^2=0.80$),表明大气细颗粒物污染是美国东部居民慢性缺血性心脏病和冠心病死亡率升高的重要危险因素之一。在中国,Guo 等应用结合了卫星遥感及大气化学传输模型放入 $PM_{2.5}$ 时空暴露数据(空间分辨率为 10km)研究 $PM_{2.5}$ 对肺癌的长期效应,发现 2 年平均

$PM_{2.5}$ 每升高 $10\mu g/m^3$，男性肺癌发生的相对危险度为 $1.055(95\%CI:1.038\sim1.072)$，而女性是 $1.149(95\%CI:1.120\sim1.178)$；$30\sim65$ 岁年龄组发病相对危险度 $1.074(95\%CI:1.052\sim1.096)$，大于 75 岁组为 $1.111(95\%CI:1.077\sim1.146)$。空间暴露模型的应用使研究对象的暴露水平估计更加精确，从而降低了暴露的错分，减少了对流行病学研究所造成的偏倚。

Shi 等利用基于 MAIAC 算法 AOD 估计的 $PM_{2.5}$ 浓度（1km），在美国新英格兰地区建立混合泊松模型，通过加入空间邮政编码的随机效应截距，来考虑暴露-反应关系的空间变异。作者使用该模型同时估计 $PM_{2.5}$ 长期暴露与短期暴露对人群死亡的效应，发现对于总死亡，低浓度 $PM_{2.5}$ 长期暴露的效应大于短期暴露。Di 等利用美国医疗保险数据，分别使用单污染物模型和双污染物模型分析 $PM_{2.5}$ 和 O_3 暴露对老年人群的死亡效应。空间分辨率为 1km 的 $PM_{2.5}$ 和 O_3 数据由人工神经网络模型预测获得，该模型使用卫星遥感数据、化学传输模型模拟数据、土地利用信息、气象场等作为输入数据，共同预测地面 $PM_{2.5}$ 和 O_3 网格化浓度。使用 Cox 风险比例模型拟合大气污染物暴露与老年人群死亡率的定量相关性，利用广义的估计方程来考虑邮政编码区域间的空间相关性。结果发现，双污染物模型中，$PM_{2.5}$ 浓度每升高 $10\mu g/m^3$，人群死亡率增加 $7.3\%(HR=1.073,95\%CI:1.071\sim1.075)$；$O_3$ 浓度每升高 $10\mu g/m^3$，人群死亡率增加 $1.1\%(HR=1.010,95\%CI:1.010\sim1.012)$。

在中国，Liu 等基于以往研究所建立的 $PM_{2.5}$ 长期暴露与死亡的暴露-反应关系系数，将中国地区 506 个 $PM_{2.5}$ 地面监测点与大气化学传输模型模拟结果（空间分辨率 45km）相结合，发现 $PM_{2.5}$ 暴露在全国范围内引起的超额死亡人数为 137 万。Guo 等利用基于卫星 AOD（10km）预测的 $PM_{2.5}$ 年均浓度对 1990—2009 年中国肺癌发生率与 $PM_{2.5}$ 暴露间的相关性进行研究，发现两者之间存在关联。尽管这些研究对中国地区 $PM_{2.5}$ 的慢性健康效应进行了初步探讨，但仍存在一些问题。

大气污染造成的健康危害以多种形式存在，大气污染物与疾病暴露-反应关系的精确估计不仅具有理论意义，更有十分重要的现实意义。采用某研究地区大气污染物地面监测站的平均值进行人群暴露水平的估计，可能忽略了 $PM_{2.5}$ 浓度的空间变异性，而实际上我国在不同地理自然环境下和不同空间分布特征的污染物浓度有很大不同，对人群疾病发病和死亡的影响亦会有很大不同。污染物暴露空间评价模型为环境流行病学研究提供了新的方向。但由于我国大气污染物历史监测数据的缺失，特别是 $PM_{2.5}$ 的监测，如何开发并使用时间和空间上精确的暴露预测模型，进而对大气污染物慢性健康效应进行评价成为未来研究的重点。此外，鉴于目前不同污染物暴露空间模型所存在优缺点均较为明显，不断改进现有模型，减少其局限性，开发适合于不同地区的最优暴露评价模型也是研究的方向之一。

四、典型案例

（一）数据收集整理

收集 2013 年 1 月 1 日至 2013 年 12 月 31 日某市城区的病因别死亡率数据，具体包括死亡对象编码、死亡日期、根本死因、常住地址（具体到街道号码或住宅楼编码）等，死因分类按第 10 版国际疾病分类（ICD-10）进行编码。根据 ICD-10 编码选取非意外死亡（A00-R99）、呼吸系统疾病（J00-J99）和循环系统疾病（I00-I99）死亡的研究对象进行分析。

气温对 $PM_{2.5}$ 与死亡的相关性具有修饰作用。本研究提取 2013 年气象模拟大气温度，并使用反距离加权法将其插值至空间分辨率为 1km 的栅格中。再将气温数据整合入暴露-反应关系模型中，以调整温度对人群死亡的作用。

人口数据从全球人口动态统计分析数据库获得。2013 年该市城区各区县人均国内生产总值数据来源于统计年鉴。

利用卫星 AOD 的空间分辨率为 1km 的 $PM_{2.5}$ 长期分布数据进行健康效应研究。选取该市城区范围内 2004—2013 年 $PM_{2.5}$ 日均数据（1km），对 $PM_{2.5}$ 污染的健康效应进行研究。

为获取死亡对象常住地址的数字化地理位置信息，从而可以对较小空间尺度的人群 $PM_{2.5}$ 暴露水平进行精确评价，利用地址编码技术实现研究对象居住地址的经纬度转换。利用 ArcGIS 软件在地图上进行标注，并根据其位置提取每日所在栅格的 $PM_{2.5}$ 浓度。由于 $PM_{2.5}$ 短期效应与长期效应拟合的时间尺度均为天，为保证样本量及模型稳定性，将参与模型拟合的数据整合在 5km×5km 栅格中，并在该空间尺度下计算 $PM_{2.5}$ 的健康效应。

在研究区域内建立 85 个空间分辨率为 5km 的栅格，分别统计每个栅格中每日的病因别死亡数，死亡当日与前一日的 $PM_{2.5}$ 滑动平均浓度（lag01）、死亡前 365 日 $PM_{2.5}$ 滑动平均浓度、平均气温、人口及 GDP 汇总至栅格内，获得每个栅格每日的平均气温、研究期间的人口总数及平均 GDP。计算每个栅格中心点至最近医院的距离，作为该栅格内指示医疗卫生状况的间接指标。各变量按照栅格编码、日期编码整合为 $PM_{2.5}$ 健康效应研究数据集。

（二）统计分析

既往针对 $PM_{2.5}$ 短期暴露与人群死亡率相关性的研究表明，$PM_{2.5}$ 的短期死亡效应具有滞后作用，为了解该市城区 $PM_{2.5}$ 长期和短期暴露对死亡作用的暴露最大效应时期，本研究除了研究死亡当日（lag0）$PM_{2.5}$ 的短期暴露效应外，还对 $PM_{2.5}$ 短期效应的单一滞后（lag1、lag2、lag3、lag4）和滑动平均滞后（lag01、lag02、lag03、lag04）进行对比分析；同时，将长期 $PM_{2.5}$ 暴露分别定义为死亡前 1 年至 9 年的 $PM_{2.5}$ 滑动平均值，即 Y1、Y2、Y3、Y4、Y5、Y6、Y7、Y8、Y9。本研究中，首先采用利用较为广泛的混合泊松模型，在单暴露模型中将 $PM_{2.5}$ 对于病因别死亡的长期效应和短期效应分别进行研究。之后选择单暴露模型中 $PM_{2.5}$ 对非意外总死亡、呼吸系统疾病死亡和循环系统疾病死亡的最大效应暴露时期，将其同时加入双暴露模型进行拟合。为了消除长期暴露与短期暴露在模型中的共线性问题，同时确保同一时间点各栅格 $PM_{2.5}$ 的差异不参与短期效应的拟合，在双暴露模型中，将每个栅格中的长期暴露值从短期暴露值中扣除，即在双暴露模型中所采用的短期暴露数据为实际短期暴露值减去实际长期暴露值（lag-Y），而长期暴露与单暴露模型中的定义方式保持一致。此外，本研究中将各栅格中 0~14 天的平均气温作为协变量参与模型拟合。模型拟合时使用准泊松（Quasi-Poisson）模型避免潜在的过度离散问题。通过对每个区县增加随机效应截距，控制死亡空间分布趋势对暴露-反应关系的影响。

暴露-反应关系模型中，$s(t)$、$s(Temp_{gt})$ 使用 3 次样条函数拟合时间趋势和温度的效应，协变量还包括星期几、区县水平的 GDP。由于样本量限制，考虑到模型稳定性，本研究中未对性别及年龄等影响因素进行调整，但由于 2013 年研究区域内的非意外总死亡、呼吸和循环系统疾病死亡对象的年龄中位数分别为 78 岁、83 岁和 80 岁，均集中于老年人群，因此认为年龄对本研究结果所造成的影响较小。

（三）研究结果

分别选用单暴露模型中 $PM_{2.5}$ 短期效应及长期效应最大的暴露时期，将调整的短期暴露与长期暴露同时放入模型进行拟合，即对于 3 种病因别死亡分类，长期暴露均采用死亡前 9 年的 $PM_{2.5}$ 均值（Y9），对人群非意外总死亡、呼吸系统疾病死亡和循环系统疾病死亡的短期暴露分别为 lag01、lag049 和 lag01，结果如图 2-1 所示。对于非意外总死亡、呼吸和循环系统疾病总死亡，$PM_{2.5}$ 的长期暴露死亡风险均高于短期暴露风险；除循环系统疾病总死亡外，对于非意外总死亡和呼吸系统疾病总死亡，$PM_{2.5}$ 长期暴露与短期暴露所引起的死亡效应的差异具有统计学意义（$P<0.05$）。控制长期暴露保持不变时，$PM_{2.5}$ 短期暴露每增加 $10\mu g/m^3$，人群非意外总死亡率、呼吸系统疾病和循环系统疾病总死亡率分别增加 0.04%（95%CI：$-0.19\% \sim 0.28\%$）、0.89%（95%CI：$-0.02\% \sim 1.82\%$）和 0.06%（95%CI：$-0.26\% \sim 0.38\%$），但均尚未发现有统计学意义。控制长期短期暴露保持不变时，死亡前 9 年的 $PM_{2.5}$ 平均浓度每增加 $10\mu g/m^3$，人群非意外总死亡率、呼吸系统疾病和循环系统疾病死亡率分别增加 17.34%（95%CI：$10.87\% \sim 24.18\%$）、52.69%（95%CI：$26.11\% \sim 84.89\%$）和 4.29%（95%CI：$-3.46\% \sim 12.67\%$），除对循环系统疾病死亡的长期效应尚未发现统计学意义，对于其他两种疾病死亡的慢性健康效应 P 值均小于 0.001。

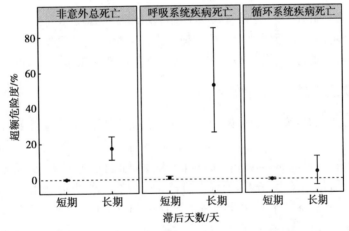

图 2-1 2013 年某市城区双暴露模型中 $PM_{2.5}$ 短期与长期暴露的死亡效应

（四）结论

基于高分辨率卫星遥感的 $PM_{2.5}$ 估计值有助于暴露-反应关系的精确拟合。大气 $PM_{2.5}$ 长期暴露所引起的人群病因别死亡的危险度高于短期暴露，长期持续地改善 $PM_{2.5}$ 污染水平有利于人群死亡率的降低。

第四节 交互作用分析

一、概述

随着经济快速发展和城市化进程加速，能源消耗和大气污染物排放总量不断增加，空气污染带来的健康效应受到全球范围的广泛关注。2016 年 WHO《大气污染造成的死亡与疾病负担》报告指出,全球死亡的 6.7% 以及伤残调整寿命年(disability adjusted life years,DALY)的 7.6% 由大气污染引起。近年来,中国经济高速发展,已成为世界最大的工业用煤生产与消耗地,随之而来的大气污染也成为一个突出的环境问题。

气候变化,尤其是全球变暖更是成为环境领域的热点问题,极端天气对人群造成的健康损害事件频发,人类赖以生存的大气环境暴露出许多待解决的问题。联合国政府间气候变化专门委员会(IPCC)第五次评估报告指出,1880—2012 年全球平均温度已升高 0.85℃。中国气候变化趋势与全球一致,1913 年以来,我国地表平均温度上升了 0.91℃,最近 60 年气温上升尤其明显,其中以我国北部地区变化最为显著。气温、相对湿度、降水等气象因子本身的变化可引起高敏感人群的身体应激,也可以通过作用于大气污染物、细菌病毒、虫媒传播及其他环境因子间接地影响人群健康。

大气中各种环境因子并非独立存在,而是相互影响,共同作用于暴露人群。气温、湿度、风速和方向、气压等气象因子可以通过改变大气颗粒物的传播、运输、稀释、化学转化以及最终的沉积来影响其浓度和分布;另一方面,环境中大气污染物浓度的升高也会对气候产生影响(如二氧化碳排放增多与全球变暖)。分析环境因子对人群的健康效应时,若只考虑一种因子的影响而不考虑两者的交互作用,有可能会造成实际效应的高估或低估。大气污染与气象因子的交互作用最早在 1972 年被提出,1993 年雅典进行的一项研究第一次探索大气污染物与气象因子对人群死亡可能具有协同作用,发现大气 SO_2 和高温之间存在交互作用。因此,研究单一环境因子的健康效应往往会掩盖大气环境暴露的真实性,大气污染物与气象因子的交互作用对人群健康的影响是一个值得探索与研究的领域。

二、研究交互作用常见的统计模型

目前国内外已有的研究大气污染与气象因子交互作用的统计模型多为基于 Poisson 回归广义相加模型(generalized additive model,GAM)的时间序列分析,也有研究使用分类回归树模型(classification and regression tree model,CART)和时间分层病例交叉分析方法。

基于 Poisson 回归广义相加模型的经典方法是研究交互作用最常用的方法,基本构架为通过广义相加模型的非参数平滑功能构造一个连续的反应面,自变量和因变量之间也不需要严格的线性关系。该方法主要分为三部分:添加交互项、构造反应曲面和分层分析。添加交互项是指在建立的统计模型中,除了考虑污染物与气象因子的主效应外,需要引入一个污染物和气象因子相乘的项作为交互项,估计其中一种环境因子的健康效应随另一种环境因子的不同而变化的情况,这也是用统计模型分析交互作用的标准方法。交互项模型在建立的统计模型中,假设各因子对健康结局的影响都是线性的,该模型的优势是可以直观定量地比较各因子的主效应和交互作用的作用性质和大小,但由于并非所有的环境因子对健康结局的作用都是线性的,因而该模型的适用范围较小。响应面的方法是将颗粒物和温度的关系视为每个变量的连续面。通过绘制 3D 图,可以直观地看出研究的因子间是否存在交互作用以及大概的趋势。该模型优点就是可以方便地看出污染物和气象因子的交互作用是否存在及其程度。但是,因为自变量和因变量之间缺少一个线性假设,因此没有办法进行参数估计,也就没有办法判断变量之间是否存在效应修饰作用。因此需要通过参数模型进一步估计交互作用。分层方法常见是将温度等气象因子分层,探讨颗粒物等大气污染物在不同温度水平下的不同健康效应,但这种方法每一温度层的分界点都是人为设定的,在分析时会增加不确定性。这几种模型中,分层模型最易推断结论,但需要合理判定分层的分界点;另两种模型不需要设定分界点,但难以得出定量的结论;响应面模型难以讨论污染和温度的滞后效应。一般的研究过程常将上述几种模型结合起来使用。

分类回归树模型是一种非参数方法,无需对变量间的线性关系及残差作出假设,可用于识别复杂的交互作用。通过二次分离,该模型可将数据分成同质的亚组,用于进一步分析。CART 方法采用基于最小距离的基尼指数估计函数,创建简单二叉树结构对新事例进行分类,这样可以有效地处理缺失数据,尤其对分类与预测更好。按照 CART 的构建原理,可将之视为数据分析的非参数统计过程,其特点是在计算过程中充分利用二叉树的结构,即根节点包含所有样本,在一定的分割规则下根节点被分割为两个子节点,这个过程又在子节点上重复进行,成为一个回归过程,直至不可再分为叶节点为止。分类回归树模型数据资料不需要转换,识别异常值和交互作用比较方便,对于分类与预测也是一个很好的模型。对于非线性关系,可通过划分为多个组来调整。但是该模型不能估计单位污染物浓度或温度变化引起的健康效应,因此还需要结合时间序列分析使用。

有研究在建立大气污染、气象因子与健康结局的暴露-反应关系时,使用时间分层病例交叉分析的方法。病例交叉研究由经典的病例对照研究演化而来,基本思路是病例作为自身对照,分别调查某研究事件发生时及事件发生前的暴露情况及程度,判断暴露危险因子与某事件是否关联及关联程度的大小。早期交互作用的研究中还有用过多重线性回归和条件Logistic 回归,都是在回归方程中增加一个污染物和气象因子(多为温度)的交互项。但是因为这些方法为每个变量都人为设定分割点,并且不能很好地控制时间趋势,因此在研究交互作用方面都不能单独使用。

以上模型的共同特点是均采用不考虑空间变异性的时序数据来分析,仅考虑了污染物和气象因子随时间的变化。广义相加混合效应模型(generalized additive mixd model,GAMM)是在 GAM 的基础上引入一个随机效应项,可解释不同地区的经济学、人口社会学等因素的不同,综合考虑了时间变化和空间的异质性,是 GAM 在空间维度上的一个升华。另外,贝叶斯时空模型是在贝叶斯统计思想的框架下,为分析时空数据资料中蕴含的时间和空间信息而建立的数学模型,分析原理是马尔可夫链蒙特卡尔理论。其优势在于可以同时定量分析疾病的时间、空间及其他相关因子的效应强度,并利用先验分布进行描述,解决了时间和空间上潜在的方差非齐性等异质性问题。贝叶斯模型可用于分析较长时间跨度下的危险因子对健康结局的累积效应。随着空间流行病学的发展,仅采用传统的时序模型已不能准确评价大气污染与气象因子的交互作用,将综合时间和空间变异性、自回归性及相关性的时空模型用于交互作用的研究势在必行。

对于环境健康数据,时间和空间这两个维度不是固定不变的,认为一方不随另一方的变化而变化只是个假设,即认为两者独立,但实际情况却是各时间点上的空间效应各不相同,因此在建立时空模型的过程中,需要考虑时空交互效应。实际应用过程中,加入时间和空间的主效应后,需要再在模型里引入一个时空交互效应项,代表不能被主效应解释的部分。因而模型的建立演化过程可以表示为:一般模型-空间模型-时空模型-考虑时空交互作用的时空模型,最终运用哪种模型更加合理、更加契合研究的需要,可根据偏差信息准则(deviance information criterion,DIC)最小的原则,选择拟合优度最好的模型。DIC 也是目前在贝叶斯空间模型和时空模型比较中应用最为广泛的一个统计量。模型最终的预测效果评判,可采用交叉验证或比较实测值和预测值差异的方法。

三、国内外研究现状

大气污染对健康影响的研究领域,所涉及的污染物主要包括空气动力学当量直径小于等于 $10\mu m$ 和 $2.5\mu m$ 的颗粒物(PM_{10} 和 $PM_{2.5}$)、SO_2、NO_2、CO 和 O_3。$PM_{2.5}$ 作为主要大气污染物之一,已成为近年来大气污染与健康领域的研究热点。国内外多项研究表明,$PM_{2.5}$ 的短期或长期暴露均会对人体产生不良的健康效应,主要表现为呼吸系统和心脑血管系统疾病的急诊和住院率增加、肺功能和免疫功能下降、肺癌等恶性肿瘤的患病风险升高、心肺疾病患者的过早死亡等。$PM_{2.5}$ 已在 2013 年被国际癌症研究机构(IARC)确认为一类致癌物,2012 年 WHO 发布的《2010 年全球疾病负担评估》指出,在导致全球过早死亡的 67 种主要风险因子中,大气 $PM_{2.5}$ 污染位居第 7,而在中国位居第 4;大气 $PM_{2.5}$ 污染每年造成全世界逾 320 万人过早死亡,其中约 120 万发生在中国。针对我国大气 $PM_{2.5}$ 对人体健康危害亦有很多文献报道,尤其是 2013 年 1 月以来,我国中东部地区持续出现雾霾天气,引起公众对 $PM_{2.5}$ 污染的广泛关注。SO_2 在以煤为主要能源的发展中国家作为主要大气污染物,其健康效应也备受关注。吸入大气中的 SO_2 可对人体呼吸道产生刺激作用、致敏作用等,并可以和苯并(a)芘(BaP)联合作用,短期内诱发肺部鳞状细胞癌。Chen 等在中国 17 个城市的研究表明,SO_2 浓度每增加 $10\mu g/m^3$,人群全死因死亡率、心血管疾病死亡率和呼吸系统疾病死亡率分别增加 0.75%、0.83% 和 1.25%。Hart 等在美国的研究表明,SO_2 浓度每增加 4ppb,人群全死因死亡率增加 6.9%。氮氧化物是大气中另一类对人体健康有较大危害的污染物,其中 NO_2 是氮氧化物污染的主要污染物,被作为指示空气质量的重要指标之一。NO_2 具有疏水性,呼吸进入人体后直达肺部深处,对上呼吸道的刺激作用较小,主要作用于深部呼吸道、细支气管及肺泡。Chiusolo 等对意大利 10 个城市进行的病例交叉研究表明,NO_2 浓度每增加 $10\mu g/m^3$,居民的总死亡率、心血管系统疾病死亡率、呼吸系统疾病死亡率分别增加 2.09%、2.63% 和 3.48%。Chen 等对中国 17 个城市的研究也显示 NO_2 浓度升高对呼吸及心血管系统疾病死亡率有显著影响。另外,O_3 具有典型的生物效应,可引起心血管系统和呼吸系统炎症以及系统氧化应激反应。国内外大量观察性流行病学研究已给出 O_3 暴露与人群多种健康结局的显著相关性。CO 和 PM_{10} 浓度增加,也可导致居民总死亡率、心血管系统疾病死亡率和呼吸系统疾病死亡率相应增加。

气温、相对湿度、降水等气象因子可通过作用于大气污染物、细菌病毒、虫媒传播及其他环境因子直接或间接地影响人群健康。近年来,气候变化,尤其是全球变暖引起人们的广泛关注。在全球气候变化的大趋势下,我国气温也明显变暖,以东北、华北、西北地区最为显著。气候变暖对人类社会有多方面的影响,其中以极端天气对人群造成的健康损害及公共卫生媒介传染病受气候变化的影响较为显著。国内外多项研究表明,极端气温事件(热浪和寒潮)可引起敏感人群死亡和发病人数增加。气象条件同样是环境中影响人群健康的重要因子。

很多研究显示,气象因子诸如气温、湿度、风速和方向、气压等对大气颗粒物时间和空间分布有着重要的作用,可以通过改变大气污染物传播、运输、稀释、化学转化以及最终的沉积来影响其浓度和分布。同时,极端天气对人类健康的影响可能被大气污染加重。研究大气污染和气象条件的健康效应时,不考虑两者的交互作用可能会高估或低估实际的效应。研究发现,温度和大气污染表现出很强的相关性,它们相互作用影响健康结局,已有很多研究针对温度和大气污染交互作用对人群发病与死亡的影响和定量评价。Roberts 等对 1987—1994 年伊利诺伊州和宾夕法尼亚州大气颗粒物污染和温度对死亡影响的研究中指出,在一定自由度下,温度可以调节 PM_{10} 和死亡率之间的关系。Ren 等利用泊松广义相加模型分析了澳大利亚布里斯班市 1996—2001 年大气 PM_{10} 对最低温影响呼吸系统疾病入院率的修饰作用,结果显示最低温每降低 10℃,呼吸系统疾病入院率在 PM_{10} 低于 20μg/m³ 和高于 40μg/m³ 时分别增加 1.0% 和 7.3%。低温和高温都能引起呼吸系统疾病入院和急诊数量的增加,而且高温作用强于低温作用。另一方面,温度也可修饰 PM_{10} 对健康结局的影响,较之寒冷天气,温度较高时 PM_{10} 对人群的危害更为严重。Robert 等早期曾分析 1986—1989 年芝加哥地区 CO 与低温对充血性心力衰竭(CHF)住院的相关性,发现 CO 对 CHF 住院的影响有温度依赖性,随温度降低,CO 影响 CHF 住院率的程度加大。在 O_3 与气温交互作用的研究中发现,温度可以显著修饰 O_3 对死亡率的影响,而 O_3 在温度对死亡的影响中也起到修饰作用。

Qian 等对我国武汉 2000—2004 年研究中发现,高温和大气颗粒物对短期死亡率的增加有协同效应。伍燕珍等分析了北京市 1998 年 1 月至 2000 年 6 月总悬浮颗粒物(total suspended particulates,TSP)和 PM_{10} 与温度对人群非意外死亡影响的交互作用,发现温度越高,TSP 和 PM_{10} 与温度对人群非意外死亡影响的联合作用就越大,且高温度层 TSP 和 PM_{10} 对人群非意外死亡的影响高于中温度层,表明大气颗粒物质量浓度和高温对人群非意外死亡的影响有交互作用。李国星等分析探讨了 PM_{10} 与表观温度交互作用对北京市某医院呼吸系统疾病急诊的影响,研究发现 PM_{10} 与平均表观温度和最低表观温度的交互作用在低温时有统计学意义,与日表观温度差值的交互作用在温差较大时有统计学意义,说明在低温和温差比较大的情况下,PM_{10} 对呼吸系统疾病的风险较大。其另一项研究,通过建立广义相加模型分析了天津市 2007—2009 年气温对大气 PM_{10} 影响疾病死亡的修饰作用,发现高温下 PM_{10} 每升高 10μg/m³,呼吸系统疾病死亡率增加 0.57%,而低温与 PM_{10} 交互作用引起的呼吸系统疾病急诊超额危险度最高。而对广州 2005—2009 年极端温度对大气 PM_{10} 对日死亡数的修饰作用研究发现,PM_{10} 与温度的交互作用对呼吸系统疾病死亡的影响有统计学意义,极端高温天气 PM_{10} 对死亡的影响更大。张姣艳运用混合广义相加模型(mixed generalized additive model,MGAM)分析日均气温对上海市儿童烧伤急诊人次的影响,评估 PM_{10}、SO_2 和 NO_2 三种大气污染物与日均气温的交互作用,研究发现 NO_2 的周效应与日均气温有交互作用;SO_2 的周效应和月效应与日均气温有交互作用。李骊分析 2001—2011 年广州市大气污染、气象与逐日人群死亡数的关系,在广义线性模型中加入 PM_{10} 和气温的非线性交互效应项,用 F 检验判断该交互项的统计显著性,结果显示 PM_{10} 与气温对人群死亡存在对数非线性的交互作用,低温和高温效应均随 PM_{10} 污染水平升高而增大,不同 PM_{10} 水平下低温效应和高温效应的分布滞后特征存在差异。

针对气象因子间的交互作用以及大气污染物间的交互作用对人群健康影响的研究较为有限,Su 等采用时间序列分析的方法探索北京市 2009—2011 年空气相对湿度对温度影响医院呼吸系统疾病急诊的修饰作用,研究发现低温阈值以下,湿度较低时温度对急诊就诊的影响更显著,且随湿度升高,急诊就诊率有下降的趋势;而高于温度限值时,湿度高时温度影响更显著,且随湿度水平上升,呼吸系统疾病急诊就诊率有上升的趋势。Bell 等通过分析 1987—2000 年美国 98 个城市的环境与健康数据,采用时间序列方法探索 PM_{10} 和 $PM_{2.5}$ 在 O_3 与死亡相关性中的作用,结果显示 PM_{10} 和 $PM_{2.5}$ 并不是 O_3 对死亡影响的混杂因子,但研究中数据可用性有限,该结果值得进一步探讨。

在时空交互效应的研究方面,Raghavan 等采用贝叶斯分层模型对美国的落基山斑疹热 (RMSF)发病率进行时空分析,模型中定量讨论了时间和空间效应并加入时空交互效应分析,发现 RMSF 在研究地区的中部和南部有空间聚集性,且随着时间推移,在较新的地理区域发病率增加。潘蕾等基于贝叶斯时空理论,对 2005—2009 年北京市 18 个区县结核病患病数据进行时空建模,发现拟合的所有模型中,含协变量的时空交互效应模型最优(DIC 最小)。赵飞在乡镇尺度构建起贝叶斯非时空模型、时空独立模型和时空交互模型,对钉螺分布进行空间分析,根据 DIC 值越小越好的准则,时空独立模型拟合数据最合适。黄宁波等利用云南省洱源县 2000—2006 年的现场钉螺调查与实验室检测数据及村边界等空间数据,采用贝叶斯模型构建村级水平间的钉螺与感染性钉螺时空独立与交互模型,分析钉螺与感染性钉螺的时空格局变化,研究发现钉螺分布时空交互模型和感染性钉螺时空独立模型的拟合优度稍强于其他模型。杨坤等利用湖南省汉寿县 1996—2005 年的查病数据和遥感提取的环境因子构建不同的血吸虫病贝叶斯模型,分析 10 年间血吸虫病的时空格局变化,结果显示血吸虫病贝叶斯时空交互模型为最佳模型。王超等在贝叶斯统计思想下采用空间异质模型(UH 模型)和空间相关模型(CH 模型)为基础建立具体模型,并以生态学分析法分析手足口病的影响因子。结果显示,加入协变量的时空交互 CH+UH 模型拟合效果较优(DIC = 35507.2)。但也有学者提出,模型中纳入时空交互形式应该在用于解释发病或死亡的协变量信息都耗尽,或对疾病时空变化特征具有充足的解释时方才使用。该结论需要在实际应用时进一步探讨。

四、典型案例

(一)大气颗粒物与温度的交互作用对北京市人群死亡的影响

近年来许多研究证实了大气 PM_{10} 的健康危害,尤其对心血管疾病和呼吸系统疾病的影响尤为严重;温度变化对健康的影响同样被证实,但两者的相互作用规律尚不明确,国内外的多项研究结论并不一致。调整了年龄和性别以及其他大气污染物如 SO_2 和 NO_2 之后,PM_{10} 及温度对健康的影响受到不同程度的改变,这些因子在研究中均可纳入考虑。

该研究基于北京市 2006—2009 年的人群死亡数据,采用基于 Poisson 回归广义相加模型(GAM)的时间序列分析方法,建立独立模型、双变量响应曲面模型、温度分层模型,探索大气 PM_{10} 与温度的交互作用对人群非意外、心血管疾病、呼吸系统疾病死亡的影响,并对年龄和性别分层,进行亚组分析,探究效应在多污染物模型中的变化情况。模型具体如下(公式 2-5):

1. 独立模型

$$log[E(Y_t)] = \propto +PM_{10}+S(Mean\ temperature,3)+S(RH,3)+$$
$$S(time,7per\ year)+DOW+Holiday$$
$$= \propto +PM_{10}+S(Mean\ temperature,3)+COV$$

公式 2-5

其中,t 为观察日;$E(Y_t)$ 为死亡的估计值;S( )为平滑函数;PM_{10} 为 PM_{10} 在时间 t 的浓度;*time* 是时间 t 在日历上的时间;*RH* 和 Mean *temperature* 分别为时间 t 的相对湿度和平均温度;DOW 为一周中的某一天;*Holiday* 是节假日哑变量;*COVs* 代表其他协变量。

2. 响应曲面模型(公式 2-6)

$$log[E(Y_t)] = \propto +TS(Mean\ temperature, PM_{10}) + S(RH,3) +$$
$$S(time, 7per\ year) + DOW + Holiday$$
$$= \propto +TS(Mean\ temperature, PM_{10}) + COVs$$

公式 2-6

其中,*TS*( )为薄板样条函数;*TS*(*Mean temperature*,PM_{10})代表温度与 PM_{10} 的交互作用。

3. 温度分层模型(公式 2-7)

$$log[E(Y_t)] = \propto +\sum_{k=1}^{2}\beta_k PM_{10}T_k + S(Mean\ temperature,3) + S(RH,3) +$$
$$S(time, 7per\ year) + DOW + Holiday$$
$$= \propto +\sum_{k=1}^{2}\beta_k PM_{10}T_k + S(Mean\ temperature,3) + COVs$$

公式 2-7

其中,*S*(Mean temperature)是温度的非线性变量;T_k 为指示高温($T_1 = 0$,$T_2 = 1$)和低温($T_1 = 1$,$T_2 = 0$)的哑变量。β_1 和 β_2 分别是 PM_{10} 在高温和低温层的效应。

分层模型中选用温度中位数 15.9℃和独立模型中温度转折点 20℃作为分割点,将温度分为高温层和低温层。研究结果显示,在高温层 PM_{10} 对人群非意外、心血管疾病和呼吸系统疾病死亡的效应强于低温层的效应。温度采用 14 天的滑动平均值时,大气 PM_{10} 的浓度每升高 10μg/m³,人群非意外、心血管疾病和呼吸系统疾病死亡在低温层分别增加 0.14%(95% CI:0.05~0.22)、0.12%(95% CI:0.02~0.23)和 0.14%(95% CI:0.06~0.34);在高温层分别增加 0.24%(95% CI:0.12~0.35)、0.17%(95% CI:0.01~0.34)和 0.45%(95% CI:0.13~0.78)。双污染物模型中,调整了 SO_2 和 NO_2 之后,PM_{10} 的效应在高温层和低温层均减弱。PM_{10} 的效应在高温层对女性和老年人群的影响更大。该研究证实 PM_{10} 对日均死亡的效应受到温度的影响而改变,提示制定公共卫生政策时应考虑大气污染和全球气候变化的影响。

(二)北京市大气污染和气象因素对慢性肺部疾病影响的时空特征

COPD、肺癌和肺结核是较为常见的慢性肺部疾病,是中国较大的疾病负担之一。少有研究在较大地理范围内探索此类慢性肺部疾病的空间分布或比较其分布特征。大气污染物及不良气象条件可成为许多疾病的危险因素。大气污染物中,颗粒物的相对比表面积较大,容易吸附空气中的微生物。已有研究证实 PM_{10}、SO_2 和 NO_2 对 COPD 和肺癌有影响,对肺结核的影响尚不明确,气象因素同样对慢性肺部疾病有影响。之前的研究多采用时间序列的方法分析疾病与大气危险因素间的暴露-反应关系,该方法未考虑空间因素的影响,而贝叶斯时空模型可同时分析空间相关和协变量对疾病的影响。明确慢性肺部疾病的空间分布特征危险因素可为此类疾病的防治及医疗资源的配置提供有意义的参考。

该研究基于北京城镇职工基本医疗保险系统的数据,采用贝叶斯分层泊松回归模型的方法,分析 2010 年北京市 COPD、肺癌和肺结核影响的空间分布特征,以及大气污染物(PM_{10}、SO_2、NO_2)和气象因素(平均温度和相对湿度)对疾病的影响。贝叶斯条件自回归分层模型可解释不同区域之间的空间相关性,并可以对考虑空气污染和气象因子协变量之后的剩余残差平滑处理。该研究建立了非空间、空间和时空三个模型,模型均假设因变量服从

泊松分布,具体公式如下(公式2-8、公式2-9):

$$Y_{ij} \sim Poisson(\mu_{ij})$$ 公式2-8

$$Log(\mu_{ij}) = Log(E_{ij}) + \theta_{ij}$$ 公式2-9

其中,Y_{ij}是区域i、月份j的病例观察值;E_{ij}是区域i、月份j的病例估计值;θ_{ij}是区域i、月份j的相对风险。

1. 非空间模型

$$\theta_{ij} = \alpha + \sum_k \beta_k X_{kij} + v_i + g_j + \omega * month_j$$ 公式2-10

2. 空间模型

$$\theta_{ij} = \alpha + \sum_k \beta_k X_{kij} + v_i + g_j + u_i + \omega * month_j$$ 公式2-11

3. 时空模型

$$\theta_{ij} = \alpha + \sum_k \beta_k X_{kij} + v_i + g_j + u_i + d_i * month_{ij} + \omega * month_j$$ 公式2-12

其中,α是截距;β_k是相关系数;X_{kij}是协变量(污染物和气象因子);v_i非结构随机效应;u_i空间结构性随机效应;g_j是自回归时间效应;d_i是空间滑动地区水平时间趋势系数;ω是研究区域整体平均时间趋势系数。

研究发现3种慢性肺部疾病有不同的相对高风险聚集区,相对湿度对COPD住院的影响最显著,相对危险度(RR)为1.070(95% CI:1.054~1.086),SO_2对肺癌影响的RR为1.034(95% CI:1.011~1.058),平均温度对肺结核影响的RR为1.107(95% CI:1.038~1.180)。该研究证实,北京市传染性和非传染性慢性肺部疾病有不同的空间分布和危险因素,大气污染与气象因素对慢性肺部疾病有一定的影响。

以颗粒物为主的大气污染对人体健康的影响已被很多研究证实,气候变化引起的健康效应也越来越受到关注,两类环境因子对人群的短期和长期健康效应不可忽视,而两者并非独立作用,研究其相互作用及变化的规律对公共卫生政策的制定以及指导卫生干预措施的实施有重要意义。分析环境因子之间的交互作用时,不应只考虑一种模型,应将多种统计学模型结合,综合时间和空间尺度变化,分析因子间的短期与累积交互作用,并进行方法学比较,选择最优模型组合,使交互作用的估计更为精确。

在今后的研究中,随着空间技术的发展,可获得时间跨度更大、空间分辨率更高的大气污染物与气象因子数据资料,实现高空间分辨率下大气污染物与气象因子之间长期交互作用的探索,有助于研究不良环境因子对恶性肿瘤等长病程疾病发生发展的作用规律。随着检测技术与空间预测技术的发展,今后的研究可探讨更多的大气污染物(如SO_2、NO_2、O_3、CO等)与更多的气象因子(如风速、风向、降水、日照等),以及同种环境因子之间的相互作用规律与特征,以期全面了解大气环境因子对人群健康的影响。

(杨敏娟　贾予平　梁凤超　田　霖)

参 考 文 献

[1] GAO M,CARMICHAEL G R,WANG Y,et al. Modeling study of the 2010 regional haze event in the North China Plain[J]. Atmos Chem Phys,2016,16(3):1673-1691.

[2] HU J L,CHEN J J,YING Q,et al. One-year simulation of ozone and particulate matter in China using WRF/CMAQ modeling system[J]. Atmos Chem Phys,2016,16(16):10333-10350.

[3] FRIBERG M D,ZHAI X X,HOLMES H A,et al. Method for Fusing Observational Data and Chemical Trans-

port Model Simulations To Estimate Spatiotemporally Resolved Ambient Air Pollution[J]. Environ Sci Technol,2016,50(7):3695-3705.

[4] LIU W,LI X D,CHEN Z,et al. Land use regression models coupled with meteorology to model spatial and temporal variability of NO_2 and PM_{10} in Changsha,China[J]. Atmos Environ,2015,116:272-280.

[5] KERCKHOFFS J,WANG M,MELIEFSTE K,et al. A national fine spatial scale land-use regression model for ozone[J]. Environ Res,2015(140):440-448.

[6] GUPTA P,CHRISTOPHER S A,WANG J,et al. Satellite remote sensing of particulate matter and air quality assessment over global cities[J]. Atmos Environ,2006,40(30):5880-5892.

[7] PACIOREK C J,LIU Y,MORENO-MACIAS H,et al. Spatiotemporal associations between GOES aerosol optical depth retrievals and ground-level $PM_{2.5}$[J]. Environ Sci Technol,2008,42(15):5800-5806.

[8] VAN DONKELAAR A,MARTIN R V,BRAUER M,et al. Global Estimates of Ambient Fine Particulate Matter Concentrations from Satellite-Based Aerosol Optical Depth:Development and Application[J]. Environ Health Persp,2010,118(6):847-855.

[9] MA Z W,HU X F,SAYER A M,et al. Satellite-Based Spatiotemporal Trends in $PM_{2.5}$ Concentrations:China, 2004-2013[J]. Environ Health Persp,2016,124(2):184-192.

[10] KLOOG I,SOREK-HAMER M,LYAPUSTIN A,et al. Estimating daily $PM_{2.5}$ and PM10 across the complex geo-climate region of Israel using MAIAC satellite-based AOD data[J]. Atmos Environ,2015(122): 409-416.

[11] MADRIGANO J,KLOOG I,GOLDBERG R,et al. Long-term Exposure to $PM_{2.5}$ and Incidence of Acute Myocardial Infarction[J]. Environ Health Persp,2013,121(2):192-196.

[12] HU Z. Spatial analysis of MODIS aerosol optical depth,$PM_{2.5}$,and chronic coronary heart disease[J]. Int J Health Geogr,2009(8):27.

[13] GUO Y,ZENG H,ZHENG R,et al. The association between lung cancer incidence and ambient air pollution in China:A spatiotemporal analysis[J]. Environ Res,2016(144):60-65.

[14] SHI L,ZANOBETTI A,KLOOG I,et al. Low-Concentration $PM_{2.5}$ and Mortality:Estimating Acute and Chronic Effects in a Population-Based Study[J]. Environ Health Persp,2016,124(1):46-52.

[15] DI Q,WANG Y,ZANOBETTI A,et al. Air Pollution and Mortality in the Medicare Population[J]. The New England journal of medicine,2017,376(26):2513-2522.

[16] LIU J,HAN Y Q,TANG X,et al. Estimating adult mortality attributable to $PM_{2.5}$ exposure in China with assimilated $PM_{2.5}$ concentrations based on a ground monitoring network[J]. Sci Total Environ,2016(568): 1253-1262.

[17] GOLDSTEIN I F. Interaction of air pollution and weather in their effects on health[J]. HSMHA Health Rep, 1972,87(1):50-55.

[18] KATSOUYANNI K,PANTAZOPOULOU A,TOULOUMI G,et al.,Evidence for interaction between air pollution and high temperature in the causation of excess mortality[J]. Arch Environ Health,1993,48(4): 235-242.

[19] REN C,WILLIAMS G M,TONG S. Does particulate matter modify the association between temperature and cardiorespiratory diseases? [J]. Environ Health Perspect,2006,114(11):1690-1696.

[20] PUZA B,ROBERTS S.A Bayesian approach to modeling the interaction between air pollution and temperature [J]. Ann Epidemiol,2013,23(4):198-203.

[21] 伍燕珍,张金良. 北京市大气颗粒物与温度对人群非意外死亡影响的交互作用[J]. 环境科学研究, 2009,22(12):1403-1410.

[22] HU W,MENGERSEN K,MCMICHAEL A,et al. Temperature, air pollution and total mortality during

summers in Sydney,1994-2004[J]. Int J Biometeorol,2008,52(7):689-696.

[23] STAFOGGIA M,SCHWARTZ J,FORASTIERE F,et al. Does temperature modify the association between air pollution and mortality? A multicity case-crossover analysis in Italy[J]. Am J Epidemiol,2008,167(12):1476-1485.

[24] 郑杨,李晓松,贝叶斯时空模型在疾病时空数据分析中的应用[J]. 中华预防医学杂志,2010,44(12):1136-1139.

[25] KNORR-HELD L. Bayesian modelling of inseparable space-time variation in disease risk[J]. Stat Med,2000,19(17-18):2555-2567.

[26] POPE C A,BURNETT R T,THUN MJ,et al. Lung cancer,cardiopulmonary mortality,and long-term exposure to fine particulate air pollution[J]. JAMA,2002,287(9):1132-1141.

[27] CHEN R,HUANG W,WONG C M,et al. Short-term exposure to sulfur dioxide and daily mortality in 17 Chinese cities:the China air pollution and health effects study(CAPES)[J]. Environ Res,2012(118):101-106.

[28] BELL M L,MCDERMOTT A,ZEGER S L,et al. Ozone and short-term mortality in 95 US urban communities,1987-2000[J]. JAMA,2004,292(19):2372-2378.

[29] SCHWARTZ J. Air pollution and hospital admissions for the elderly in Birmingham,Alabama[J]. Am J Epidemiol,1994,139(6):589-598.

[30] BURKART K,CANÁRIO P,BREITNER S,et al. Interactive short-term effects of equivalent temperature and air pollution on human mortality in Berlin and Lisbon[J]. Environ Pollut,2013(183):54-63.

第三章

大气污染对人群呼吸系统健康的影响

第一节　大气污染对人群呼吸系统的主要健康危害研究背景和概述

大气污染是全球影响人群呼吸系统健康的主要环境问题。最著名的是发生在1943年美国加利福尼亚州洛杉矶光化学烟雾事件和1952年英国伦敦烟雾事件,主要归因于煤炭燃烧和交通排放。2016年全球疾病负担系统分析报告显示,归因于空气污染的伤残调整生命年(DALY)排在第五位,尤其是低收入和中低收入国家,空气污染导致的DALY甚至排在第二位,将近90%的空气污染死亡发生在低收入和中等收入国家。全球范围内94%的空气污染导致的死亡是非传染性疾病,以心脑血管疾病和呼吸系统疾病为主,另有23%的过早死亡是由慢性阻塞性肺疾病导致。

大气污染对呼吸系统健康的危害与污染物种类、污染物来源、污染物组分、污染物浓度有关。一般来说,颗粒物粒径越小,在空气中悬浮的时间越长,且比表面积大,极易吸附多种化学物形成混合颗粒,其毒性作用越强。2015年空气污染引起的全球疾病负担报告显示,大气$PM_{2.5}$导致我国2015年110万人死亡和1 921万DALY损失。

大气污染对呼吸系统健康影响研究的效应重点主要包括死亡率、患病率、医院门/急诊人数。WHO国际癌症研究机构于2013年进行了一项评估,结论是室外空气污染对人类有致癌作用,空气污染的颗粒物质成分与癌症,特别是肺癌发病率的增加有极密切的关系。同时,大气污染对一些临床症状(如咳嗽、气急等)和亚临床指标(肺功能、免疫功能等)的影响亦有研究报道。

此外,空气污染还增加敏感人群如孕妇、儿童、老年人等,发生严重呼吸系统感染或慢性呼吸系统疾病加重的风险。全球15岁以下儿童93%暴露于超出WHO空气质量指南的环境细颗粒物($PM_{2.5}$)浓度,其中包括6.3亿5岁以下儿童和18亿15岁以下儿童。在世界各地低收入和中等收入国家,98%的5岁以下儿童暴露于超出WHO空气质量指南的$PM_{2.5}$浓度。相比之下,高收入国家中52%的5岁以下儿童的暴露量高于世卫组织空气质量指南。世界40%以上人口(其中包括10亿15岁以下儿童)暴露于主要因使用污染性技术和燃料烹饪而造成的高水平家庭空气污染。2016年,大约60万例15岁以下儿童死亡可归因于环境和家庭空气污染的共同影响。在低收入和中等收入国家,50%以上5岁以下儿童的急性下呼吸道感染病例由源自烹饪的家庭空气污染以及环境(外部)空气污染所致。空气污染是儿童健康的主要威胁之一,5岁以下儿童死亡的近十分之一是由空气污染所致。同样空气污染也会引起孕妇和老年人呼吸系统的过敏反应或原有呼吸系统疾病的加重。

第二节　国内外研究概况和前沿

一、大气污染与急性呼吸系统相关疾病

大气污染对急性呼吸系统疾病的影响研究,根据疾病结局定义,主要是大气污染对诊断为急性呼吸系统感染(包括流感、肺炎、支气管肺炎等)引起的就诊行为的影响(门诊、急诊、住院人次、死亡等)。国外最早开始研究大气污染与急性呼吸系统疾病的发病率和死亡率多采用队列研究,而对急性呼吸系统疾病门诊/急诊/住院人次的影响与国内研究类似,多采用病例交叉研究和时间序列研究。国内大气污染与急性呼吸系统疾病的研究多数以病例交叉研究和时间序列研究为主,分析大气污染对呼吸系统疾病死亡率和就诊人次的影响。

(一)国外研究

大气污染与急性呼吸系统疾病发病率的研究方式主要是队列研究,通过队列研究才能准确获得观察人群的发病时间及状态记录(症状发作或疾病结局)。国外研究开展较早,最早追溯的有关大气颗粒物与急性呼吸系统疾病发病率的研究来自 Neas 等对北美地区大气 $PM_{2.5}$ 与喘息、咳嗽、支气管炎、下呼吸道感染等的相关性研究。7~11岁儿童,大气 $PM_{2.5}$ 每升高 $10\mu g/m^3$ 引起支气管炎、咳嗽、下呼吸道感染、喘息发病率 RR 分别为 1.18(95%CI: 0.99~1.42)、1.05(95%CI:0.85~1.29)、1.13(95%CI:0.99~1.30)和 1.05(95%CI:0.87~1.26)。MacIntyre 等对欧洲10个出生队列研究分析显示,大气 $PM_{2.5}$ 每升高 $10\mu g/m^3$ 对3岁儿童肺炎的发病率 RR 为 2.58(95%CI:0.91~7.27)。从表3-1可以看出,大部分的研究都是分析大气污染物浓度升高引起的相应急性呼吸系统症状或疾病发病率的效应。而 Berhane 等通过美国地区3个队列的纵向研究分析,共纳入4 602名儿童,分别来自1993—2001年、1996—2004年、2003—2012年先后建立的南加州8个社区队列,采用多水平 Logistic 回归分析研究期间大气污染物浓度变化对儿童支气管症状的影响。研究发现,大气污染物浓度降低对儿童(无论是否患哮喘)的长期健康效应均有保护作用。大气 NO_2 浓度降低 4.9ppb,10岁哮喘儿童发生支气管症状的 OR 为 0.79(95%CI: 0.67~0.94),患病率降低 10.1%;O_3 浓度降低 3.6ppb,儿童支气管症状发生率降低16.3%;PM_{10} 平均浓度降低 $5.8\mu g/m^3$,患病率降低 18.7%;$PM_{2.5}$ 浓度降低 $6.8\mu g/m^3$,患病率降低 15.4%(表3-1)。

表 3-1 国外大气污染与急性呼吸系统疾病发病率的相关性研究列表

作者	地区	研究时间	方法	污染物种类	效应
Neas 等	美国	1983—1988 年	队列研究	$PM_{2.5}$	支气管炎、咳嗽、下呼吸道感染、喘息发病率 RR 为 $1.18(95\%CI:0.99\sim1.42)$、$1.05(95\%CI:0.85\sim1.29)$、$1.13(95\%CI:0.99\sim1.30)$ 和 $1.05(95\%CI:0.87\sim1.26)$
Bennett 等	澳大利亚	1998—2005 年	队列研究	$PM_{2.5}$	喘息和咳嗽发病率 RR 为 $1.08(95\%CI:0.79\sim1.48)$ 和 $0.74(95\%CI:0.47\sim1.15)$
Schindler 等	瑞士	1999—2000 年	队列研究	PM_{10}	每升高 $10\mu g/m^3$ 引起的反复咳嗽、气息、气息伴呼吸困难发病率 RR 值分别为 $0.77(95\%CI:0.62\sim0.97)$、$1.01(95\%CI:0.74\sim1.39)$ 和 $0.70(95\%CI:0.49\sim1.01)$
Morgenstern 等	德国	1999—2000 年	队列研究	$PM_{2.5}$	支气管炎、咳嗽、下呼吸道感染、喘息发病率 RR 为 $1.05(95\%CI:0.92\sim1.20)$、$1.05(95\%CI:0.88\sim1.25)$、$1.09(95\%CI:0.94\sim1.27)$ 和 $1.10(95\%CI:0.96\sim1.25)$
MacIntyre 等	欧洲	—	队列研究	$PM_{2.5}$	肺炎发病率 RR 为 $2.58(95\%CI:0.91\sim7.27)$
Young 等	美国	2003—2009 年	队列研究	$PM_{2.5}$	咳嗽和喘息发病率 RR 为 $0.95(95\%CI:0.88\sim1.03)$ 和 $1.14(95\%CI:1.04\sim1.26)$
Berhane 等	美国	1993—2001 年 1996—2004 年 2003—2012 年	队列研究	$PM_{2.5}$ PM_{10} NO_2 SO_2 O_3	NO_2 浓度降低 4.9ppb，10 岁哮喘儿童发生支气管症状的 OR 为 $0.79(95\%CI:0.67\sim0.94)$，患病率降低 10.1%；$O_3$ 浓度降低 3.6ppb，儿童支气管症状发生率降低 16.3%；PM_{10} 平均浓度降低 $5.8\mu g/m^3$，患病率降低 18.7%；$PM_{2.5}$ 浓度降低 $6.8\mu g/m^3$，患病率降低 15.4%。对无哮喘疾病史的儿童支气管症状改善相对较弱

同大气污染与急性呼吸系统疾病发病率的研究方法一致，国外大气污染与急性呼吸系统疾病死亡率的相关性研究也采用队列研究方法进行评估。相对于急性呼吸系统疾病发病率的效应，大气污染物升高相同浓度观察到的急性呼吸系统疾病死亡率的效应相对更显著。从表 3-2 可以看出，国外研究很早就开始关注 $PM_{2.5}$ 和黑炭(black carbon，BC)对呼吸系统疾病死亡率的影响。

表 3-2 国外大气污染与急性呼吸系统疾病死亡率的相关性研究列表

作者	地区	研究时间	方法	污染物种类	效应
Katanoda 等	日本	1974—1983 年	队列研究	$PM_{2.5}$	每升高 $10\mu g/m^3$ 呼吸系统疾病死亡率 HR 为 $1.16(95\%CI:1.04\sim1.30)$

续表

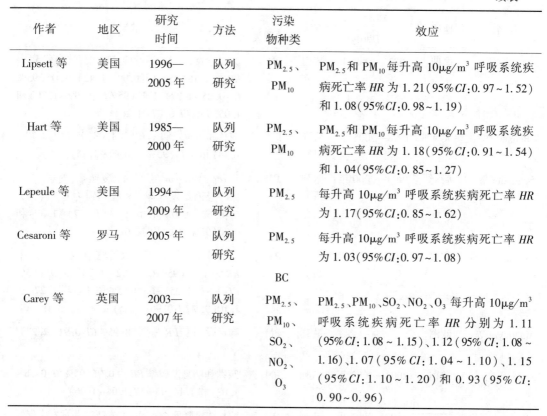

大气污染与急性呼吸系统疾病就诊人次的研究,采用时间序列和病例交叉研究进行分析,各污染物引起的住院人次、门诊人次、急诊人次的效应因研究地区、污染物类型、污染物浓度等均不同(表3-3)。

表3-3　国外大气污染与急性呼吸系统疾病就诊人次的相关性研究列表

作者	地区	研究时间	方法	污染物种类	效应
IIbabaca 等	Chile	1995—1996 年	时间序列	PM_{10}、$PM_{2.5}$、NO_2、SO_2、O_3	冷季 PM_{10}、$PM_{2.5}$、NO_2、SO_2、O_3 每升高 $10\mu g/m^3$,15 岁以下儿童肺炎住院人次 RR 分别为 1.03($95\%CI$:1.01~1.05)、1.05($95\%CI$:1.02~1.09)1.07($95\%CI$:1.03~1.12)、1.19($95\%CI$:1.08~1.32)和 1.06($95\%CI$:1.02~1.10)
Barnett 等	澳大利亚、新西兰	1998—2001 年	病例交叉	PM_{10}、$PM_{2.5}$、NO_2、SO_2、O_3	PM_{10}、$PM_{2.5}$、NO_2、SO_2、O_3 每升高 $10\mu g/m^3$,14 岁以下儿童肺炎住院人次 RR 分别为 1.02($95\%CI$:0.98~1.07)、1.06($95\%CI$:1.00~1.13)、1.10($95\%CI$:0.98~1.23)、1.04($95\%CI$:1.01~1.07)和 1.00($95\%CI$:0.90~1.10)

续表

作者	地区	研究时间	方法	污染物种类	效应
Farhat 等	巴西	1996—1997 年	时间序列	PM_{10}、NO_2、SO_2、O_3、CO	PM_{10}、NO_2、SO_2、O_3、CO 每升高 $10\mu g/m^3$，13 岁以下儿童肺炎住院人次 RR 分别为 1.07（95%CI：1.02~1.11）、1.05（95%CI：1.01~1.09）、1.49（95%CI：1.09~1.98）、1.07（95%CI：1.01~1.03）和 1.06（95%CI：1.01~1.14）
Santus 等	意大利	2007—2008 年	病例交叉	PM_{10}、$PM_{2.5}$、NO_2、SO_2、O_3、CO	PM_{10}、$PM_{2.5}$、NO_2、SO_2、O_3、CO 每升高 $10\mu g/m^3$，16 岁以下人群肺炎急诊住院人次 RR 分别为 1.02（95%CI：0.99~1.04）、1.01（95%CI：0.98~1.04）1.00（95%CI：0.98~1.02）、2.23（95%CI：1.18~4.18）、0.78（95%CI：0.61~1.00）和 1.11（95%CI：0.94~1.31）
Pablo-Romero 等	西班牙	2007—2011 年	时间序列	$PM_{2.5}$	14 岁以下儿童肺炎住院人次 RR 为 1.07（95%CI：1.01~1.14）
Tuan 等	巴西	2012 年	时间序列	PM_{10}、SO_2、O_3、CO	10 岁以下儿童肺炎住院人次 RR 分别为 1.01（95%CI：0.99~1.02）、1.00（95%CI：0.79~1.27）、1.00（95%CI：1.00~1.01）、1.47（95%CI：1.10~1.92）

（二）国内研究

国内大气污染与急性呼吸系统健康结局的相关性研究，根据关注的健康结局可分为大气污染与患病率(门急诊人次/住院人次)和死亡率的相关性。研究分析的污染物种类，2000 年以前研究的颗粒物以总悬浮颗粒物(total suspended particles，TSP)为主，2000—2012 年颗粒物以 PM_{10} 为主，2012 年以后 $PM_{2.5}$ 和 O_3 对急性呼吸系统健康效应影响的研究开始增加(表 3-4 和表 3-5)。

表 3-4　国内大气污染与急性呼吸系统疾病患病率的相关性研究列表

作者	地区	研究时间	方法	污染物种类	效应
并立滨等	本溪	1994—1995 年	多因素 Logistic 回归	TSP、SO_2	TSP 每升高 $100\mu g/m^3$ 呼吸系统疾病症状咳痰、气短、喘息和急性上呼吸道感染 OR 值分别为 1.4（95%CI：1.2~1.6）、1.3（95%CI：1.1~1.4）、1.6（95%CI：1.3~1.9）、1.3（95%CI：1.0~1.6）。SO_2 每升高 $100\mu g/m^3$ 呼吸系统疾病症状咳痰、气短、喘息和急性上呼吸道感染 OR 值分别为 6.2（95%CI：2.1~18.7）、1.7（95%CI：0.6~4.9）、4.8（95%CI：1.0~22.6）、2.5（95%CI：0.5~12.7）

续表

作者	地区	研究时间	方法	污染物种类	效应
鲍玉星等	乌鲁木齐	2005—2009年	时间序列	PM_{10}、NO_2、SO_2	大气中 SO_2、NO_2、PM_{10} 浓度每增加 $10\mu g/m^3$ 呼吸系统疾病日住院人数分别增加 0.85%（$95\% CI$: $0.27\% \sim 1.36\%$）、0.56%（$95\% CI$: $0.24\% \sim 1.21\%$）、0.63%（$95\% CI$: $0.46\% \sim 1.65\%$）
马关培等	广州	2009—2011年	时间序列	$PM_{10\sim2.5}$、$PM_{2.5}$、NO_2、SO_2	$PM_{10\sim2.5}$、$PM_{2.5}$、NO_2、SO_2 每升高 $10\mu g/m^3$，呼吸系统疾病日门诊量 RR 分别为 1.002（$95\% CI$: $0.998 \sim 1.018$）、1.0035（$95\% CI$: $1.0012 \sim 1.0164$）、1.0024（$95\% CI$: $1.0016 \sim 1.0056$）、1.0028（$95\% CI$: $0.9778 \sim 1.0078$）
张江华等	上海	2010—2012年	时间序列	PM_{10}、NO_2、SO_2	SO_2、NO_2、PM_{10} 浓度每增加 $10\mu g/m^3$，呼吸系统疾病日门诊量分别上升 0.69%（$95\% CI$: $0.35\% \sim 1.03\%$）、0.54%（$95\% CI$: $0.28\% \sim 0.79\%$）和 0.20%（$95\% CI$: $0.11\% \sim 0.28\%$）
王宇红等	兰州	2014—2015年	时间序列	PM_{10}、$PM_{2.5}$、NO_2、SO_2	PM_{10}、$PM_{2.5}$、NO_2、SO_2 日平均浓度与儿科呼吸系统疾病日门诊量存在正相关关系
路凤等	北京	2014—2015年	病例交叉	PM_{10}、$PM_{2.5}$、NO_2、SO_2	PM_{10}、$PM_{2.5}$、NO_2、SO_2 当日浓度每上升 $10\mu g/m^3$，人群呼吸系统疾病门诊量的 OR 值分别为 1.0066（$95\% CI$: $1.0058 \sim 1.0075$）、1.0048（$95\% CI$: $1.0041 \sim 1.0056$）、1.0259（$95\% CI$: $1.0237 \sim 1.0280$）与 1.0229（$95\% CI$: $1.0198 \sim 1.0259$）
张经纬等	天津	2015—2017年	病例交叉	PM_{10}、$PM_{2.5}$、NO_2、CO	大气中 NO_2、$PM_{2.5}$、PM_{10}、CO 的儿童呼吸系统疾病超额危险度（excess risk rate，ER）分别为 2.823%（$95\% CI$: $2.581\% \sim 3.065\%$）、0.476%（$95\% CI$: $0.382\% \sim 0.569\%$）、0.437%（$95\% CI$: $0.368\% \sim 0.506\%$）、22.263%（$95\% CI$: $15.449\% \sim 29.478\%$）

表3-5　国内大气污染与急性呼吸系统疾病死亡的相关性研究列表

作者	地区	研究时间	方法	污染物种类	效应
Yang 等	台湾	1994—1998年	病例交叉	PM_{10}	PM_{10} 每升高 $10\mu g/m^3$ 呼吸系统疾病死亡率 OR 为 0.996（$95\% CI$: $0.969 \sim 1.023$）

作者	地区	研究时间	方法	污染物种类	效应
王慧文等	辽宁	1996—2000年	时间序列	SO_2	SO_2 每升高 $10\mu g/m^3$ 呼吸系统疾病死亡率 OR 为 $1.012(95\%CI:1.004\sim1.019)$
Wong 等	香港	1996—2002年	时间序列	NO_2	NO_2 每升高 $10\mu g/m^3$ 呼吸系统疾病死亡率 OR 为 $1.012(95\%CI:1.004\sim1.019)$
Kan 等	香港	1996—2002年	时间序列	SO_2	SO_2 每升高 $10\mu g/m^3$ 呼吸系统疾病死亡率 OR 为 $1.013(95\%CI:1.002\sim1.024)$
Qian 等	武汉	2000—2004年	时间序列	PM_{10}、NO_2、SO_2、O_3	PM_{10}、NO_2、SO_2、O_3 每升高 $10\mu g/m^3$ 呼吸系统疾病死亡率 OR 分别为 $1.007(95\%CI:1.002\sim1.012)$、$1.022(95\%CI:1.005\sim1.040)$、$1.011(95\%CI:0.997\sim1.026)$ 和 $1.006(95\%CI:0.996\sim1.017)$
Chen 等	上海	2001—2004年	时间序列	PM_{10}、NO_2、SO_2	PM_{10}、NO_2、SO_2 每升高 $10\mu g/m^3$ 呼吸系统疾病死亡率 OR 分别为 $1.003(95\%CI:1.000\sim1.006)$、$1.012(95\%CI:1.004\sim1.020)$、$1.014(95\%CI:1.005\sim1.022)$
Wang 等	乌鲁木齐	2006—2007年	时间序列	PM_{10}、NO_2、SO_2	PM_{10}、NO_2、SO_2 每升高 $10\mu g/m^3$ 呼吸系统疾病死亡率 OR 分别为 $1.008(95\%CI:0.994\sim1.023)$、$1.067(95\%CI:0.980\sim1.087)$、$1.024(95\%CI:0.988\sim1.059)$
Zhang 等	北京	2003—2008年	时间序列	PM_{10}、NO_2、SO_2	PM_{10}、NO_2、SO_2 每升高 $10\mu g/m^3$ 呼吸系统疾病死亡率 OR 分别为 $1.001(95\%CI:1.001\sim1.001)$、$1.009(95\%CI:1.008\sim1.011)$、$1.000(95\%CI:1.000\sim1.000)$
侯斌等	西安	2004—2008年	时间序列	PM_{10}、NO_2、SO_2	PM_{10}、NO_2、SO_2 每升高 $10\mu g/m^3$ 呼吸系统疾病死亡率 OR 分别为 $1.001(95\%CI:0.996\sim1.011)$、$1.004(95\%CI:1.002\sim1.005)$、$1.013(95\%CI:1.002\sim1.024)$
黄晓亮等	广东	2004—2008年	时间序列	PM_{10}、NO_2、SO_2	PM_{10}、NO_2、SO_2 每升高 $10\mu g/m^3$ 呼吸系统疾病死亡率 OR 分别为 $1.009(95\%CI:1.008\sim1.011)$、$1.016(95\%CI:1.013\sim1.018)$、$1.011(95\%CI:1.009\sim1.013)$
Chen 等	沈阳	2006—2008年	时间序列	$PM_{2.5}$	$PM_{2.5}$ 每升高 $10\mu g/m^3$ 呼吸系统疾病死亡率 OR 为 $1.004(95\%CI:0.998\sim1.010)$
Chen 等	上海	2004—2008年	时间序列	$PM_{2.5}$	$PM_{2.5}$ 每升高 $10\mu g/m^3$ 呼吸系统疾病死亡率 OR 为 $1.007(95\%CI:1.000\sim1.015)$

续表

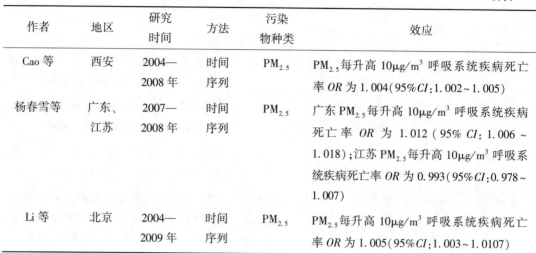

作者	地区	研究时间	方法	污染物种类	效应
Cao 等	西安	2004—2008 年	时间序列	PM$_{2.5}$	PM$_{2.5}$ 每升高 10μg/m^3 呼吸系统疾病死亡率 OR 为 1.004（95%CI：1.002~1.005）
杨春雪等	广东、江苏	2007—2008 年	时间序列	PM$_{2.5}$	广东 PM$_{2.5}$ 每升高 10μg/m^3 呼吸系统疾病死亡率 OR 为 1.012（95%CI：1.006~1.018）；江苏 PM$_{2.5}$ 每升高 10μg/m^3 呼吸系统疾病死亡率 OR 为 0.993（95%CI：0.978~1.007）
Li 等	北京	2004—2009 年	时间序列	PM$_{2.5}$	PM$_{2.5}$ 每升高 10μg/m^3 呼吸系统疾病死亡率 OR 为 1.005（95%CI：1.003~1.0107）

二、大气污染与慢性呼吸系统疾病

COPD 和哮喘是两种常见的慢性非传染性呼吸系统疾病。1990—2015 年疾病负担数据显示，COPD 和哮喘分别是全球第八位和第二十三位的伤残寿命调整损失年。COPD 是发展中国家发病率和死亡率排在前位的疾病之一。最新中国疾病负担报告显示，COPD 与脑卒中、缺血性心脏病成为中国居民死亡的前三位死因。过去 10 年，COPD 已由 1990 年的第四位跃居为 2017 年的第三位死因。最新研究结果显示，我国目前 COPD 患者约 1 亿，约占全世界 COPD 患者人数的 25%。20 岁及以上成人 COPD 患病率为 8.6%，40 岁以上为 13.7%，60 岁以上人群患病率已超过 27%，男性患病率（11.9%）高于女性（5.4%）。美国 COPD 患病人群中，约 24% 的成年患者无吸烟史。对于非吸烟者，环境污染，尤其是 PM$_{2.5}$ 与 COPD 的发病风险更为显著。

近年来，全球哮喘患病率呈现上升趋势，相关疾病经济负担亦随之呈增加态势。据估计，2014 年全球约有 3 亿哮喘患者，且全球哮喘所致总花费甚至超过结核病和艾滋病的总和。中国人群中，医生诊断哮喘和临床哮喘的患病率分别为 0.19% 和 1.42%，远低于发达国家的哮喘患病率。一项涉及 18 个城市 16~65 岁人群的调查显示，我国哮喘患病率达 5.8%。调查分别于 1990 年、2000 年和 2010 年 3 次在全国范围内开展，对比同一地区 3 次患病数据，现患率分别为 0.96%、1.66% 和 2.38%，城市儿童哮喘患病率呈现上升趋势。2010 年的调查结果中，3~5 岁学龄前儿童患病率最高为 4.15%，男童患病率高于女童。华东地区是中国城市儿童哮喘的高发地区，患病率为 4.23%，其中上海患病率最高（7.57%），西部城市拉萨患病率最低（0.48%）。2016 年全球疾病负担数据显示，中国哮喘死亡率为 1.57/10万，死亡人数为 2.15 万。1990—2016 年中国哮喘死亡人数呈下降趋势，从 3.45 万下降至 2.15 万，下降 37.6%，年龄标化死亡率逐年下降，但 60 岁以上人群的哮喘死亡率随年龄增长。

（一）国外研究

表 3-6 与表 3-7 分别为国外大气污染与哮喘及 COPD 的相关性研究。

表 3-6 国外研究大气污染与哮喘的相关性研究

作者	地区	研究时间	方法	污染物种类	效应
Kramer 等	德国	1995—1999 年	出生队列	BC、NO_2	哮喘患病 OR 分别为 1.16（95% CI：0.87~1.54）和 1.07（95% CI：0.94~1.23）
Carlsten 等	加拿大	1995 年	出生队列	BC、NO_2、$PM_{2.5}$	哮喘患病 OR 分别为 1.04（95% CI：0.85~1.28）、1.25（95% CI：0.94~1.66）、1.32（95% CI：1.07~1.63）
Dell 等	加拿大	2006 年	病例对照	NO_2	哮喘患病 OR 为 1.04（95% CI：0.96~1.12）
MacIntyre 等	瑞典、加拿大、德国、荷兰	1995—1998 年	6 个出生队列（BAMSE、CAPPS、GINI、LISA、PIAMA、SAGE）	NO_2	哮喘患病 OR 为 1.12（95% CI：0.87~1.43）
Molter 等	ESCAPE 多中心研究（英国、瑞典、德国、荷兰）	1995—1998 年	5 个出生队列（MAAS、BAMSE、PIAMA、GINI、LISA）	BC、NO_2、$PM_{2.5}$、PM_{10}	哮喘患病 OR 分别为 1.54（95% CI：0.78~3.01）、1.78（95% CI：1.11~2.83）、0.84（95% CI：0.17~4.11）和 1.19（95% CI：0.72~1.96）
Kim 等	韩国	2010 年	横断面研究	NO_2、PM_{10}	哮喘患病 OR 分别为 0.98（95% CI：0.94~1.02）和 1.00（95% CI：0.71~1.42）

表 3-7 国外研究大气污染与 COPD 的相关性研究

作者	地区	研究时间	方法	污染物种类	效应
Anderson 等	欧洲	1987—1992 年	时间序列	SO_2、NO_2	COPD 患病 RR 分别为 1.00（95% CI：1.00~1.01）和 1.01（95% CI：1.00~1.01）
Domincini 等	美国	1999—2002 年	时间序列	$PM_{2.5}$	COPD 患病 RR 为 1.01（95% CI：0.98~1.04）
Faustini 等	意大利	2005—2009 年	时间序列	NO_2	COPD 患病 RR 为 1.01（95% CI：1.00~1.02）

（二）国内研究

最早开展大气污染与 COPD 和哮喘相关性研究的是我国香港和台湾地区,采用时间序列和病例交叉研究进行分析。Wong 等于 1999 年国内首次报道了大气污染与哮喘和 COPD 的相关性,NO_2、SO_2、PM_{10} 和 O_3 每升高 $10\mu g/m^3$,哮喘住院率 RR 分别为 1.026($95\%CI$:$1.010 \sim 1.042$)、1.017($95\%CI$:$0.998 \sim 1.036$)、1.015($95\%CI$:$1.002 \sim 1.028$)和 1.031($95\%CI$:$1.017 \sim 1.046$);COPD 住院率 RR 分别为 1.029($95\%CI$:$1.019 \sim 1.040$)、1.023($95\%CI$:$1.011 \sim 1.035$)、1.019($95\%CI$:$1.011 \sim 1.027$)和 1.032($95\%CI$:$1.021 \sim 1.042$)。Tsai 等和 Lee 等分别对高雄地区的哮喘和台北地区的 COPD 与大气污染物之间相关性进行了分析。1996—2013 年,台湾高雄地区大气污染物每升高 1 个四分位数间距的 PM_{10}($62.28\mu g/m^3$)、SO_2(5.79ppb)、NO_2(17.00ppb)、CO(0.29ppm)和 O_3(20.32ppb),在温度 $\geq 25℃$ 时,引起哮喘住院的 OR 分别是 1.302($95\%CI$:$1.155 \sim 1.467$)、1.018($95\%CI$:$0.956 \sim 1.083$)、1.259($95\%CI$:$1.111 \sim 1.427$)、1.222($95\%CI$:$1.138 \sim 1.312$)和 1.290($95\%CI$:$1.200 \sim 1.386$);温度 $<25℃$ 时,除 O_3 外,其余四种污染物引起哮喘住院人次增加的 OR 均高于温度 $\geq 25℃$ 时的效应。与高雄地区同一研究时间段内,台北地区 COPD 住院人次与大气污染物的相关性研究同样显示,低温时大气污染物浓度升高(除外 O_3)引起 COPD 住院人次增加的 OR 值高于高温时($\geq 25℃$)的效应。调整其他污染物的影响后,多污染物模型的效应比单污染物模型效应略有降低。内地城市陆续在 2014 年开始有关于大气污染物与 COPD 和哮喘的研究报道,包括上海、兰州、广州等地区。Tao 等的研究中,兰州大气 PM_{10} 浓度升高引起 COPD 住院率增加的 RR 略低于 SO_2 和 NO_2,尽管大气 PM_{10} 作为当地首要污染物且浓度远超过 SO_2 和 NO_2。Zhang 等对广州地区雾霾天气对住院人次的影响研究指出,NO_2 对呼吸系统尤其是 COPD 的效应在当日效应最高,引起住院人次增加 1.94%($95\%CI$:$0.50 \sim 3.40$),而 SO_2 和 PM_{10} 的效应不显著;并且无论是单污染物模型还是多污染物模型,研究结果均显示 NO_2 始终是 3 种污染物中作用最强、最显著的污染物。

自 2012 年以后,国家逐渐开始重视大气细颗粒物($PM_{2.5}$)、O_3、CO 等污染情况及其对健康的影响,因此 2012 年陆续发布全国各城市污染监测情况,也促进了上述污染物与 COPD 和哮喘相关性研究的发展。国内多数城市的首要污染物也由大气 PM_{10} 转为 $PM_{2.5}$。Bell 等于 2008 年首次报道了台湾地区 2006—2010 年大气 $PM_{2.5}$ 与全人群哮喘住院人次之间的相关性研究,但未发现两者之间的相关性,而 O_3 对哮喘住院人次的影响效应在滞后 $0 \sim 3$ 天达到最高,且远超过其他污染物效应。Cai 等对上海市 BC 与哮喘住院人次的影响研究中发现,BC 浓度升高引起的住院人次增加率超过大气 PM_{10} 的效应,低于 NO_2 和 SO_2 的效应。在 lag01 天每升高 1 个四分位数间距的 BC($2.8\mu g/m^3$)、PM_{10}($60\mu g/m^3$)、NO_2($25\mu g/m^3$)和 SO_2($36\mu g/m^3$),引起哮喘住院率分别增加 6.62%($95\%CI$:$2.34 \sim 10.03$)、1.82%($95\%CI$:$-1.57 \sim 5.20$)、8.26%($95\%CI$:$4.48 \sim 12.05$)、5.91%($95\%CI$:$2.33 \sim 9.49$)。

大气污染对 COPD 患病人群的影响主要是 65 岁以上老年人,而大气污染对哮喘的患病人群的影响主要是儿童及 65 岁以上老年人。Lee 等比较全面地分析了香港地区 1997—2002 年大气 PM_{10}、SO_2、NO_2、O_3、$PM_{2.5}$ 对儿童哮喘住院人次的影响。年龄 ≤ 18 岁的儿童青少年,每升高 1 个四分位数间距的 PM_{10}($33.4\mu g/m^3$)、$PM_{2.5}$($20.6\mu g/m^3$)、SO_2($11.1\mu g/m^3$)、NO_2($27.1\mu g/m^3$)、O_3($23.0\mu g/m^3$),哮喘住院率分别增加 4.97%($95\%CI$:$2.96 \sim 7.03$)、

5.10%（95%CI:2.95~7.30）、-1.57%（95%CI:-2.87~-0.26）、4.37%（95%CI:2.51~6.27）和2.34%（95%CI:0.40~4.31）。NO_2滞后效应达到最高时的效应值超过其他污染物，且多污染物模型中NO_2的效应最显著也最高。Hua等研究显示$PM_{2.5}$和BC浓度升高与儿童哮喘住院人次的增加相关，BC的效应略高于$PM_{2.5}$，提示应该将黑炭纳入国家空气质量监测指标。

通过上述大气污染对慢性呼吸系统疾病的影响研究分析，气态污染物中的NO_2和O_3对COPD和哮喘住院人次/门诊就诊人次/死亡率的效应高于大气颗粒物和SO_2等其他污染物的效应；颗粒物的粒径越小，颗粒物附着的成分越复杂，其带来的健康效应越显著，BC>$PM_{2.5}$>PM_{10}>TSP；老年人和儿童对大气污染的敏感性高于中青年人群；同时气候因素（温度和湿度）对大气污染与慢性呼吸系统疾病的效应可能存在交互作用。

三、大气污染与肺癌

大气污染对肺癌的影响，除常见的污染物本身，主要是由于污染物附着的含致癌成分的物质。国际癌症研究机构（international agency for research on cancer，IARC）明确指出，大气颗粒物是一类致癌物，尤其是$PM_{2.5}$和PM_{10}。

（一）国外研究

最早开展大气污染物与肺癌的研究是Beeson等人在1998年发表的美国加州地区AHSMOG项目。该研究意在分析美国加州非吸烟人群长期暴露于大气污染物与肺癌的发生之间的相关性，采用队列研究对1977年到1992年6 338名非吸烟、非西班牙裔、27~95岁加州白种人进行随访跟踪其终点事件（新诊断肺癌）。经分析，每升高1个四分位数间距的PM_{10}和SO_2引起男性肺癌发病率RR分别为5.21（95%CI:1.94~13.99）和2.66（95%CI:1.62~4.39），女性肺癌发病率RR略低于男性。而O_3对肺癌发病率的影响只体现在男性患者，每升高100ppb的O_3对应的肺癌发病率RR为3.56（95%CI:1.35~9.42）。之后美国癌症协会癌症预防Ⅱ研究（American Cancer Society-Cancer Prevention Ⅱ study，ACS-CPSⅡ）的两项队列研究分别报道了$PM_{2.5}$和PM_{10}对肺癌的长期效应。ACS-CPSⅡ研究共收集120万成人数据，包括通过问卷调查获取的个人危险因素（年龄、性别、身高、体重、吸烟史、教育程度、饮食、饮酒史、职业暴露等）。$PM_{2.5}$和SO_2长期暴露引起肺癌的死亡率升高，$PM_{2.5}$每升高$10\mu g/m^3$引起肺癌死亡率增加14%（95%CI:4%~23%）。美国2009年之前的研究多采用几个监测站的大气污染物平均浓度作为人群大气污染物的暴露水平，2011—2014年发表了数篇采用时空模型估计大气污染物分布情况的文章，包括采用反距离加权函数和土地利用模型等。来自加利福尼亚教师研究队列（California Teachers Study Cohort，CTS）和卡车运输业颗粒物研究（The Trucking Industry Particle Study，TrIPS）均采用了反距离加权函数评估大气$PM_{2.5}$时空分布情况及其对肺癌的影响。在CTS的队列研究中，采用反距离加权方法计算个体月平均暴露颗粒物和气态污染物浓度，长期暴露于$PM_{2.5}$（每升高$10\mu g/m^3$）肺癌死亡率HR为0.95（95%CI:0.70~1.28）。来自TrIPS的研究，在研究大气污染物与肺癌死亡率的相关性前对职业暴露因素的风险进行了评估，以排除研究队列中职业暴露对大气污染与肺癌死亡相关性的干扰。但该研究单污染物和多污染物模型中大气PM_{10}、SO_2、NO_2和$PM_{2.5}$对肺癌的死亡率效应无统计学意义。Lepeule等在哈佛六城市采用固定监测站均值浓度研究 $PM_{2.5}$ 对肺癌死亡率的影响，$PM_{2.5}$ 每升高 $10\mu g/m^3$ 引起肺癌死亡率 RR 为 $1.37(95\%CI:1.07\sim1.75)$。Puett 等对护士健康研究队列（Nurses' Health Study Cohort, NHS）采用时空分布模型分析肺癌发病率和大气 $PM_{2.5}$ 和 PM_{10} 之间的相关性，$PM_{2.5}$ 和 PM_{10} 每升高 $10\mu g/m^3$ 引起肺癌发病率 RR 分别为 $1.06(95\%CI:0.90\sim1.24)$ 和 $1.04(95\%CI:0.95\sim1.14)$。

欧洲地区的研究主要来自荷兰、英国、意大利、德国和欧盟。最早一篇 2008 年 Beenlen 等发表的采用土地利用模型评价大气 $PM_{2.5}$ 对荷兰队列人群肺癌发病率影响研究，并未发现其显著性效应。Carey 等和 Cesarnoi 等均采用空气扩散模型（air dispersion）对英国和意大利罗马地区的大气颗粒物与肺癌的相关性进行研究，且都采用了 Cox 比例风险模型进行效应评估。英国的研究中调整年龄、性别、吸烟状态、BMI 和受教育程度后，仅 NO_2 对肺癌的影响有统计学意义，HR 为 $1.11(95\%CI:1.05\sim1.17)$，其他污染物（$PM_{10}$、$PM_{2.5}$、$SO_2$、$O_3$）效应不显著。罗马的研究将污染物进行了浓度分层分析，随着 NO_2 和 $PM_{2.5}$ 浓度升高，肺癌的死亡率逐渐升高，每升高 $10\mu g/m^3$ 引起的 HR 分别为 $1.04(95\%CI:1.02\sim1.07)$ 和 $1.05(95\%CI:1.01\sim1.10)$。最具代表意义的是来自欧洲空气污染效应队列研究（European Study of Cohorts for Air Pollution Effects, ESCAPE）的 17 个欧盟队列研究，对 312 944 人进行平均 12.8 年的随访，共计 4 013 131 人年。首次在国际上进行的大气污染物长期暴露对肺癌影响的大规模多城市队列研究，且该研究对 36 个欧盟地区的污染物暴露评估均采用土地利用模型进行模拟。经过 Meta 综合分析，14 个队列的证据综合效应显示大气 PM_{10} 和 $PM_{2.5}$ 每升高 $10\mu g/m^3$ 和 $5\mu g/m^3$，肺癌风险比 HR 分别为 $1.22(95\%CI:1.03\sim1.45)$ 和 $1.18(95\%CI:0.96\sim1.46)$。其中 10 个队列的人群由于在随访期间一直居住在队列开始时注册地址，通过分析这 10 个队列人群的暴露效应更能说明大气污染物长期暴露的影响，大气 PM_{10} 和 $PM_{2.5}$ 每升高 $10\mu g/m^3$ 和 $5\mu g/m^3$，肺癌风险比 HR 分别为 $1.48(95\%CI:1.16\sim1.88)$ 和 $1.33(95\%CI:0.98\sim1.80)$；其中对腺癌和鳞癌单独进行了分析，显示腺癌对颗粒物的长期暴露效应更显著。

其他地区如日本和新西兰分别对大气 $PM_{2.5}$ 和 PM_{10} 对肺癌的影响进行了研究，两篇队列研究的结论也分别支持大气 $PM_{2.5}$ 和 PM_{10} 增加肺癌死亡率风险。

Eckel 等还对大气污染与肺癌患者生存状况进行了分析，对 352 053 例肺癌患者进行随访跟踪。随着 NO_2、O_3、PM_{10} 和 $PM_{2.5}$ 浓度的升高，肺癌患者的平均生存时间（年）不断缩短，尤其是长期居住在原注册地的患者。在上述污染物的浓度最高组和最低组的肺癌平均生存时间分别为 2.2 年和 5.4 年、2.7 年和 2.8 年、2.1 年和 4.7 年、2.4 年和 5.7 年。五年生存率也随着污染物浓度的升高而不断降低。每升高 1 个标准差的 $NO_2(10.2ppb)$、$O_3(11.9ppb)$、$PM_{10}(12.1\mu g/m^3)$ 和 $PM_{2.5}(5.3\mu g/m^3)$ 引起的肺癌死亡率 HR 分别为 $1.12(95\%CI:1.11\sim1.12)$、$1.03(95\%CI:1.02\sim1.03)$、$1.11(95\%CI:1.10\sim1.11)$ 和 $1.15(95\%CI:1.14\sim1.16)$。

Santibanez 等还对大气颗粒物对肺癌的致癌效应进行了机制研究，主要是颗粒物在肺癌发病过程中作为致癌因子，导致基因组的高表达和变异。

（二）国内研究

国内大气污染与肺癌的相关性研究，不同于美国、欧洲和其他地区的研究，最大的区别在于国内的研究多属于生态学研究，而上述提到的国外研究多以队列研究形式开展。以循证医学证据的因果推断等级来看,队列研究因病因和结果的时间顺序符合观察因果论证的条件,因此国外研究采用的前瞻性队列研究在推论大气污染与肺癌的因果论证上更有说服力。Fu 等于 2015 年首次将气溶胶光学厚度对大气 $PM_{2.5}$ 月平均浓度在 $0.5°\times0.5°$ 的分辨率上进行反演,从而得到大气 $PM_{2.5}$ 的年平均暴露时空分布情况。再将肺癌死亡率与大气 $PM_{2.5}$ 的时空分布情况采用地理加权回归(geographically weighted regression)进行相关性拟合。大气 $PM_{2.5}$ 浓度越高,对应的肺癌死亡风险越高($50\sim60\mu g/m^3$ 与 $0\sim10\mu g/m^3$ 对比,肺癌死亡率增加 44%)。

Guo 等先后对大气污染对肺癌发病率和肺癌死亡的疾病负担进行了研究,收集来自国家癌症中心 1990 年到 2009 年 75 个社区肺癌发病率数据,对大气 $PM_{2.5}$ 和 O_3 采用结合遥感和化学传输综合模型进行暴露估计。采用空间年龄-期间-队列模型(age-period-cohort),调整年龄、期间、出生队列、性别、社区类型等因素后评估肺癌发病率与大气污染的相关性。大气 $PM_{2.5}$ 两年平均浓度升高 $10\mu g/m^3$ 对应肺癌发病率的 RR 为 1.055($95\%CI$:$1.038\sim1.072$)。肺癌患者中女性、居住在城市、$30\sim65$ 岁和 75 岁以上居民对 $PM_{2.5}$ 浓度升高更敏感。大气 $PM_{2.5}$ 与肺癌死亡率之间的相关性是非线性的,阈值为 $40\mu g/m^3$ 左右,归因于大气 $PM_{2.5}$ 的肺癌死亡人数为 51 219 人($95\%CI$:45 745~56 512),归因分值是 13.7%($95\%CI$:12.23%~15.11%)。

Han 等采用空间自相关方法对 2006—2009 年肺癌发病与卫星反演的大气 $PM_{2.5}$ 水平的空间关系进行了评价。利用灰色关联度分析方法评价肺癌发病率与 $PM_{2.5}$ 浓度之间的相关性及滞后效应。以本年度和前 8 年 $PM_{2.5}$ 年平均水平为 9 个自变量,建立 4 个统计模型,包括岭回归(RR)、最小二乘回归(PLSR)、支持向量回归(SVR)和预测 2010—2015 年中国男性肺癌发病率的联合预测模型(CFM)。模型误差评价表明,偏最小二乘回归模型对男性肺癌发病率预测效果最好。采用克里金插值法得到 2010—2015 年全国范围内的网格化发病率分布。结果表明,除极北地区外,我国西部地区男性肺癌发病率明显高于东部地区。这与 $PM_{2.5}$ 的空间分布集中一致,表明 $PM_{2.5}$ 浓度水平与中国男性肺癌发病率之间存在显著的相关性。

第三节　典型案例分析

大气污染对健康的效应主要通过揭示大气污染暴露水平与疾病结局(住院、门诊、急诊、死亡、疾病负担等)之间的暴露-反应关系,即随大气污染浓度的变化,人群中出现某种健康损害的个体在群体中所占比例的相应变化。近 20 年来,随着队列研究和时间序列分析等研究方法在空气污染与人群健康研究领域的广泛应用,国内外大量流行病学研究报告了空气颗粒物污染与人群健康损害间的关联。根据大气污染物与人群疾病结局之间的暴露-反应关系类型分类,大体分为线性无阈值暴露-反应关系和非线性暴露-反应关系。线性无阈值暴露-反应关系的特征是污染物浓度与人群疾病结局之间呈对数线性关系,且不存在阈值浓度。一般认为在一个足够大的人群中,每日住院/门诊/急诊/死亡人次近似服从 Poisson 分布,暴露-反应关系呈现对数或指数分布的曲线形状。非线性暴露-反应关系最常用的是分段线性函数,能够拟合暴露-反应关系曲线的形状并检验阈值浓度是否存在。国内外大多数研究,尤其是欧美低污染水平国家开展的多城市研究结果表明,线性无阈值模型可能是当前大气污染与人群疾病结局暴露-反应关系的最佳模型。但也有研究指出,大气污染与疾病结局之间呈非线性关系,且未发现阈值浓度。相对于高度污染而言,低污染水平下,暴露-反应关系曲线更加陡峭。

本节主要对目前国内通用的 3 个研究大气污染与疾病结局的暴露-反应关系方法进行介绍,包括时间序列分析、病例对照研究及定组研究,通过真实案例介绍各方法的设计要点、使用条件和暴露-反应的研究结果。

一、时间序列分析研究案例

时间序列分析是根据系统观测得到的时间序列数据,通过曲线拟合和参数估计建立数学模型的理论和方法。在空气污染健康效应研究中,通常采用 Poisson 回归模型估计每日污染物浓度变化与死亡人数、就诊人数等健康结局指标之间的关系。目前常用广义线性模型(generalized linear models,GLM)和广义相加模型(generalized additive model,GAM)实现 Poisson 回归过程。同时由于大气污染、气象因素等对人群健康的影响通常存在滞后性,因此要求时间序列模型不仅要反映效应在自变量维度的变化,还要反映效应的时间结构。以张金艳等发表的关于北京市朝阳区大气污染与居民每日呼吸系统疾病死亡关系的时间序列研究为例进行介绍。

(一)研究设计

收集研究地区一年以上的研究人群每日死亡数据,具体信息包括性别、出生日期、死亡日期、死亡原因等。研究人群一般局限于常住人口或户籍人口。非常住人口/户籍人口的死亡登记在研究地区的不在收集数据范围内。

与此同时,收集相应时间段内大气气象因素资料,一般来自日常监测收集的资料,包括日均温度、相对湿度、风速、体感温度等。大气污染物包括 SO_2、NO_2、PM_{10}、$PM_{2.5}$、BC、PM_1 等,数据来自固定环境监测中心。

将大气污染、气象资料、呼吸系统疾病死亡资料每日数据整理为连续时间序列数据,并根据日期自动生成时间戳(以天为单位)。

(二)研究方法

1. 描述性分析与相关 利用 SPSS 等统计软件对研究期间研究地区日均气温、相对湿度、大气污染物进行描述性分析,了解其一般特点,计算各变量之间的简单相关,探索可能存在的共线性,$\alpha = 0.05$。

2. 广义线性模型(generalized linear model,GLM) 广义线性模型是一般线性模型的扩展,通过连接函数将因变量和线性预测值关联起来,克服线性模型要求因变量服从正态分布的限制(公式 3-1)。

$$g(\mu_t) = \alpha + \sum_{i=1}^{m} \beta_i x_i \qquad \text{公式 3-1}$$

式中因变量服从指数分布(如 Poisson 分布),其中 α 是截距,$\sum_{i=1}^{m} \beta_i x_i$ 是线性部分;β_i 是回归系统;x_i 为自变量;$g(x)$ 为连接函数,将因变量的期望值和线性部分连接起来,对因变量进行转换,使其符合线性模型的条件。

评估大气污染与健康效应指标的关系时,对于总人群来说,每日死亡人数/就诊人数属于小概率事件,作为一种时间序列资料,实际分布近似泊松分布,因此连接函数通常取对数函数。

3. 广义相加模型(generalized additive model, GAM) 1993 年 Schwartz 首次将其应用于空气污染与日死亡数之间关系的研究。GAM 是 GLM 和可加模型的结合,其特点是运用多种非参数平滑函数控制混杂因素,模拟污染物与健康效应的相关性(公式 3-2)。

$$g(\mu) = \alpha + \sum_{j=1}^{p} f_j(x_j)$$ 公式 3-2

从上面公式可以看出,GAM 中的可加函数 $\sum_{j=1}^{p} f_j(x_j)$ 替代了 GLM 中的线性函数 $\sum_{i=1}^{m} \beta_i x_i$,但前提是各函数之间是可加的、光滑的。$f(.)$ 是任意单变量平滑函数,一般将与因变量之间存在非线性关系的变量,例如时间长期趋势、日历效应、气象等混杂因素,以不同函数加和形式拟合模型。因此又可以写成如下形式(公式 3-3):

$$g(\mu) = \alpha + \sum_{j=1}^{p} f_j(x_j) + \sum_{i=1}^{m} \beta_i x_i$$ 公式 3-3

$\sum_{i=1}^{m} \beta_i x_i$ 为参数部分,x_i 是对因变量产生线性影响的自变量,包括大气污染变量和星期效应变量。$f_j(x_j)$ 是非参数部分,指对因变量产生非线性影响的变量,包括温度、湿度、气压、风速、时间等,因此又称为半参数模型。

4. 分布滞后模型(distributed lag model, DLM) DLM 由 Almon1965 年提出,应用于经济学研究。分布滞后模型主要是考虑空气污染对人群健康急性影响的滞后效应分布(公式 3-4)。

$$g(\mu) = \alpha + \sum_{l=1}^{q} \beta_1 x_{t-l}$$ 公式 3-4

l 是滞后期,q 是需定义的最长滞后时间。空气污染暴露的效应存在于某一特定时间内,通过对参数 q 设置不同的值估计不同滞后时间的效应。由于简单将每个滞后时间与设定的相应参数乘积累加,会产生很高的共线性,从而导致模型系数估计不稳定。因此通常采用多项式函数或样条函数等连续函数来提高估计的精确性。2006 年 Armstrong 首次将分布滞后非线性模型(distributed lag non-linear model, DLNM)引入气温健康效应研究。虽然国际上普遍认为现行无阈值模型能较好地估计大气污染与健康效应的关系,但实际应用过程中将 DLNM 用来控制气象因素的混杂作用。

5. 拟合 调用 R 软件的 dlnm、tsModel、splines 等程序包进行建模拟合,并计算每升高 1 个单位的大气污染物浓度引起的 $RR/HR/ER$ 和对应的 95%CI。

(三)研究结果

在时间序列数据进行插补缺失值、控制周期性因素等预处理的基础上采用当日污染物浓度作为当日浓度。当日污染物浓度与前一天污染物浓度的平均值作为滞后一日的浓度,滞后 1~15 天的污染物浓度分别与日死亡人数进行泊松回归分析。通过赤池信息准则(akaike's information criterion, AIC)最小原则确定各自变量的自由度 df,最终发现大气 SO_2 与人群呼吸系统疾病死亡的暴露-反应关系呈现非线性暴露-反应关系。SO_2、PM_{10} 和 NO_2 对呼吸系统死亡的影响分别在滞后第 2 日、第 1 日和当日效应最高。每升高 $10\mu g/m^3$ 引起的呼吸系统疾病死亡增加的百分比呈现的是系数 β 的结果,RR 应用 e^{β} 及 $e^{\beta \pm 1.96se}$ 来计算,ER(超额百分比)应为 $(e^{\beta}-1) \times 100$ 及 $(e^{\beta \pm 1.96se}-1) \times 100$。

单污染物模型中,SO_2 和 NO_2 对日死亡人数影响有统计学意义,PM_{10} 对日死亡人数影响不明显。调整后的多污染物模型,三种污染物对日死亡人数的影响效应均不再显著。

二、病例对照研究案例

Maclure 于 1991 年首次提出病例交叉研究(case-crossover study),是一种研究短暂暴露对罕见急性病的瞬间影响的流行病学方法。该方法目前已被广泛应用于心脏病、伤害、车祸等方面的研究。

(一)研究设计

病例交叉设计是病例对照研究的衍生设计之一,比较相同研究对象在急性事件发生前一段时间的暴露与未发生事件的某时间段内的暴露情况是否一致。如果暴露与事件有关,那么在事件发生前一段时间内的暴露量应该大一些。交叉在病例交叉研究的体现是,同一研究对象在不同的时间段内分别是病例和对照两种不同的状态。简言之,就是病例在事件发生前后的自身对照。

病例交叉设计适用于短暂暴露与急性事件的情况,一般用在大气污染与急性心脑血管事件相关性的研究。由于病例交叉设计中需要的是短暂暴露情况,此时就引出了暴露的效应期这一概念。暴露的效应期,即暴露后产生效应的时间段,如果暴露的效应期特别长或者存在严重的滞留,此时开展病例交叉设计不太合适。

病例交叉设计可以选择病例未发病前的某一段时间作为对照(最早的形式),也可以选择发病痊愈后的某一段时间作为对照,也可以选择双向对照,即单向病例交叉设计、双向病例交叉设计。但双向病例交叉设计中需要考虑是否存在事件发生后暴露会被改变的情况。另外,对照可以是一段时间,也可以是多段时间,即 1:1 对照或是 1:n 对照。在暴露量的评价上,可以暴露个数为单位,也可以暴露个数×时间为单位。

下面以董凤鸣等大气颗粒物($PM_{10}/PM_{2.5}$)与人群循环系统疾病死亡关系的病例交叉研究为例进行方法和结果部分介绍。

(二)研究方法

1. 病例交叉研究的资料整理格式 病例交叉研究数据的整理方式主要与对照选择的方式有关,按对照时间主要有单向回顾性对照、单向前瞻性对照和双向对照。每种对照又可分为 1:1 对照和 1:n 对照(n>1)。

以最常见的 1:2 双向病例交叉研究为例,以当天死亡病例为病例,时间间隔每 7 天一个间隔以控制"星期几效应"(day of the week)。即以向前 7 天的大气污染状况作为前瞻性对照,向后 7 天的大气污染状况为回顾性对照。以此将当日污染物状况、7 天前污染物状况、未来 7 天污染物状况,与当日急性事件死亡人数进行数据对应。例如,假设病例期发生在2019 年 7 月 17 日(星期三),则 2019 年 7 月 10 日和 2019 年 7 月 24 日均被选为对照期。

时间分层的病例交叉研究是将时间进行分层,病例期和对照期处于同一年、同一月和同一星期几,在同一时间层内,几个对照期随机分布,病例期并非固定在某一位置。上面举的例子中,2019 年 7 月 17 日为病例期,2019 年 7 月的其他星期三都被选为对照期。

然后将对应的季节、星期几、气象因素等进行混杂因素控制,采用条件 Logistic 回归,以每日死亡人数为权重进行分析。

2. 实现方式 经典的分析方法是条件 Logistic 回归,常采用 SPSS 中的 Cox 回归模块以及 SAS 的 proc phreg、proc logistic 过程实现,还可以通过 R 软件中 season 包的 case-cross 函数进行资料整理、glm 函数实现 Poisson 回归以及 gnm 包中 gnm 函数实现条件 Poisson 回归。

具体实现代码可参考文献。

(三) 研究结果

大气 $PM_{2.5}$ 对循环系统疾病、心血管疾病、脑血管疾病在当日浓度效应最大,每升高 $10\mu g/m^3$ 对应的 *OR* 为 1.008(95%*CI*:1.001~1.015)、1.008(95%*CI*:0.997~1.020) 和 1.008(95%*CI*:0.998~1.017)。大气 PM_{10} 对循环系统疾病、心血管疾病、脑血管疾病的滞后效应分别在滞后 1 日、当日和滞后 3 日达到最大。大气 PM_{10} 每升高 $10\mu g/m^3$ 对应的 *OR* 为 1.003(95%*CI*:0.999~1.008)、1.006(95%*CI*:1.001~1.013) 和 1.003(95%*CI*:0.997~1.009)。多污染物模型中 $PM_{2.5}$ 和 PM_{10} 对循环系统疾病死亡的效应增加。

三、定组研究案例

定组研究通过比较两次调查的污染物暴露程度与两次测量差异的关联,探讨污染物对健康的影响。采用该方法可以反映环境变化对人体健康的短期效应,且通过研究对象自身前后指标比较作为对照,无需另设对照组,降低了某些混杂因素对研究结果的影响;还可通过污染物连续变化及对健康的影响形成多个不同时间节点的研究对象暴露情况及健康结局的重复测量。

(一) 研究设计

定组研究中收集的资料为重复测量资料,是由多名个体重复测量结果组成的纵向数据,数据之间具有较强的时间相关性,且相关性来源于同一研究对象,因此数据具有自相关性。首先根据研究目标确定研究对象,制定明确的入排标准。其次选择合适的身体状态/疾病状态的测量仪器。暴露评估方法,包括选用监测站的平均浓度、污染物浓度空间插补估计、研究对象住址或所在地区进行采样监测等形式进行。其他相关因素以问卷形式进行收集,排除职业接触史、吸烟、饮酒等混杂因素对大气污染暴露对连续观测健康结局的影响。可以量化的健康效应指标以直接测量的形式进行,例如对肺功能指标的测定可采用呼气高峰流速(peak expiratory flow rate,PEFR),即深吸气末用力呼气时的最初 10s 内最大瞬时流速,用以反映大气道的阻力及阻塞程度。测量应分别在基线调查时、项目进行期间、项目结束随访后分多次记录,以暴露浓度的时间对比与健康指标/状态的时间对比,分析暴露对健康的效应。统计分析方法以线性混合效应模型进行分析,探讨不同暴露情况下,对健康效应的影响或交互作用/效应修饰作用是否有统计学意义。

(二) 研究方法

数据处理方面,如果采用传统的统计方法独立处理各个时间点的观察值,未充分考虑研究对象在不同观察时间点指标间的内在联系及其相关性,将会导致数据中信息的损失,降低检验效能,导致参数估计不准确。目前常用于定组研究统计分析的模型包括混合效应模型和广义估计模型。

1. 混合效应模型　按照模型形式,混合效应模型可分为混合线性模型和非线性混合效应模型。非线性混合效应模型是对混合线性模型的一种扩展,其固定效应和随机效应部分均可以非线性的形式纳入模型,相对于混合线性模型的正态假定,非线性混合效应模型对数据的分布无特殊要求,可以是正态分布,也可以是二项分布、Poisson 分布等。混合效应模型在处理重复观测数据在空间和时间上的相关性问题时具有明显的优势,并且除了反映总体的平均变化趋势外,还能提供数据方差、协方差等多种信息来反映个体之间的差异。

2. 广义估计模型　广义估计模型是专门用于处理纵向数据的统计模型。广义线性模型中包含作业相关矩阵,该矩阵表示的是各次重复测量值之间的相关性大小,通过作业相关矩阵的应用,广义估计方程可以解决纵向数据中应变量间的相关问题,得到稳健的参数估计值。与混合线性模型相比,广义估计方程还具有一定的优势,可以对不同组内相关结构的模型进行拟合。

（三）研究结果

一般描述性分析包括研究对象的基本情况,包括年龄、体重、性别、吸烟史、职业暴露史等;研究期间大气污染物监测情况和气象状况,通过绘制污染物浓度和气象因素随时间趋势分布了解研究期间污染物和气象因素的平均水平及分布规律。采用混合效应模型分析结果显示,$PM_{2.5}$ 对 PEFR 的影响较 PM_{10} 更明显。调整时间指示性变量、星期几指示性变量及测量当日和前 2 日共 3 天的平均温度后,$PM_{2.5}$ 每升高 $10\mu g/m^3$ 对 PEFR 在 lag0、lag1 和 lag3 分别降低 0.37L/min、0.248L/min、0.334L/min。亚组分析结果显示,男性、受教育程度高、正常体重状态、非骑自行车或非步行的出行方式以及有吸烟史人群的 PEFR 受 $PM_{2.5}$ 影响较大。

第四节　国内研究展望

国内大气污染与呼吸系统健康影响的研究,相比国外发达国家开展较晚。一方面体现在国家大气污染物监测的种类从 $TSP/NOx/SO_2$、$PM_{10}/NO_2/SO_2$、$PM_{2.5}/PM_{10}/NO_2/SO_2/O_3/CO$ 的变化。近年来一些科研机构和院校开始对 PM_1、BC、甚至更细粒度的颗粒物进行监测。而既往的研究中大气污染物的暴露评估模型,从最初的取邻近监测站平均浓度,到个体采样,再到时空模型(土地利用模型、空间插值模型、卫星气溶胶光学厚度反演等)的演变。国外早在 2000 年初开始使用时空模型对人群大气污染物暴露情况进行评估。国内时空模型的文献报道基本是 2010 年以后。另一方面,大气污染对呼吸系统健康的影响研究,国内多采用横断面研究或生态学研究方法,以时间序列、病例交叉研究、定组研究的形式开展,缺乏队列研究的证据。我国地域广阔,各个地区的污染物类型不同、污染物种类不同、污染物浓度不同,采用上述研究方法进行系统综述或 Meta 效应评价时,往往发现即使同一城市在不同时间阶段同一污染物对健康的效应不一致,不同城市、不同污染物、不同浓度梯度的效应差异更大。研究的地区分布主要集中在大城市(北京、上海、广州、天津等)、沿海省份、重工业地区(东北三省),缺乏低浓度污染水平下大气污染对健康效应研究。因采用横断面/生态学研究,使用的结局指标主要是患病率、就诊人次、死亡率,污染物暴露和健康结局的时间先后不明确,因果推断力度不足。

因此国内有关大气污染对人群呼吸系统健康的影响需在污染物种类、暴露评估方式新技术、研究方法的循证医学证据等级、敏感人群(儿童、孕妇、老年人)等方面继续突破与创新。

（王旭英）

参 考 文 献

[1] GBD 2016 RISK FACTORS COLLABORATORS. Global, regional, and national comparative risk assessment of

84 behavioural, environmental and occupational, and metabolic risks or clusters of risks, 1990-2016: a systematic analysis for the Global Burden of Disease Study 2016[J]. Lancet, 2017, 390(10100):1345-1422.

[2] COHEN A J, BRAUER M, BURNETT R, et al. Estimates and 25-year trends of the global burden of disease attributable to ambient air pollution: an analysis of data from the Global Burden of diseases Study 2015[J]. Lancet, 2017, 389(10082):1907-1918.

[3] 阚海东, 陈秉衡. 我国部分城市大气污染对健康影响的研究10年回顾[J]. 中华预防医学杂志, 2002, 1 (36):59-61.

[4] GUAN W J, ZHENG X Y, CHUNG K F, et al. Impact of air pollution on the burden of chronic respiratory diseases in China: time for urgent action[J]. Lancet, 2016, 388(10054):1939-1951.

[5] NEAS L M, DOCKERY D W, WARE J H, et al. Concentration of indoor particulate matter as a determinant of respiratory health in children[J]. Am J Epidemiol, 1994, 139(11):1088-1099.

[6] BENNETT C M, SIMPSON P, RAVEN J, et al. Association between ambient PM2.5 concentrations and respiratory symptoms in Melbourne, 1998-2005[J]. J Toxicol Environ Health A, 2007, 70(10):1613-1618.

[7] SCHINDLER C, KEIDEL D, GERBASE M W, et al. Improvements in PM10 exposure and reduced rates of respiratory symptoms in a cohot of Swiss adults(SAPALDIA)[J]. Am J Respir Crit Care Med, 2009, 179(7): 579-587.

[8] MORGENSTERN V, ZUTAVERN A, CYRYS J, et al. Respiratory health and individual estimated exposure to traffic-related air pollutants in a cohort of young children[J]. Occup Environ Med, 2007, 64(1):8-16.

[9] MACINTYRE E A, GEHRING U, MÖLTER A, et al. Air pollution and respiratory infections during early childhood: an analysis of 10 European birth cohorts within the ESCAPE Project[J]. Environ Health Perspect, 2014, 122(1):107-113.

[10] YOUNG M T, SANDLER D P, DEROO L A, et al. Ambient air pollution exposure and incident adult asthma in a nationwide cohort of U. S. women[J]. Am J Respir Crit Care Med, 2014, 190(8):914-921.

[11] BERHANE K, CHANG C C, MCCONNELL R, et al. Association of changes in air quality with bronchitic symptoms in children in califonia, 1993-2012[J]. JAMA, 2016, 315(14):1491-1501.

[12] NAESS O, PIRO F N, NAFSTAD P, et al. Air pollution, social deprivation, and mortality: a multilevel cohort study[J]. Epidemiology, 2007, 18(6):686-694.

[13] KATANDODA K, SOBUE T, SATOH H, et al. An association between long-term exposure to ambient air pollution and mortality from lung cancer and respiratory diseases in Japan[J]. J Epidemiol, 2011, 21(2): 132-143.

[14] LIPSETT M J, OSTRO B D, REYNOLDS P, et al. Long-term exposure to air pollution and cardiorespiratory disease in the California teachers study cohort[J]. Am J Respir Crit Care Med, 2011, 184(7):828-835.

[15] HART J E, GARSHICK E, DOCKERY D W, et al. Long-term ambient multipollutant exposures and mortality [J]. Am J Respir Crit Care Med, 2011, 183(1):73-78.

[16] LEPEULE J, LADEN F, DOCKERY D, et al. Chronic Exposure to Fine Particles and Mortality: An Extended Follow-up of the Harvard Six Cities Study from 1974 to 2009[J]. Environ Health Perspect, 2012, 120(7): 965-970.

[17] CESARONI G, BADALONI C, GARIAZZO C, et al. Long-Term Exposure to Urban Air Pollution and Mortality in a Cohort of More than a Million Adults in Rome[J]. Environ Health Perspect, 2013, 121(3):324-331.

[18] CAREY I M, ATKINSON R W, KENT A J, et al. Mortality Associations with Long-Term Exposure to Outdoor Air Pollution in a National English Cohort[J]. Am J Respir Crit Care Med, 2013, 187(11):1226-1233.

[19] ILABACA M, OLAETA I, CAMPOS E, et al. Association between levels of fine particulate and emergency visits for pneu-monia and other respiratory illnesses among children in Santiago, Chile[J]. J Air & Waste Man-

ag. Assoc,1999,49(9):154-163.

［20］ BARNETT A G,WILLIAMS G M,SCHWARTZ J,et al. Air pollution and child respiratory health-a case-crossover study in Australia and New Zealand［J］. Am. J. Respir. Crit. Care Med,2005,171（11）:1272-1278.

［21］ FARHAT S C,PAULO R L,SHIMODA T M,et al. Effect of air pollution on pediatric respi-ratory emergency room visits and hospital admissions［J］. Braz. J. Med. Biol. Res,2005,38（2）:227-235.

［22］ SANTUS P,RUSSO A,MADONINI E,et al. How air pollution influences clinical man-agement of respiratory diseases,A case-crossover study in Milan［J］. Respir. Res,2012,13（1）:95-107.

［23］ PABLO-ROMERO M D,ROMAN R,GONZALEZ L J,et al. Effects of fine particles on children's hospital admissions for respiratory health in Seville,Spain［J］. J Air & Waste Manag. Assoc,2015,65（4）:436-444.

［24］ TUAN T S,VENANCIO T S,NASCIMENTO L F,et al. Air pollutants and hospitalization due to pneumonia among children. An ecological time series study［J］. Sao Paulo Med. J,2015,133（5）:408-413.

［25］ 熊秀琴,徐荣彬,潘小川. 北京市 PM2.5 和 PM10 对中老年人肺功能短期效应的定组研究［J］. 环境与职业医学,2019,36（4）:355-361.

第四章

大气污染对人群心血管系统健康的影响

第一节 概　　述

一、全球心血管疾病的流行趋势

心血管疾病已成为导致人类伤残和死亡最多的疾病,其发病和死亡在全球不同种族和性别人群中均造成了巨大的健康和经济负担。据估计,2012 年心血管疾病在全球造成至少 1 750 万人死亡,占总死亡数的 31%。心血管疾病所致疾病负担在全球范围内的分布不均匀,其中,80% 以上的疾病负担出现在中低收入国家(图 4-1)。心血管疾病及其他慢性疾病的预防和控制被联合国大会认定为 21 世纪人类发展的最大挑战之一。

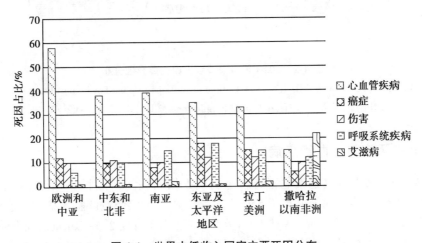

图 4-1　世界中低收入国家主要死因分布

来源:GAZIANO T A. Cardiovascular disease in the developing world and its cost-effective management[J]. Circulation,2005,112(23):3547-3553.

在过去的半个世纪,中低收入国家心血管疾病所致疾病负担快速上升,且预计在未来还会持续升高。与高收入国家相比,中低收入国家心血管疾病不仅死亡率高,死亡人群更显年轻化趋势。例如,1990 年高收入国家心血管病死亡人群中,70 岁以下人群占 26.5%,而在中低收入国家占47%。心血管疾病在中低收入国家流行趋势的快速变化主要源于两个重要的因素：首先是社会快速发展带来疾病危险因素的人群暴露增加，包括不健康的饮食、生活方式和吸烟等；其次是人口学特征的迅速变化，例如城镇人口、人口期望寿命上升使更多人处于患心血管疾病及其并发症的风险中。

二、我国心血管疾病的流行趋势

作为世界上最大的发展中国家，中国正承受着巨大的心血管疾病负担。自改革开放以来，随着快速经济发展和城镇化建设，中国人的生活和工作条件、饮食习惯、生活方式发生了较大的变化，期望寿命也得到了显著提高。与此同时，全国心血管疾病的发病率和患病率持续上升并保持在较高水平，预计在未来的几十年内仍会保持上升趋势。心血管疾病所带来的巨大负担已成为最重要的公共卫生问题。

据估计，2014年中国有2.9亿心血管疾病患者，其中2.7亿人患高血压，超过700万人患脑卒中，250万人患心肌梗死，450万人患心力衰竭等。总体来说，平均每5位成年中国人中就有1位心血管疾病患者。2013年，我国城乡心血管疾病死亡率分别为259/10万和294/10万，占总死亡的百分比分别为42%和45%（图4-2）。各类心血管疾病中，增长趋势最显著的是缺血性心脏病。

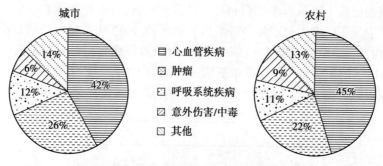

图4-2 2013年中国城乡人口主要死因分布

来源：CHEN W W，GAO，R L，LIU L S，et al. Outline of the report on cardiovascular diseases in China，2014[J]. European Heart Journal Supplements，2016，18(suppl)：F2-F11.

三、大气污染与心血管疾病

近年来，空气污染所致健康危害越来越受到人们的关注，特别是中低收入国家。据估计，2013年全球室外空气污染共造成550万人死亡及1.4亿伤残调整生命年。空气污染主要由颗粒物和气体污染物组成。颗粒物可分为粗颗粒物（直径2.5~10μm）、细颗粒物（直径0.1~2.5μm）和超细颗粒物（直径0.1μm以下）。不同来源的颗粒物有不同的成分。例如，颗粒物中的碳质组分主要来源于燃烧相关途径包括汽车尾气排放、家庭取暖排放等。气体污染物主要包括NO_2、NO、O_3、SO_2、挥发性有机物和CO等。污染物不仅可以单独危害健康，还可以通过不同污染物之间复杂的光化学反应形成新的污染物。

短期和长期暴露于空气污染能够危害人体健康，影响不同的组织和器官。现有证据表明，空气污染与许多疾病的发生和发展有关，包括慢性呼吸系统疾病和心血管疾病，如肺癌、儿童急性呼吸道感染和成人慢性支气管炎等，而且能够使已患心肺疾病和哮喘等恶化。另外，近期研究表明暴露于空气污染能够增加精神疾病的风险，包括儿童自闭症、老年人认知障碍和抑郁等。空气污染对健康的危害机制很复杂，目前并没有被完全了解，但前人研究已提供了一些重要的线索。污染物被吸入体内后，可通过直接刺激呼吸道黏膜，进入肺循环产生不良反应。例如，暴露于颗粒物污染能够引起体内免疫细胞的活化和迁移，这一过程与过敏性哮喘和非过敏炎症依赖性疾病的发生和发展有关。另外，有证据表明暴露于颗粒物污染能够影响心率，增加心律失常的风险。NO_2污染能够直接引起呼吸道感染或通过增加空气中过敏原的吸入量提高过敏性呼吸系统疾病的发病风险。人体吸入SO_2会通过神经通路引起支气管快速收缩。空气污染危害健康的生物学机制有待更多的研究进一步揭示。

过去20年中，大量临床和流行病学证据表明，暴露于空气污染对心血管健康的危害。2004年美国心脏学会发布的科学报告中指出，暴露于空气污染能够危害心血管健康，增加心血管疾病的发病风险。这份报告的结论是基于大量关于空气污染和心血管疾病的科学证据。例如，在美国20个城市人群的研究中发现，在重污染天气出现后，心血管疾病的死亡率会显著上升。另外，一些研究表明空气污染能够显著增加心血管疾病的入院率。波士顿地区的研究显示，暴露于高浓度的颗粒物污染增加急性心肌梗死的风险。除短期空气污染的健康效应外，其他研究也揭示了长期空气污染暴露对心血管系统的危害。例如，哈佛六城市的研究中，研究者针对8 000名男性跟踪随访了14~16年，发现高污染地区居住的人群心血管疾病的死亡风险是低污染区域人群的1.26倍。延长随访时间之后发现，在随访期暴露于$PM_{2.5}$的浓度每增加10个单位，心血管疾病的死亡风险是原来的1.28倍。上述流行病学研究从人群的角度发现空气污染暴露显著增加心血管疾病发病和死亡风险，除此之外，大量机制研究也为空气污染对心血管危害提供了进一步的证据。例如，有研究表明，空气颗粒物被吸入后，其携带的化学成分能够通过循环系统进入心脏，引起氧化应激反应，释放内皮素信号，从而引起血压升高。其他研究也发现吸入颗粒物后能够影响心率，引发急性动脉血管收缩，影响体内C反应蛋白含量等。

第二节 国外研究概况和前沿

至今为止，国内外已有大量证据表明空气污染能够危害心血管健康。已发表的研究通过关注不同的结局、运用不同的研究设计和暴露评估方法，从不同角度探索空气污染对心血管健康的危害。根据所关注的空气污染暴露类型，已发表的研究可大致分为两大类：空气污染对心血管疾病的短期效应研究和长期效应研究。

一、空气污染对心血管疾病的短期效应研究

空气污染对心血管疾病的短期健康效应研究关注短期空气污染暴露的急性效应，即空气污染暴露对当天健康结局的效应及随后几天的滞后效应。这类研究主要运用时间序列设计、病例交叉设计等，探索污染物浓度短期变化（当天或滞后数天）对心血管疾病入院和死亡的效应，所关注的健康结局既有所有心血管疾病合计，也有不同类别心血管疾病，如缺血性心脏病、心肌梗死、心脏衰竭、高血压及缺血性脑卒中等。另外一些研究表明，短期暴露于空气污染与心血管疾病相关生理指标或标志物有关，如全身炎症反应、血管或内皮功能障碍、内皮细胞活性、血液凝固能力与心率变化等。

　　证据表明无论是空气中的颗粒物还是气体污染物均能危害健康,与多种疾病和健康结局关联。近年来,颗粒物污染的健康危害成为研究的热点问题,因为颗粒物来源和成分复杂,表面能够吸附多种有害物质,被认为是空气污染全球影响的重要指标。因此,本节重点介绍国内外空气颗粒物污染与心血管疾病关联的代表性研究。

　　表 4-1 列举了 2005 年以来国内外关于颗粒物空气污染对心血管疾病短期效应的重要研究。大部分研究在美国和欧洲开展,研究的颗粒物为 $PM_{2.5}$ 和 PM_{10},健康结局包括急性心肌梗死、心力衰竭、冠心病及血压等。例如,Dominici 等的研究检验了美国全国范围内 $PM_{2.5}$ 污染对心血管疾病入院的短期效应,该研究纳入美国 204 个城市 1 150 万 65 岁以上医疗保险持有者,在统计方法上先检验每个城市 $PM_{2.5}$ 日均值变化与心血管疾病入院率的关联,再将每个城市模型所得效应值汇总到全国,并在统计分析中考虑 $PM_{2.5}$ 的当天效应及滞后 2 天的效应。该研究发现,短期 $PM_{2.5}$ 暴露能够显著增加多种心血管疾病的入院风险,其中效应值最大的是心脏衰竭,$PM_{2.5}$ 浓度每增加 10 个单位,患者因心脏衰竭入院率增加 1.28%。$PM_{2.5}$ 与心血管疾病入院的关联在不同地区存在差异。Wellenius 等的研究探索了美国多个城市 PM_{10} 污染对充血性心力衰竭入院的短期效应。该研究纳入美国 7 个城市 1986—1999 年 29 万名因心力衰竭入院的患者,采用以时间分层的病例交叉设计。统计分析中,首先检验了每个城市 PM_{10} 与心力衰竭入院的关联,并考虑了 PM_{10} 当天及滞后 3 天的效应,再运用随机效应 Meta 分析方法将每个城市的效应值汇总。根据该研究的结论,PM_{10} 暴露值每增加 10 个单位,充血性心力衰竭当天的入院增加 0.72%。该研究还进行了一系列的敏感性分析,未发现性别、年龄、种族等因素在上述关联中的明显效应修饰作用。

表 4-1　国内外关于颗粒物空气污染对心血管疾病短期效应的重要研究

研究编号 (第一作者,出版年份)	研究地区及人群	主要发现
von Klot,2005	欧洲 5 个城市 22 066 名急性心肌梗死患者	PM_{10} 浓度每升高 10 个单位,患者再入院率为原来的 1.021 倍
Analitis,2006	基于欧洲 29 个城市 4 300 万名成人的时间序列研究	PM_{10} 浓度每升高 20 个单位,心血管疾病死亡率升高 1.5%
Dominici,2006	基于美国 1 150 万名 65 岁以上老年人的时间序列研究	$PM_{2.5}$ 浓度每升高 10 个单位,缺血性心力衰竭风险增加 1.3%
Lanki,2006	欧洲 5 个城市 26 854 名急性心肌梗死患者	颗粒物浓度每增加 10 000particles/cm^2,急性心肌梗死风险是原来的 1.058 倍
Wellenius,2006	基于美国 7 个城市 1986—1999 年 29 万名慢性心力衰竭入院患者的时间序列研究	PM_{10} 浓度每升高 10 个单位,慢性心力衰竭入院率升高 0.7%
Pope,2006	基于美国 12 865 名接受冠状动脉造影患者的病例交叉研究	$PM_{2.5}$ 浓度每升高 10 个单位,缺血性冠状动脉相关疾病的每日发生频率升高 4.5%

研究编号 (第一作者,出版年份)	研究地区及人群	主要发现
Zanobetti,2006	美国波士顿 15 578 名心血管和呼吸系统疾病入院患者	$PM_{2.5}$ 浓度每升高 16 个单位,急性心肌梗死入院率升高 8.6%
Dvonch,2009	347 名底特律成年居民	$PM_{2.5}$ 浓度每升高 10 个单位,收缩压升高 8.6mmHg
Peng,2009	2000—2006 年美国 119 个社区 1 200 万名 65 岁以上医疗保险登记者	$PM_{2.5}$ 中碳组分每增加 1 个四分位数间距,心血管疾病入院率增加 0.8%
Shah,2013	关于短期空气污染暴露与心力衰竭入院或死亡的系统综述(纳入 35 项研究)	$PM_{2.5}$ 每升高 10 个单位,心力衰竭入院或死亡增加 2.12%;暴露于 PM_{10} 增加 1.63%。颗粒物污染对心力衰竭入院或死亡当天的效应最强
Chen,2017	中国 2013—2015 年 272 个城市死因监测系统	当天及滞后 2 天 $PM_{2.5}$ 平均浓度每升高 10 个单位,心血管疾病死亡风险升高 0.27%,高血压升高 0.3%,冠心病升高 0.3%
Zhao,2017	中国空气污染对心血管疾病死亡风险急性效应的系统综述	$PM_{2.5}$ 每升高 10 个单位,心血管疾病死亡风险增加 0.68%,暴露于 PM_{10} 风险增加 0.39%

二、空气污染对心血管疾病的长期效应研究

除短期效应外,空气污染对心血管病的长期效应也是研究的重点领域。开展这类研究主要基于大样本长期随访的队列,关注空气污染长期暴露(几年甚至几十年随访期)与慢性结局之间的关联,包括心血管疾病死亡和发病以及相关生理指标的变化,如颈动脉内膜中层厚度及收缩压和舒张压等。空气污染暴露评估运用距离最近监测站点的监测值代表个体值或运用模型(如土地利用模型)估计个体暴露值。表 4-2 列举出了自 2005 年起国内外关于颗粒物空气污染对心血管疾病长期效应的研究。大部分研究源自美国和欧洲,所关注的污染物除室外暴露来源 $PM_{2.5}$ 和 PM_{10},还有职业暴露及交通来源暴露。总体来看,长期效应研究报告的空气污染对心血管疾病的效应值比短期效应更显著,效应值数值更大。

Miller 等在美国的队列研究纳入 1994—1998 年来自 36 个大都市区的 65 893 名绝经妇女,所有成员入组前未患心血管疾病。队列随访 6 年,选择距离每一位队列成员最近的监测站点监测值代表个体暴露,并计算随访期间各污染物暴露的平均值。研究发现,$PM_{2.5}$ 长期暴露值每增加 10 个单位,心血管疾病的发病风险增加 24%,死亡风险增加 76%。董光辉等在中国北方 3 个城市的研究,运用多阶段随机抽样方法纳入 24 845 名调查对象,被调查者空

气污染暴露根据距离最近的监测站监测值代替,并计算调查之前 3 年的平均暴露水平,关注的结局为收缩压、舒张压及高血压的患病情况。研究显示,过去 3 年 PM_{10} 平均暴露浓度每增加 10 个单位,高血压风险是原来的 1.12 倍,收缩压和舒张压分别增加 0.87mmHg 和 0.32mmHg。另外,暴露于其他污染物如 SO_2、NO_2、O_3 等,也能增加高血压的患病风险。Zhang 等在中国沈阳开展的回顾性队列研究纳入 12 584 名研究对象,随访期为 1998—2009 年。该研究使用市区监测站污染物平均监测值代表个体的暴露值,所关注的结局为心血管疾病和脑血管疾病的死亡情况。结果显示,暴露于 PM_{10} 的年平均浓度每增加 10 个单位,心血管疾病死亡风险增加 55%,脑血管疾病死亡风险增加 49%。

表 4-2　国内外关于颗粒物空气污染对心血管疾病长期效应的重要研究

研究编号(第一作者,出版年份)	研究地区及人群	主要发现
Jerrett,2005	基于大洛杉矶地区 1982—2000 年 22 905 名居民的前瞻性队列研究	$PM_{2.5}$ 长期暴露浓度每增加 10 个单位,肺心病和缺血性心脏病的风险分别增加 20% 和 49%
Kunzli,2005	洛杉矶地区 798 名接受颈动脉内膜中层厚度测量者	$PM_{2.5}$ 长期暴露浓度每增加 10 个单位,颈动脉内膜中层厚度增加 5.9%
Laden,2006	基于美国 6 个城市 8 111 名成员 28 年随访的前瞻性队列研究	$PM_{2.5}$ 长期暴露浓度每增加 10 个单位,心血管疾病死亡风险是原来的 1.28 倍
Hoffmann,2007	4 494 名德国居民	家庭住址离交通主干道越近的居民,冠状动脉高钙化的风险越高
Miller,2007	基于美国 36 个城市 65 893 名绝经女性随访 6 年的队列研究	$PM_{2.5}$ 长期暴露浓度每增加 10 个单位,心血管疾病的发病和死亡风险分别升高 24% 和 76%
Toren,2007	前瞻性队列研究,纳入 176 309 名暴露于颗粒物污染的建筑工人和 71 778 名未暴露的建筑工人	职业暴露于颗粒物空气污染者患缺血性心脏病风险是非暴露者的 1.13 倍
Zhang,2011	1998—2009 年随访的中国沈阳市 12 584 名居民	PM_{10} 长期暴露浓度每增加 10 个单位,心血管疾病死亡风险增加 55%,脑血管疾病死亡风险增加 49%。
Atkinson,2013	基于美国 836 557 名 40~89 岁患者随访 5 年的前瞻性队列研究	长期 PM_{10} 暴露浓度每升高 1 个四分位数间距,心脏衰竭发病风险是原来的 1.06 倍
Cesaroni,2013	基于意大利罗马 1 265 058 名居民随访 9 年的队列研究	$PM_{2.5}$ 长期暴露浓度每增加 10 个单位,缺血性心脏病死亡风险是原来的 1.10 倍

研究编号(第一作者,出版年份)	研究地区及人群	主要发现
Dong,2013	中国北方 3 个城市 24 845 名成年研究对象	PM_{10} 长期暴露浓度每增加 10 个单位,高血压风险是原来的 1.12 倍,收缩压和舒张压分别增加 0.87mmHg 和 0.32mmHg
Beelen,2014	欧洲 22 个队列研究中 367 383 名参与者	居住地每日车流量每增加 5 000 个单位,心血管疾病死亡风险是原来的 1.02 倍
Pope,2015	美国癌症协会癌症预防研究队列 669 046 名参与者	$PM_{2.5}$ 长期暴露浓度每增加 10 个单位,心血管疾病死亡风险是原来的 1.12 倍
Dehbi,2017	基于英国两项随访 25 年的队列研究的汇总分析	$PM_{2.5}$ 长期暴露浓度每增加 10 个单位,心血管疾病死亡风险是原来的 1.3 倍,暴露于 PM_{10} 风险是原来的 1.16 倍,效应值不显著

三、气体污染物对心血管疾病的健康效应研究

颗粒物空气污染的健康效应已成为研究中重点关注的问题。除颗粒物外,大量证据也表明短期和长期暴露于气体污染物能危害心血管健康。例如,Shah 等 2013 年在权威医学期刊柳叶刀杂志上发表了关于全球空气污染对心脏衰竭短期效应的系统综述。该研究纳入 2012 年以前发表的全球 35 项研究,大部分研究来源于发达国家。研究显示,除颗粒物以外,短期暴露于气体污染物能够增加心脏衰竭入院和死亡的风险。具体来说,暴露于空气 CO 的浓度每增加 1 个单位,心脏衰竭入院或死亡增加 3.52%;SO_2 和 NO_2 暴露每升高 10 个单位,心脏衰竭分别增加 2.36% 和 1.70%,但没有发现 O_3 污染与心脏衰竭的显著关联。污染物当天暴露对心脏衰竭的效应最强。董光辉等在中国北方 3 个城市的研究发现,长期暴露于气体污染物显著增加高血压的患病风险。具体来说,过去 3 年平均暴露于 SO_2 和 O_3 的浓度每增加 20 或 22 个单位,高血压的患病风险分别增加 11% 和 13%,且长期暴露于这两种污染物能够显著升高研究对象收缩压和舒张压水平。

四、潜在生物学机制

空气污染对健康危害的生物学机制较复杂,至今仍未完全了解,但大量前期研究已经提供了重要的线索。以颗粒物污染为例,已发表的文献至少报道了 4 种颗粒物危害健康的途径。首先,颗粒物污染引起人体氧化应激反应是其危害的主要机制。前期研究报道了在人体和动物细胞中均观察到了与颗粒物暴露有关的系统性氧化应激反应。另外,颗粒物能够损害细胞的抗氧化能力,影响人体的抗氧化系统。颗粒物危害健康的第二个途径是引起免疫紊乱和炎症。证据表明颗粒物污染能够引起免疫细胞活化和迁移,这一过程可诱发过敏性哮喘和非过敏性炎症相关疾病。例如,在人体和动物实验中均观察到 $PM_{2.5}$ 与肺部炎症之

间的剂量-反应关系。第三个途径是通过代谢活化,研究证明颗粒物中携带的有机化合物成分(如挥发性有机物、多环芳烃等)进入人体后在酶系统的作用下被活化,随后被转化成有活性的亲电子代谢物,产生各种毒理反应。最后,颗粒物中的一些有机化合物成分(如多环芳烃)具有诱发突变的特性,人体和动物实验均发现颗粒物污染能够导致各种DNA损伤。

NO_2、SO_2和CO都是重要的空气污染物。空气中的NO_2在太阳光的诱导下参与一系列光化学反应,从而产生硝酸盐、硫酸盐和有机气溶胶等物质,进一步促进颗粒物及其他有害二次污染物的形成。暴露于空气中NO_2能够引起呼吸道刺激并影响免疫系统功能,从而导致一系列呼吸系统问题包括肺损伤和死亡,而且NO_2能够增加人群呼吸系统感染的易感性,特别是老年人和儿童。SO_2产生于含硫燃料(如煤和石油)的燃烧过程或石油的炼制过程。SO_2可溶解于水蒸气形成酸,并在空气中与其他气体和颗粒物反应,形成硫酸盐及可吸入颗粒物。SO_2能够增加健康人群以及肺部疾病高危人群患呼吸系统疾病的风险。实验研究也表明,暴露于SO_2能够引起呼吸道多种病理改变,如气道阻力增加。CO污染主要来源于交通排放以及室内燃料燃烧。研究表明,短期和长期CO暴露与多种疾病有关,包括头痛、心血管疾病甚至死亡。

颗粒物对心血管的危害主要与以下生物学机制有关。首先,颗粒物进入人体后导致机体系统炎症和氧化应激反应,而这一过程能够诱发一系列与心血管疾病有关的病理改变,包括血栓形成、血液凝固性升高、血管内皮功能障碍、动脉粥样硬化、胰岛素抵抗和血脂异常等。例如,暴露于颗粒物引起的系统炎症不仅会造成肺部炎症,也影响血液的凝固性,这一过程也会造成心血管阻塞,从而诱发心绞痛甚至心肌梗死。其次,人体肺部暴露于颗粒物污染后会导致肺自主神经系统(ANS)激活,自主神经系统失衡后会引发一系列病理改变,包括血管收缩、血管内皮功能障碍、高血压、血小板凝集、心动过速、心律失常等。另外,一些研究表明颗粒物及其组分被吸入人体后会直接进入循环系统,与人体组织及其组成部分发生反应,引起上述不良病理反应。

除颗粒物外,一些研究也阐述了气体污染物危害心血管健康的机制。例如,NO_2被吸入体内后作为一种过氧化硝酸盐,可以影响超氧阴离子的形成,从而参与空气污染所致的氧化应激反应。CO被吸入人体后会作用于血红蛋白,改变其结构,降低其运氧能力。血红蛋白运氧能力降低后影响体内多个器官的功能,特别是高氧消耗的器官如大脑和心脏,会导致这些器官不同程度的损伤,反应迟缓,功能紊乱等。除此之外,研究表明暴露于NO_2和CO能够影响心脏自主神经平衡。一项研究表明,暴露于空气颗粒物NO_2及CO,影响患者植入心律转复除颤器的放电情况,从而增加心律失常的发病风险。SO_2能够刺激上呼吸道受体从而影响心率,增加心律失常、缺血性心脏病等疾病的发生风险。另有研究表明,SO_2能够削弱心脏迷走神经的控制能力,这一过程会增加室性心律失常的易感性。

第三节 典型案例分析

自20世纪90年代起,国内外报道了大量空气污染与心血管健康的研究。随着社会和政府对该领域研究的不断投入,研究的规模不断扩大。随着科学发展和技术进步,一些新的统计模型和暴露评估方法不断被推广和应用。本节分别选择了关于空气污染对心血管健康的短期效应和长期效应的典型研究,重点介绍研究人群选择、暴露评估、统计分析方法及重要发现等。

一、短期效应研究案例

(一)案例一

短期效应研究以 Chen Renjie 等 2017 年发表在美国呼吸与重症医学杂志上关于全国 272 个城市细颗粒物污染与每日死亡的研究为例。

1. 背景　空气污染的健康危害已成为全球广泛关注的公共卫生问题,而其中颗粒物的危害更为严重,特别是发展中国家。空气污染健康危害的流行病学研究能为制定有效的环境治理政策和环境标准提供科学的依据,但此类研究大多在欧美等发达国家开展,由于人群、环境、污染物成分等因素的差异性,发达国家的研究结果不能直接应用于中国人群。该研究评估了全国 2013—2015 年 $PM_{2.5}$ 暴露对非意外死亡的短期效应。

2. 数据来源与方法　研究期间每日死亡数据来源于中国疾病预防控制中心全国死因监测系统,并依据根本死因分为不同类别,例如心血管疾病、呼吸系统疾病等。$PM_{2.5}$ 每日监测数据来源于生态环境部国家城市空气质量实时发布平台。同一城市有多个监测站,则计算平均值。气象数据来源于中国气象数据共享平台。统计分析运用目前流行的二阶段分析方法。首先,运用基于高斯泊松回归的广义加性模型分析每个城市 $PM_{2.5}$ 与各种死因的关联,并在模型中调节时间趋势、日期、气象变量等因素。然后用层次贝叶斯模型将每个城市模型中的效应值汇总到地区或者全国。

3. 主要结果　除高血压外,$PM_{2.5}$ 在污染当天和滞后第 1 天均能显著增加各种死因的死亡数,而 $PM_{2.5}$ 在滞后第 2 天对死亡的效应处在临界值附近。污染当天和滞后 2 天内 $PM_{2.5}$ 的平均值每增加 10 个单位,总死亡增加 0.22%,心血管疾病增加 0.27%,高血压增加 0.39%,冠心病增加 0.30%。该研究在大多数地区均观察到 $PM_{2.5}$ 与死亡之间的剂量-反应关系。

4. 总结　该研究运用全国死因监测数据和空气污染监测数据,分析了 272 个城市 $PM_{2.5}$ 与不同死因死亡的短期效应。所有城市的分析运用同一来源的数据和一致的分析方法,避免潜在的发表偏倚。该研究运用的二阶段分析方法能较好地控制 $PM_{2.5}$ 与死亡的关联在不同地区的差异,从而得到代表性较好的全国性结果。该研究也具有一些局限性,如运用城市水平 $PM_{2.5}$ 平均值代表个体暴露值会带来潜在的暴露测量偏倚。另外,该研究为时间序列研究,未能控制一些个体水平的潜在混杂因素。

(二)案例二

目前关于空气污染对心血管疾病短期效应的研究主要采用时间序列研究和病例交叉研究,探索空气污染物日均浓度与疾病入院或死亡的关联(效应值和滞后时间)。这类研究从宏观角度探讨污染物日均浓度的变化与入院率或死亡事件发生频率的变化在时间上的关联性,但难以从个体的角度探讨空气污染短期效应危害心血管健康的机制问题。《环境与健康展望》杂志 2012 年发表了 Langrish 为第一作者,题为"减少颗粒物个体暴露改善冠心病患者心血管健康"的原创论文。文中作者通过在北京开展的前瞻性开放盲法随机交叉试验,证明了使用口罩对空气污染进行防护,能够有效降低空气污染对健康的危害。

1. 背景　大量研究证明空气污染是心血管疾病发病和死亡的危险因素。虽然有研究表明,暴露于空气中可吸入颗粒物能够影响血压并导致血管功能、凝血能力和心肌灌注异常等,但对于短期颗粒物暴露对心血管健康危害的机制研究仍存在空白区域。例如,通过使用空气污染暴露干预措施是否能够改善心血管健康的证据并不明确。该研究旨在检验通过戴普通口罩的干预方式降低颗粒物暴露是否能够改善冠心病患者的心血管健康。

2. 研究设计与方法　该研究于 2009 年从北京阜外医院纳入了 102 名患者,所有患者为有冠心病史的非吸烟者,并在最近 3 个月内未患其他心血管疾病或者重大肝肾疾病。要求患者在上午 9 点到 11 点在市中心指定道路上行走两个小时,在其中一天佩戴轻质聚丙烯滤芯口罩,另一天不佩戴。患者佩戴口罩和不佩戴口罩的顺序由电脑随机决定。研究期间同时使用随身携带仪器测定患者的颗粒物个体暴露,并收集当天环境监测站室外空气质量污染监测数据。除颗粒物暴露情况外,研究当天同时监测患者的活动量、心率、血压、心电图等,分析颗粒物成分。

3. 结果　研究期间患者主要的颗粒物暴露为空气细颗粒物和超细颗粒物。颗粒物中含有的有机碳和多环芳烃被高度氧化,产生大量自由基,主要来源为交通相关排放。在 24 小时研究期内,佩戴口罩与自我报告症状减少、心电图 ST 段下降幅度减少显著相关。佩戴口罩期间,平均动脉压降低,心率变异性增加,但心率和能量消耗不影响。

4. 总结　此研究运用严谨的前瞻性开放盲法随机交叉试验证明了在城市颗粒物污染环境中佩戴口罩能够减少冠心病患者自我报告症状,改善心脏各项指标,说明此项干预措施能够改善高危人群心血管健康状况,为改善空气质量的健康效应提供了有力的证据。通过个体暴露监测和室外环境监测相结合的方法,分析了颗粒物的分布、成分和来源等,为空气污染治理提供了有价值的信息。但研究中使用开放盲法的设计,可能会带来主观偏倚,另外在试验过程中患者佩戴口罩会阻碍呼吸,可能影响运动过程中的血压,并影响试验过程中患者症状改善的自我报告情况。

二、长期效应研究案例

长期效应研究以 Giulia Cesaroni 等 2013 年发表在《环境与健康展望》杂志上关于长期暴露于城市空气污染与死亡的百万人队列研究为例。

1. 背景　此前关于长期空气污染暴露与死亡的研究主要在北美地区开展,而欧洲地区此类研究开展较少。虽有前期研究表明长期空气污染暴露对呼吸系统疾病、心血管疾病和肺癌的效应比其他结局更强,但 $PM_{2.5}$ 和 NO_2 两种主要来源于城市的污染物对这些疾病的效应并未完全了解,例如这两种污染物的独立效应和协同效应。此研究基于意大利罗马地区的百万人成人队列,分析长期暴露于 $PM_{2.5}$ 和 NO_2 及交通相关变量对死亡的效应。

2. 数据来源与方法　研究人群来源于罗马地区 2001 年人口普查时建立的固定队列,队列成员为人口普查时已在罗马地区居住 5 年以上,年龄 30 岁以上的居民。随访期为 2001—2010 年,关注的结局为随访期内的死亡情况。队列成员个体水平两种污染物的年平均暴露值利用土地利用回归模型估计(land use regression model),该模型建立污染物与交通、土地利用、地理信息等变量的关系,并根据居住地址,预测个体年平均暴露值,最后计算整个暴露期(1996—2010 年)的平均值。运用时间依赖性 Cox 比例风险模型分析空气污染与不同死亡结局的关联。

3. 主要结果　该队列研究共纳入 126.5 万名成员,平均随访 8.3 年,随访期内共出现

14.4万例死亡。研究发现,长期暴露于这两种污染物均能显著增加死亡风险。$PM_{2.5}$暴露值每增加10个单位,非意外死亡的风险是原来的1.04倍,暴露于NO_2风险是原来的1.03倍。长期暴露$PM_{2.5}$,心血管疾病死亡风险是原来的1.06倍,缺血性心脏病风险为1.03倍。暴露于NO_2,这两种结局的风险分别是原来的1.03倍和1.06倍。多污染物模型的结果显示,这两种污染物对死亡的效应是相互独立的。

4. 总结 此研究为欧洲地区关于空气污染健康效应最大的队列研究。样本量大,随访时间长,而且在统计分析中调整了一系列潜在的个体和环境混杂因素,因此结果稳定,代表性较好,能够为长期空气污染的健康效应提供有力的证据。但该研究也有一些局限性,如该研究数据来源于人口普查,未能调整个体行为(如吸烟、饮酒等)和饮食等因素。另外,该研究可能会低估空气污染的效应,因为在统计分析中控制了队列成员入组前已患有的疾病或症状,而这些并发症可能是死亡结局的中间变量。

第四节 国内研究展望

一、国内研究现状

自20世纪90年代起,国内研究者开始关注我国空气污染对心血管疾病的健康效应。这类研究始于欧美等发达国家,考虑到发达国家与我国在社会经济因素、环境因素及人群特性上的差异,其研究结果不能直接应用于我国人群。因此,以中国人群为基础,开展空气污染对心血管危害的研究能够为中国空气污染治理、空气质量标准建立以及心血管疾病预防工作的开展提供理论基础和科学依据。

目前,国内已有大量研究从不同的科学角度、运用不同的科学方法探索了短期和长期空气污染暴露对心血管健康的效应。国内关于空气污染短期效应与心血管疾病的研究主要在城市地区开展,研究类型主要为时间序列研究和病例交叉研究,关注结局主要为心血管疾病的住院和死亡,污染物主要为颗粒物,也包括NO_2、SO_2和O_3等气体污染物。例如,Wong等在香港开展的研究检验了暴露于PM_{10}、NO_2、SO_2和O_3对心血管疾病每日死亡率的短期效应。Guo等在北京开展的研究主要关注大气$PM_{2.5}$污染与心血管疾病及高血压每日入院情况的关联。Xie等在北京开展的时间序列研究评价了$PM_{2.5}$对缺血性心脏病发病和死亡的短期效应。Guo等在天津地区开展的研究检验了空气污染暴露对心血管疾病的短期效应。另有类似研究在其他城市开展,包括上海、台北、沈阳、广州等。除时间序列研究和病例交叉研究外,Langrish等通过在北京开展的开放盲法随机交叉试验,证明了使用口罩对空气污染进行防护,能够有效降低空气污染对健康的危害。

相比空气污染短期效应,目前国内关于其对心血管健康的长期效应研究较少。这类研究主要运用队列研究或病例对照研究设计,测量的暴露为随访期内或结局发生前数年暴露于污染物的平均浓度,关注的健康结局为心血管疾病死亡和高血压等。例如,Zhang等在我国沈阳开展的回顾性队列研究(1998—2009年)探索了长期暴露于颗粒物污染对心血管和脑血管疾病死亡的效应。Cao等在国内17个省开展的高血压队列研究检验了在随访期内(1991—2000年)累计暴露于颗粒物和气体污染物对心血管疾病、呼吸系统疾病和肺癌死亡的长期效应。董光辉等在我国北方3个城市探索了2009—2010调查年之前3年内平均暴露于各污染物的浓度对收缩压、舒张压及高血压患病情况的效应。

二、国内研究的局限性

由于国内对空气污染健康危害的相关研究起步较晚，在研究设计、暴露评估及研究结局等方面都存在一定的局限性。

研究设计方面，已开展的关于空气污染对心血管健康的研究多为短期效应研究，多为时间序列设计，这类研究设计容易实施，节省成本，能够观察污染物浓度的短期变化与疾病发生或死亡频率之间的关联，但由于此类研究主要从宏观层面观察疾病和暴露因素的关联，难以确定暴露和结局的时间先后顺序，且在分析过程中难以控制个体层面的潜在混杂因素，例如性别、年龄、心血管疾病的其他危险因素和并发症等。另外，国内这类研究主要在单一城市地区开展，主要集中在北京、上海、广州等大城市。由于不同地区的研究在研究人群、人口和社会经济学因素存在差异，而且采用了不同质量的数据和不同的方法，导致不同研究的结果之间缺乏可比性。

目前，国内已知研究在暴露评估方面主要使用每个城市所有监测站点的平均值代表个体暴露水平或以距离被调查者最近的监测站点值代表个体暴露水平。由于污染物的浓度受多种空间和时间变量影响，例如气象变量（温度、湿度、风速等）、土地利用变量（交通状况、植被、城市覆盖率等）、季节等。因此，即使居住于同一城市的个体在同一时间暴露于空气污染的浓度也会存在差异。在这类研究中用城市或区域平均值代表个体暴露水平会带来潜在的错分偏倚，而且可能会低估空气污染对结局的效应值，使效应值趋向于零效应。一些研究中使用了可携带个体监测仪器来精确测量个体暴露值，但个体暴露监测难以用于大范围、大样本、长时间的持续测量。另外，我国历史空气质量监测数据缺乏，且已有的监测网络在全国范围内分布不均匀，这使得评估个体历史时期长期暴露难度较大。

国内研究关注的健康结局主要为空气污染相关的心血管疾病的死亡、入院以及高血压的患病情况等。少有研究关注与空气污染相关的心血管疾病的发病情况。另外，国内已知研究往往针对心血管疾病的总死亡情况，而并未深入分析对不同类别心血管疾病（如脑卒中、高血压性心脏病、心房颤动等）的作用及其潜在差异，未能分析空气污染对心血管疾病相关症状和代表性指标的作用。

三、未来研究的发展方向

目前国内关于空气污染的短期效应研究主要采用时间序列设计（包括病例交叉设计）且研究规模局限于单一城市。未来此类研究应将研究地区由单一城市扩展至多城市或多中心，这样研究结果更具代表性。对于多城市、多中心的研究，统计方法可以运用较流行的二阶段分析方法，即先建立模型评价每个城市暴露与结局的关联，再将每个城市的结果汇总到全省或全国。此种方法不仅能考虑到暴露与结局的关联在不同地区的差异，也能在第二阶段的分析中调整有关社会经济等因素，结果更稳健。未来大样本、长时间跨度、多城市的短期效应研究能够为国家层面空气污染治理策略和心血管疾病的预防策略提供科学依据和有效信息。

未来的研究应更多地关注空气污染对心血管健康的长期效应，特别是大样本、随访期较长的队列研究。虽然这类研究花费较大、周期长、实施难度大，但能够较好地控制个体混杂因素,结果稳健可靠,能够验证暴露与结局的因果关联。例如,在欧洲开展的 ESCAPE 项目,利用欧洲多个中心的 22 个队列研究,综合评价长期暴露于室外空气污染对总死亡及死因别死亡(包括心血管疾病、呼吸系统疾病、肺癌等)的效应。该研究基于大样本自然人群评价空气污染的长期健康效应,研究结果稳健可靠,而且在汇总每个队列结果的过程中有效控制了地区差异及其他社会经济因素,因此结果更具代表性。另外,针对空气污染危害健康机制的前瞻性干预研究也是未来的一个重要发展方向,这类研究运用严谨的实验设计(随机、盲法等)解释空气污染的致病机制,评价空气污染治理的健康收益。

近年来,欧美国家开展的空气污染流行病学研究成功运用了多种个体暴露评估方法和模型,包括土地利用模型、化学运输模型及基于卫星数据的神经网络模型和机器学习模型等。这些方法应用于未来的研究中能够有效提高污染物暴露估计的精度,减少错分偏倚。另外,我国空气质量历史监测数据较缺乏,特别是在 2013 年以前,即使是现有的监测网络在我国的农村地区和西部地区监测站点分布较少。在这种情况下,利用卫星数据反演历史污染物数据成了一个新的研究方向。这种技术能够利用卫星数据和高级统计模型,高精度、高准确率地估计我国历史时期污染物的时间和空间分布趋势,所得结果可广泛应用于各类空气污染流行病学研究。因此,该技术在我国未来的空气污染研究中具有广阔的应用前景。

(郭玉明 陈功博)

参 考 文 献

[1] GAZIANO T A. Cardiovascular disease in the developing world and its cost-effective management[J]. Circulation,2005,112(23):3547-3553.

[2] ESTEL C,CONTI C R. Global Burden of Cardiovascular Disease[J]. Cardiovascular Innovations and Applications,2016,1(4):369-377.

[3] DOMINICI F,PENG R D,BELL M L,et al. Fine particulate air pollution and hospital admission for cardiovascular and respiratory diseases[J]. Jama,2006,295(10):1127-1134.

[4] WELLENIUS G A,SCHWARTZ J,MITTLEMAN M A. Particulate air pollution and hospital admissions for congestive heart failure in seven United States cities[J]. The American journal of cardiology,2006,97(3):404-408.

[5] SHAH A S,LANGRISH J P,NAIR H,et al. Global association of air pollution and heart failure:a systematic review and meta-analysis[J]. The Lancet,2013,382(9897):1039-1048.

[6] CHEN R,YIN P,MENG X,et al. Fine particulate air pollution and daily mortality. a nationwide analysis in 272 chinese cities[J]. American journal of respiratory and critical care medicine,2017,196(1):73-81.

[7] MILLER K A,SISCOVICK D S,SHEPPARD L,et al. Long-term exposure to air pollution and incidence of cardiovascular events in women[J]. New England Journal of Medicine,2007,356(5):447-458.

[8] DONG G H,QIAN Z,XAVERIUS P K,et al. Association between long-term air pollution and increased blood pressure and hypertension in China[J]. Hypertension,2013,61(3):578-584.

[9] ZHANG P,DONG G,SUN B,et al. Long-term exposure to ambient air pollution and mortality due to cardiovascular disease and cerebrovascular disease in Shenyang,China[J]. PloS one,2011,6(6):e20827.

[10] CESARONI G,BADALONI C,GARIAZZO C,et al. Long-term exposure to urban air pollution and mortality in a cohort of more than a million adults in Rome[J]. Environmental health perspectives,2013,121(3):324-331.

[11] LANGRISH J P,LI X,WANG S,et al. Reducing personal exposure to particulate air pollution improves cardi-

ovascular health in patients with coronary heart disease[J]. Environmental health perspectives,2012,120 (3):367.

[12] WONG T W,TAM W,YU T,et al. Associations between daily mortalities from respiratory and cardiovascular diseases and air pollution in Hong Kong,China[J]. Occupational and environmental medicine,2002,59(1): 30-35.

[13] GUO Y,JIA Y,PAN X,et al. The association between fine particulate air pollution and hospital emergency room visits for cardiovascular diseases in Beijing, China[J]. Science of the total environment,2009,407 (17):4826-4830.

[14] GUO Y,TONG S,ZHANG Y,et al. The relationship between particulate air pollution and emergency hospital visits for hypertension in Beijing,China[J]. Science of the total environment,2010,408(20):4446-4450.

[15] XIE W,LI G,ZHAO D,et al. Relationship between fine particulate air pollution and ischaemic heart disease morbidity and mortality[J]. Heart(British Cardiac Society),2015,101(4):257-263.

[16] GUO Y,BARNETT A G,ZHANG Y,et al. The short-term effect of air pollution on cardiovascular mortality in Tianjin,China:Comparison of time series and case-crossover analyses[J]. Science of the Total Environment, 2010,409(2):300-306.

[17] CAO J,YANG C,LI J,et al. Association between long-term exposure to outdoor air pollution and mortality in China:a cohort study[J]. Journal of hazardous materials,2011,186(2-3):1594-1600.

[18] CHEN G,LI S,ZHANG Y,et al. Effects of ambient PM 1 air pollution on daily emergency hospital visits in China:an epidemiological study[J]. The Lancet Planetary Health,2017,1(6):e221-e229.

[19] CHEN G,ZHANG Y,ZHANG W,et al. Attributable risks of emergency hospital visits due to air pollutants in China:A multi-city study[J]. Environmental pollution,2017(228):43-49.

[20] CHEN G,LI S,KNIBBS L D,et al. A machine learning method to estimate $PM_{2.5}$ concentrations across China with remote sensing,meteorological and land use information[J]. Science of the Total Environment, 2018 (636):52-60.

第五章

大气污染对不良妊娠结局的影响

第一节　大气污染对暴露人群不良妊娠结局的主要影响

21 世纪以来,研究健康与疾病发育起源的多哈理论(the developmental origins of health and disease,DOHaD)认为,人类在生命早期如胎儿期所经历的不良环境因素和成年后的各种疾病密切相关。许多研究也证实,胎儿宫内生长发育异常以及不良出生结局能够影响个体一生的身心健康,如增加个体婴儿期、青少年时期的呼吸系统疾病发生率,降低神经系统发育和认知功能,增加儿童罹患多动症的风险,甚至造成个体早死。

不良出生结局的主要类型包括早产、低出生体重、出生缺陷和死胎、死产等。依据 WHO 的定义,早产(preterm birth,PTB)指小于 37 周分娩的活产儿;低出生体重(low birth weight,LBW)为分娩时胎儿的体重小于 2 500g。以早产为例:2019 年 *The lancet* 子刊有关 194 个 WHO 成员国的最新研究显示,2014 年全球范围内早产的发生率为 10.6%(约为 1 484 万早产个案);其中我国的早产发生率在 6.9% 左右,即 2014 年我国的早产个案人数为 115 万左右。

不良出生结局的发生受多种危险因素共同作用的影响:如遗传因素、环境因素、孕期营养、母亲社会学相关因素以及行为因素等。其中环境因素的多样性和复杂性使其对胎儿的生长发育影响不容忽视,许多环境因素如大气污染、气象因素对不良出生结局影响的研究开始受到广泛关注。

近几十年来,尽管人们开展了大量有关大气污染与人群死亡率、呼吸系统疾病发病率的研究,但是,有关大气污染与不良出生结局的研究却是从 20 世纪 90 年代末才受到人们的重视。最近几年,国内外发表了大量有关大气污染与不良出生结局相关关系的研究,提出了许多有关 PM_{10}、$PM_{2.5}$、SO_2、NO_2、CO 和 O_3 对不良出生结局影响的流行病学研究证据,并做出了一些生物学机制上的探讨。

大气颗粒物如 PM_{10} 和 $PM_{2.5}$ 对不良出生结局的影响,国内外研究者开展的大量人群研究,从环境流行病学证据上基本证实了两者均能增加早产的发生风险。以 $PM_{2.5}$ 为例,Malley 等利用全球 183 个国家的大气 $PM_{2.5}$ 年平均浓度、人口基数数据、年出生活产胎儿数据及年平均早产发生率等资料估计了 2010 年归因于大气 $PM_{2.5}$ 污染的全球早产发生个案总数。该研究假定当大气 $PM_{2.5}$ 的平均浓度低于 $10\mu g/m^3$(WHO 空气质量指南推荐的 $PM_{2.5}$ 年平均浓度限值)时所致早产的超额危险度为0,利用蒙特卡洛模拟法定量评价研究的不确定性前提下发现:2010年全球$PM_{2.5}$归因早产个案总数预计达到270万(占全球年早产总数的18%);南亚和东亚、北非/中东和西撒哈拉以南非洲对全球$PM_{2.5}$的贡献最大,与$PM_{2.5}$相关的早产比例也最高;其中南亚和东亚$PM_{2.5}$归因早产占比更是高达全球$PM_{2.5}$归因个案的75%;我国的$PM_{2.5}$归因早产个案总数为50万左右,仅次于印度(110万左右),为南亚和东亚国家中$PM_{2.5}$归因早产贡献率最高的第二大国。北京大学王海俊教授课题组利用原国家卫计委和财政部2013年12月至2014年11月在全国范围内开展的免费婚前检查计划获得的出生记录资料,结合大气$PM_{2.5}$的卫星遥感数据分析发现:孕早期、孕中期、孕晚期以及整个孕期的大气$PM_{2.5}$暴露浓度每升高$10\mu g/m^3$,均会增加早产的发生风险。除早产外,大气$PM_{2.5}$暴露还是促进低出生体重、出生缺陷和死胎、死产发生的危险因素。

第二节　国内外研究概况和前沿

一、国内外大气污染对早产影响的研究现状及进展

早在20世纪末,国外的环境流行病学研究者就开展了许多有关大气污染对早产影响的研究,当时人们关注的主要是SO_2、NO_2等气态污染物对早产的影响;对于颗粒物的影响,由于大气污染物监测手段的限制,研究者们主要关注总悬浮颗粒物(total suspended particulates,TSP)和PM_{10}对早产的影响。北京大学公共卫生学院潘小川教授课题组在2009年发表的有关大气污染对早产影响的Meta分析中曾经详细阐述了1999—2009年国外发表的相关研究,该Meta分析证实国外的早期研究基本发现:尽管不同国家和地区的污染物浓度不同,种族文化及孕产妇生活方式存在不同,PM_{10}和SO_2日平均浓度的升高均会增加其早产分娩的发生风险。

近些年来,随着全球关注细颗粒物污染健康效应的热潮,全球各个国家和地区持续发表了大量有关大气污染对早产影响的流行病学研究。大部分的研究认为大气污染能够增加早产的发生。加州大学Laurent等于2016年发表在《环境与健康展望》杂志上的研究采用巢式病例对照研究分析了加利福尼亚州2000—2008年各主要污染物,包括$PM_{2.5}$、$PM_{0.1}$、NO_2和O_3对早产的影响。其中对于各污染物的暴露量估计,研究者们采用经验贝叶斯克立格法(empirical Bayesian Kriging,EBK)进行了各污染物数据的空间插补;同时利用加州道路大气扩散模型(CALINE4)对研究对象家庭住址3km半径范围内交通源性的CO、NOx、$PM_{0.1}$和O_3浓度进行了模拟估算。调整了母亲年龄、种族因素、受教育程度及其所在的社区收入状况,整个孕期的$PM_{2.5}$、NO_2和O_3暴露浓度每升高1个四分位数间距,其个案发生早产的比值比呈现出统计学显著性差异,其OR值分别为:1.133(95%CI:1.118~1.148)、1.096(95%CI:1.085~1.108)和1.079(95%CI:1.065~1.093)。

Stieb等2019年发表在$Environmental\ Health$上的研究利用1999—2008年加拿大24个城市100多万例出生个案,采用Cox回归结合DLNM模型和随机效应模型探讨了大气主要污染物如$PM_{2.5}$、SO_2、CO、NO_2和O_3对早产的影响及其滞后效应。该研究发现,控制婴儿性别、分娩胎龄、母亲的年龄、婚姻状况、出生地、经济状况和种族,以及气温、婴儿的出生季节、出生年和出生日期的自然样条函数后,该研究仅发现分娩前0~3天的急性O_3暴露浓度每

增加一个四分位数间距,能增加 3.6% 的早产发生风险,即 *HR* 为 1.036(95%*CI*:1.005~1.067),此外,该研究利用随机效应模型合并 24 个城市的结果分析亦证实此结论。$PM_{2.5}$、SO_2、CO、NO_2 与早产的关系,该研究并未发现有统计学意义的关联。

一项在西班牙开展的多城市队列研究通过土地利用回归模型模拟孕妇孕早期、孕中晚期及整个孕期的 NO_2 和苯暴露情况,在控制各种混杂因素的条件下,采用条件 Logistic 回归分析孕期 NO_2 和苯暴露对早产的影响。该研究发现,每天在家时间超过 15 小时的孕妇,其单污染物模型和双污染物模型的结果均提示孕期 NO_2 和苯暴露对早产的影响具有统计学意义;其中双污染物模型结果提示,整个孕期及孕中期 NO_2 浓度每升高 $10\mu g/m^3$,均会导致早产危险增加,*OR* 值为 1.58(95%*CI*:1.04~2.42);孕晚期的苯浓度每升高 $1\mu g/m^3$,研究人群早产的危险增加 45%,*OR* = 1.45(95%*CI*:1.00~2.09)。另一项在西班牙马德里开展的回顾性研究利用 2001—2009 年的环境因素资料、日出生个案数及日早产个案数,采用时间序列研究分析马德里的 $PM_{2.5}$、O_3 和噪声污染对早产的影响,在控制线性趋势,季节因素和自相关性的混杂因素下,该研究发现孕中期 $PM_{2.5}$、O_3 浓度的增加均会导致早产的相对危险度增加,其 *RR* 值分别为 1.026(95%*CI*:1.018~1.034)和 1.011(95%*CI*:1.007~1.014)。

Li 等采用时间分层的病例交叉研究探讨了 2009—2013 年澳大利亚布里斯班市 PM_{10}、$PM_{2.5}$、NO_2、SO_2、O_3 和 CO 对早产影响的短期效应。研究者采用条件 Logistic 回归模型分析分娩前数小时内各主要污染物浓度的增加对早产的急性影响。对于每个待研究孕产妇,该研究将整个研究人群在分娩前 0~24 小时、24~48 小时、48~72 小时、0~48 小时和 0~72 小时的各污染物暴露浓度的中位数设定为暴露量对照水平阈值,比较了其与孕产妇暴露于各污染物浓度分布的 75% 和 95% 限值时早产发生率的比值比。其结果显示:和暴露于该研究设定的对照水平阈值的孕产妇相比,当孕产妇暴露于各污染物(NO_2 和 CO)浓度分布的 95% 上限值时,其分娩胎儿发生早产的可能性显著性升高,*OR* 值分别为 1.17(95% *CI*:1.08~1.27)和 1.18(95% *CI*:1.06~1.32)。

一项基于美国罗得岛州普罗维登斯市某妇产医院 2002—2012 年出生记录个案资料开展的有关 $PM_{2.5}$ 和黑炭对早产影响的相关研究,分别采用各污染物的监测站数据以及利用卫星遥感技术和土地利用模型模拟法定量估计了待研究人群 $PM_{2.5}$ 和黑炭暴露水平,通过广义线性回归分析发现:当采用暴露模型模拟孕期 $PM_{2.5}$ 暴露水平时,孕期 $PM_{2.5}$ 平均浓度每升高 1 个四分位数间距($2.5\mu g/m^3$),并未增加早产的发生概率(*OR* = 1.04,95%*CI*:0.94~1.15),反之,当采用各监测站的数据直接估计 $PM_{2.5}$ 暴露水平,其平均浓度的升高反而降低早产的发生(*OR* = 0.86,95%*CI*:0.76~0.98)。该研究的作者认为,其结果与之前的部分研究结果相似,均提示孕期 $PM_{2.5}$ 暴露并不能增加早产的发生。

国内最早有关大气污染对不良妊娠结局影响的研究是 Xu 等 1995 年利用 1988 年北京市 4 个城区的出生登记系统资料对北京市 TSP 和 SO_2 对早产影响进行的探索性研究。该研究结果显示:孕期 TSP 和 SO_2 增加对孕周的影响的关联有统计学意义(*P* < 0.05),其中 TSP 和 SO_2 浓度每升高 $100\mu g/m^3$,可以导致孕周分别缩短 12.6 小时和 7.1 小时,多污染物模型下,两者每升高 $100\mu g/m^3$ 对早产影响的 *OR* 值分别为 1.10(95% *CI*:1.01~1.20)和 1.21(95% *CI*:1.01~1.46)。

近年来我国学者陆续在不同省市和地区开展了大量有关大气污染和不良出生结局相关

的研究,这些研究的开展为评估我国大气污染现状对早产的影响提供了宝贵的基础研究资料。我国学者 Qian 等利用武汉市 2011—2013 年分娩的 95 911 例出生个案数据,采用条件 Logistic 回归探讨 PM_{10}、$PM_{2.5}$、SO_2、NO_2、CO 和 O_3 对早产的影响。在大气污染物的暴露量估算上,研究者采用了该市 9 个监测站的数据,结合孕产妇的常住地址,针对每个个案选择其就近监测站数据的日平均值作为其暴露量的估计值。该研究同时分析了整个孕期,孕早、中、晚期及不同孕月的各主要污染物对早产的影响。其结果显示:PM_{10} 和 $PM_{2.5}$ 浓度每升高 $5\mu g/m^3$,研究人群早产发生的比值比分别增加 3%($OR=1.03,95\%CI:1.02\sim1.05$)和 2%($OR=1.02,95\%CI:1.02\sim1.03$);CO 浓度每升高 $100\mu g/m^3$,早产的 OR 值增加到 1.15($95\%CI:1.11\sim1.19$);此外,O_3 浓度每升高 $10\mu g/m^3$ 亦会造成研究人群的早产概率增加($OR=1.05,95\%CI:1.02\sim1.07$);$SO_2$ 和 NO_2 对早产的影响,该研究尚未发现显著性的统计学关联。

Ji 等开展的一项有关上海市气态污染物 NO_2 与早产的相关关系研究利用土地利用模型,依据孕产妇的住址信息定量估计研究人群 NO_2 的孕期暴露水平,并采用配对病例对照研究分析孕期不同阶段(整个孕期、孕早期、孕中期、孕晚期、分娩前 1 个月及分娩前 1 周)的暴露量水平对早产影响的相对危险度。在调整了各种潜在混杂因素如孕产妇及胎儿的人口学信息如孕产妇年龄、受教育程度、妊娠次数、怀孕及分娩季节和气温、相对湿度之后,该研究发现:孕期不同阶段的 NO_2 的暴露水平每升高 $10\mu g/m^3$,其对早产影响的效应值分别如下:整个孕期 $OR=1.03(95\%CI:0.96\sim1.10)$;孕早期 $OR=1.00(95\%CI:0.95\sim1.06)$;孕中期 $OR=1.01(95\%CI:0.96\sim1.07)$;孕晚期 $OR=1.07(95\%CI:1.02\sim1.13)$;分娩前 1 个月 $OR=1.10(95\%CI:1.04\sim1.15)$;分娩前 1 周 $OR=1.05(95\%CI:1.00\sim1.09)$。

二、国内外大气污染对新生儿出生体重影响的研究概况

最早关于大气污染对新生儿出生体重影响的研究是由 Alderman 等在 1987 年进行的一项关于大气污染对出生体重影响的病例对照研究,该研究并未发现 CO 与低出生体重之间存在关联。近些年来,人们开展了大量此方面的研究。大部分研究发现大气污染物的孕期暴露可以降低新生儿的出生体重或导致低出生体重的发生;也有研究并未发现两者之间的显著性统计学关系。

Panasevich 等利用挪威两大城市奥斯陆和卑尔根市及其周边两个城镇的数据,采用 Logistic 回归模型分析了该地区 NO_2 和新生儿低出生体重的关系。研究结果显示:孕期 NO_2 暴露浓度的升高与出生体重存在统计学显著性负相关,即孕期 NO_2 暴露浓度每升高 $10\mu g/m^3$,导致新生儿的出生体重减少 $43.6g(95\%CI:-55.8\sim-31.5)$;但当研究者将地域因素和孕产妇行为习惯因素纳入模型后,两者的负相关关系效应值未发现显著性统计学差异。对孕产妇个体水平 NO_2 暴露量的估计,该研究利用孕产妇居住地址信息,采用土地利用模型进行精确估计。

Yorifuji 等 2015 年发表在 *Environmental International* 上的研究基于 2001 年日本全国范围内开展的新生儿队列相关调查资料,利用多水平 Logistic 回归分析探讨了悬浮颗粒物(该研究中悬浮颗粒物定义为空气动力学直径 $<7\mu m$ 的颗粒物)、NO_2 和 SO_2 对足月新生儿低出生体重的影响。该研究除了控制母亲和新生儿的一系列可能影响研究结果的人口学个体混杂因素如母亲年龄、是否吸烟、受教育程度、新生儿性别、胎龄外,还考虑了居住地层面的群

体混杂因素如当地经济水平、城市或乡村、15 岁以上人口的失业率等。该研究结果显示：在调整各混杂因素的影响下，待研究的各污染物浓度升高均会引起低出生体重发生的效应值增加。其中研究中定义的悬浮颗粒物(SPM)、SO_2 和 NO_2 浓度每升高 1 个四分位数间距，其影响的效应值分别为：1.09(95% CI:1.00~1.19)、1.11(95% CI:0.99~1.26)和 1.71(95% CI:1.18~2.46)。

我国学者 Liu 等利用全国免费孕检系统获得有关广东省 2014—2015 年的出生记录资料，采用 Logistic 回归分析探讨了该省各主要大气污染物如 PM_{10}、$PM_{2.5}$、SO_2、NO_2、CO 和 O_3 对早产和低出生体重的影响。在调整了主要混杂因素影响下，该研究结果显示：整个孕期 PM_{10}、$PM_{2.5}$ 和 CO 的暴露浓度每升高 $10\mu g/m^3$，可以导致新生儿低出生体重的发生率分别增加 2%(OR = 1.02,95% CI:1.01~1.04)、3%(OR = 1.03,95% CI:1.00~1.06)、34%(OR = 1.34,95% CI:1.04~1.73)。

三、大气污染对出生缺陷及死胎、死产影响的研究概况

近些年来，世界各地开展了大量有关大气污染物如 $PM_{2.5}$、SO_2、CO 和 NOx 对出生缺陷及死胎、死产的影响，大部分研究均证实了两者之间存在统计学显著性关联。例如：Strickland 等利用美国佐治亚州亚特兰大 1986—2003 年出生缺陷登记资料，通过广义线性模型对该市妊娠期妇女孕后 3~7 周的大气污染物暴露浓度与胎儿心血管畸形相互关系的研究中发现：孕后 3~7 周 24 小时 PM_{10} 平均暴露浓度每升高 1 个四分位数间距($14.2\mu g/m^3$)，对胎儿发生动脉导管未闭影响的 RR 值为 1.60(95% CI:1.11~2.31)；该研究未发现 CO、SO_2 与各种类型出生缺陷之间存在关联。

Hansen 等对澳大利亚布里斯班大气污染与出生缺陷相关关系的 1∶5 病例对照研究研究中采用条件 Logistic 回归分析发现：孕 3~8 周 SO_2 的浓度升高 0.6PPb 即可引起新生儿唇腭裂缺陷的增加，其 OR 为 1.27(95% CI:1.01~1.62)；研究中并未发现孕 3~8 周 NO_2、PM_{10} 浓度的升高对新生儿唇腭裂缺陷发生的影响；孕 3~8 周 PM_{10} 浓度每升高 $4\mu g/m^3$，对胎儿室间隔缺损影响的 OR 值为 1.15(95% CI:1.02~1.30)。考虑到固定监测点的大气监测资料可能对孕产妇的实际暴露有一定影响，因此该研究还分别分析了家庭居住地距监测点 6km 以内以及 12km 以内的孕产妇其胎儿发生各类出生缺陷的相对危险度差异，其中家庭居住地距监测点 12km 以内的孕产妇，孕 3~8 周 PM_{10} 的浓度每升高 $4\mu g/m^3$，对胎儿主动脉及瓣膜损伤影响的 OR 值为 1.83(95% CI:1.16~2.98)。

Faiz 等通过收集美国新泽西州 1999—2004 年出生记录资料，采用时间分层的病例交叉研究分析发现：孕晚期 SO_2、NO_2、CO 和 $PM_{2.5}$ 浓度的升高均会增加死胎、死产的发生概率。

施森等采用病例交叉设计分析我国福州市的 2007—2012 年大气 PM_{10} 对胎儿心血管畸形的影响。其研究结果显示，孕早期(1~3 个月)PM_{10} 暴露浓度每增加一个四分位数间距，胎儿总心血管畸形危险性增加 3.4%(OR = 1.034,95% CI:1.008~1.061)。

尽管目前大量流行病学研究结果提示大气污染与早产、低出生体重或出生缺陷的发生有关，但大气污染影响出生结局的生物学机制目前尚未明确，有学者认为大气污染影响胎儿生长发育的生物学机制目前仍是未知，且可能在胎儿宫内生长的不同时期或对于无妊娠合并症的孕妇以及伴随妊娠合并症的孕妇来说，大气污染物发挥作用的机制可能也不尽相同。

目前有关大气污染影响不良妊娠结局的生物学机制多数为研究者推测:大气污染物通过影响母体与胎盘的氧气以及营养物质的传递,进而引起胎儿宫内生长迟缓,从而导致早产、低出生体重,甚至死胎、死产的发生。此外,大气污染除了通过改变母体血液黏度、内皮功能等机制从而影响母体与胎盘氧气以及营养物质的传递外,还可以通过影响母体下丘脑-垂体后叶素-性腺轴,导致内分泌紊乱、破坏母体的宿主防御机制、促进炎性因子(细胞因子、IL-6、凝血酶原等)的释放,导致氧化应激等途径使胎盘或胎儿发生遗传性状的改变,进而引起宫内生长迟缓,导致早产、出生缺陷;此外环境污染也会导致父亲的生殖细胞发生一定的遗传改变,进而影响胎儿的发育。

另有一些研究认为,大气污染可能会导致胚胎滋养层的损伤,血管反应性降低,加速胚胎滋养层的细胞凋亡;而这些病理生理学变化的独立作用或联合作用可以导致宫内生长迟缓,进而导致不良妊娠结局的发生。

还有一些研究认为,某些能够直接导致心血管疾病以及不良妊娠结局发生的机制,如氧化浸润、内皮损伤、血黏度增加以及血栓形成等也可以导致一些孕期并发症,如先兆子痫、胎盘早剥或胎盘前置等,而这些并发症也可能增加不良妊娠结局的发生。

第三节　典型案例分析

不良妊娠结局是儿童甚至成人健康的重要影响因素。目前,很多研究探讨了大气污染与不良妊娠结局的关系并探索可能的关键窗口期,但研究结果尚不一致。与低出生体重相比,大气污染与早产和出生缺陷的关系及其可能的关键窗口期更难探索,因为整个孕期或第三个孕期暴露的持续时间不同。大部分研究采用队列研究或病例对照研究等研究设计分析大气污染长期暴露对不良妊娠结局的影响;也有部分研究采用时间序列分析或病例交叉研究设计分析大气污染短期暴露对不良妊娠结局的影响。上述研究主要存在两个问题:①将早产或出生缺陷作为一种二分类结果,而忽略了妊娠期间的暴露水平是随时间变化的;②估计整个孕期或将整个孕期划分为3个孕期的暴露水平,然而3个孕期与大气污染对不良妊娠结局的影响可能并不一致。为了解决这些问题,以银川市大气污染对出生缺陷影响的研究为例,采用回顾性队列研究设计,利用Cox比例风险模型结合随时间变化的暴露,分析大气污染与出生缺陷的关系及其关键的窗口期。

在进行典型案例分析之前,有必要对Cox比例风险模型做一个简单介绍。其在大气污染对不良出生结局影响中的应用思路如下:

研究中将每个不良出生结局看作二分类因变量,将不同孕周起始时间作为一个关键的时间变量节点,根据孕周的起始日期将出生记录资料与相应各孕周平均污染物暴露浓度进行关联,采用Cox比例风险模型对大气污染物对不良出生结局的影响进行探讨。

其中Cox比例风险模型在环境流行病学方面,尤其是出生结局资料方面的应用尚处于起步阶段。由于本研究中各环境因素水平在一个跨度为10个月左右的孕期是动态变化的,而且其对不良出生结局的影响在孕期的不同阶段也可能存在不同的效应,因此,本研究将采用含有时间依存性变量的Cox回归模型,其模型公式如下(公式5-1):

$$h_i(t)=h_0(t)exp[\beta_1 x_i+\beta_2 x_i(t)] \qquad 公式5\text{-}1$$

其中 x_i 为对不良出生结局的影响效应在整个孕期保持不变的协变量,如孕产妇年龄、新生儿性别等。$x_i(t)$ 为对不良出生结局的影响效应在整个孕期可能发生变化的协变量,如不同的大气 $PM_{2.5}$ 暴露水平、气象因素的变化等。

一、数据来源

1. 银川市出生缺陷数据　2015 年 1 月 1 日至 2016 年 12 月 31 日在银川市公立医院分娩的所有产妇的信息和分娩结局数据,排除多胎妊娠、先天畸形遗传史及孕周记录不全者,38 961 例单胎活产纳入研究。产妇信息包括家庭住址、年龄、民族、文化程度和生育史。出生结局信息包括婴儿的性别、孕周、分娩日期及先天畸形诊断。

2. 银川市大气质量监测数据　2015 年 1 月 1 日至 2016 年 12 月 31 日银川市各监测点每日大气污染物浓度资料。监测污染物包括 CO、O_3、$PM_{2.5}$、PM_{10}、SO_2、NO_2。各监测点污染物日平均浓度数据为当天的 24(0:00—23:00)小时浓度平均值。资料来源于中国环境监测总站及宁夏回族自治区环保局。

二、数据分析方法

1. 暴露评价　采用最近距离的方法估计每位产妇的大气 $PM_{2.5}$ 暴露量。银川市共有 6 个空气质量监测站点,分布在银川市各区人口密度较高的中心地带。研究中将每位产妇的住址和距离最近的监测站进行匹配。大多数(80%)产妇住在离最近的监视器 10km 以内的地方。根据最后一个月经期和分娩日期,分别计算每个产妇在整个妊娠期间大气 $PM_{2.5}$ 每周的滑动平均浓度。

2. 统计分析　考虑到每个产妇孕周长短的不同,本研究将 Cox 比例风险模型与随时间变化的暴露相结合,探讨整个妊娠期间大气 $PM_{2.5}$ 暴露与先天性异常风险之间的关系。在该模型中,以孕周作为时间尺度,在每一个孕周产妇有两种可能,一是继续怀孕(定义为 0),二是生产先天畸形的婴儿(定义为事件,1)或生产正常婴儿(定义为截尾)。本研究计算了每个产妇随时间变化的暴露。假设一个胎龄为 t 周的婴儿,将其分成 t 个时间间隔,每个间隔有一行数据。计算每个间隔的平均污染物暴露量,并将状态指定为事件或截尾,估计整个怀孕期间大气 $PM_{2.5}$ 暴露对先天性畸形风险的影响。

首先建立一个只包含大气 $PM_{2.5}$ 暴露的模型。然后,将以下潜在影响因素纳入调整模型中:母亲年龄(<25 岁、25~29 岁、30~34 岁和≥35 岁)、民族(汉族、回族和其他)、教育程度(<9 岁、9~12 岁和≥12 岁)、分娩史(未产妇、初产妇)和婴儿性别(女性、男性)。除了个别特征外,进一步调整了 NO_2、SO_2 和 O_3 的影响,将上述污染物逐一添加到模型中,以检查关联的稳健性。最终采用完全调整的模型调整所有上述污染物和个体特征,分析整个妊娠期大气 $PM_{2.5}$ 暴露与先天畸形风险的关系。本研究采用 Akaike 信息准则(AIC)判断模型的拟合程度。结果以大气 $PM_{2.5}$ 增加 $10\mu g/m^3$ 相关结局的危险比(HR)及 95%CI 表示。所有统计分析均采用 R,版本 3.4.4(R 核心团队)采用"survival"软件包建立 Cox 比例风险模型。所有统计检验均为双侧,$P < 0.05$ 为具有统计学意义。

3. 研究结果　本研究自 2015 年 1 月 1 日至 2016 年 12 月 31 日共分娩 39 386 例。其中 530 例(1.35%)有先天性畸形。大多数产妇年龄在 25~29 岁、汉族、未产妇。年龄较大(35 岁以上)、其他少数民族、受教育年限 10~12 年(高中)和未产妇,先天畸形的风险较高($P < 0.05$)。

所有研究对象整个妊娠期大气 $PM_{2.5}$、NO_2、SO_2 和 O_3 暴露平均浓度分别为 $50.07\mu g/m^3$、$39.40\mu g/m^3$、$73.17\mu g/m^3$ 和 $86.97\mu g/m^3$。见表 5-1。

表 5-1　研究人群基本特征及整个孕期污染物暴露分布

变量	例数	先天畸形/%	孕期平均暴露水平/$(\mu g \cdot m^{-3})$			
			$PM_{2.5}$	NO_2	SO_2	O_3
年龄/岁						
<25	7 834	1.02	49.3	39.8	75.0	87.4
25~29	17 708	1.23	50.2	39.3	72.7	86.8
30~34	9 227	1.48	50.4	39.3	72.7	86.7
≥35	4 606	2.08	50.2	39.4	72.9	87.4
民族						
汉族	29 725	1.34	50.1	39.5	73.4	87.2
回族	9 028	1.32	49.9	39.2	72.1	86.5
其他民族	625	1.92	51.4	40.2	77.7	84.7
教育年限/年						
≤9	12 529	0.26	49.7	40.5	77.9	86.7
10~12	7 156	2.39	50.1	39.7	75.0	86.6
>12	19 685	1.66	50.3	38.6	69.5	87.3
胎次						
未生育	27 735	1.59	49.7	38.8	71.8	87.4
经产	11 646	0.76	50.9	40.9	76.5	86.0
孕周/周						
<28	263	65.78	49.2	36.9	62.5	93.0
28~32	647	4.64	50.3	38.9	72.0	87.2
32~37	4 354	1.52	49.9	39.4	72.9	87.2
>37	34 122	0.76	50.1	39.4	73.3	86.9
婴儿性别						
男性	20 416	1.42	50.1	39.4	73.3	87.0
女性	18 931	1.13	50.1	39.4	73.1	87.0
合计	39 386	1.35	50.1	39.4	73.2	87.0

　　图 5-1 显示产妇整个孕期大气 $PM_{2.5}$ 暴露与先天性畸形风险之间未经调整和调整后的关系。在未调整模型中,整个妊娠期暴露于大气 $PM_{2.5}$ 与先天性畸形有关,而两者之间的相关性不显著,HR 为 $1.05(95\%CI:0.96\sim1.16)$。调整个体特征后,整个妊娠期大气 $PM_{2.5}$ 暴

露量增加 $10\mu g/m^3$ 与先天性异常风险增加有一定关系,*HR* 为 $1.10(95\%\,CI:1.00\sim1.22)$。在完全调整的模型中,整个妊娠期大气 $PM_{2.5}$ 增加 $10\mu g/m^3$,先天性畸形风险增加,*HR* 为 $1.35(95\%\,CI:1.16\sim1.58)$。

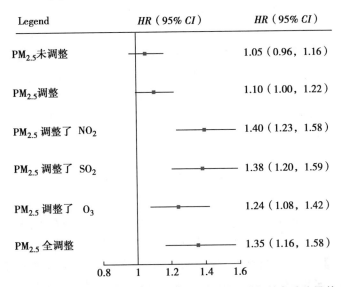

图 5-1 整个孕期大气 $PM_{2.5}$ 浓度增加 $10\mu g/m^3$ 先天性畸形增加的危险比及其 95%可信区间

注:$PM_{2.5}$ 未调整:未调整模型,模型中仅包括大气 $PM_{2.5}$;$PM_{2.5}$ 调整:调整后的模型,调整了母亲年龄、民族、文化程度、分娩史及婴儿性别;$PM_{2.5}$ 全调整:全调整模型,调整了母亲年龄、民族、文化程度、分娩史、婴儿性别、SO_2、NO_2 及 O_3。

图 5-2 显示采用时变系数模型分析大气 $PM_{2.5}$ 暴露对先天性畸形风险的影响。经 Schoenfeld 残差检验,数据符合比例危险假设($P=0.47$)。结果显示产妇妊娠早期对大气 $PM_{2.5}$ 的暴露可能比晚期更敏感。

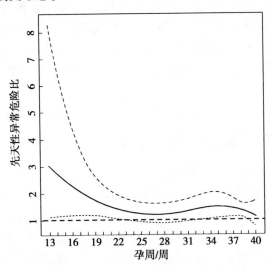

图 5-2 每个孕周大气 $PM_{2.5}$ 浓度增加 $10\mu g/m^3$ 先天性畸形增加的危险比及其 95%可信区间

注:模型调整了母亲年龄、民族、文化程度、分娩史、婴儿性别、SO_2、NO_2 及 O_3。

4. 结论　本研究尚存在一些局限性：①对产妇的暴露评价采用了最近距离的方法，可能造成某种程度的暴露评价错误分类；②没有考虑室内空气污染及产妇时间-活动模式的数据，不能排除由于暴露错误分类而导致的"真实"效应的某些稀释；③由于缺乏数据信息，一些潜在的危险因素如吸烟、饮酒、药物使用和职业暴露等没有纳入分析，尚需进一步研究加以弥补。

本研究采用回顾性队列研究设计，利用 Cox 比例风险模型结合随时间变化的暴露，分析银川市 2015—2016 年大气污染与出生缺陷的关系，同时调整个人特征和其他污染物，发现整个孕期大气 $PM_{2.5}$ 暴露与先天畸形风险增加显著相关，大气 $PM_{2.5}$ 浓度每增加 $10\mu g/m^3$，HR 为 1.35（95%CI：1.16~1.58），且产妇妊娠早期对大气 $PM_{2.5}$ 的暴露可能比晚期更敏感。

第四节　研究展望

从以往的研究可以看出，大气污染物对不良出生结局的影响在不同国家和地区可能呈现出截然不同的效应，造成这一现象的原因很多。首先，不同地区的孕产妇人口学特征、卫生经济状况以及各主要污染物化学组分的差异均会影响污染物对早产影响的效应估计；其次，由于不同研究所采用的统计分析方法、待研究污染物的暴露水平估计方法、研究中控制的混杂因素以及研究中考虑的污染物暴露存在差异，这也导致目前有关两者相关关系的环境流行病学研究结果并不一致。

Tu 等利用美国佐治亚州 2000 年 116 112 例单胎活产出生个案资料，采用地理加权的 Logistic 回归（geographically weighted Logistic regression，GWLR）探讨了 $PM_{2.5}$ 和 O_3 对早产的影响是否存在地域差异。在控制母亲的年龄、种族、婚姻状况等人口学信息，社会经济因素和孕期的生活行为习惯等混杂因素的条件下，两种污染物对早产的影响在该州的不同地区呈现出截然不同的效应：在某些地区，孕期污染物暴露浓度升高会导致早产的危险增加；在另外一些地区，孕期污染物暴露浓度升高反而会降低早产的发生风险；亦有一些地区并未发现大气污染物和早产的显著性统计学关联。该研究还发现，佐治亚州不同地区大气污染物对早产影响的效应值与当地的经济状况和城镇化密切相关，和城镇或经济条件良好的地区相比，在经济条件相对落后的一些乡村地区，孕期 $PM_{2.5}$ 和 O_3 暴露毫无疑问是早产发生的主要危险因素。

基于目前研究的现状及存在的问题，将从以下几个方面进行研究展望。

一、孕产妇大气污染暴露量的精确测定

既往的环境流行病学研究往往采用室外大气监测点的常规数据代替人群的个体暴露水平，或采用卫星遥感技术以及土地利用模型等方法估计个体的大气污染物暴露情况。和前者相比，结合地理信息系统进行统计模拟大气污染物的扩散和分布浓度从一定程度上减少了暴露估计的偏差。我国学者通过收集研究对象住所附近固定监测点的数据，综合考虑研究对象的时间-活动模式等因素，比较通过时间加权的个体暴露水平与直接利用大气固定监测点的监测数据获得健康效应值，其结果显示直接采用大气固定监测点的监测数据可能高估大气 $PM_{2.5}$ 的短期健康效应。由于未考虑污染物的室内暴露水平以及时间-活动模式的个

体差异对实际暴露水平的影响,既往研究在评价人群健康效应方面不可避免存在一定的偏差。因此,在今后研究中将大气污染物的室内暴露量纳入考虑范围,尽可能精确估算大气污染物个体层面的暴露量尤为重要。

目前国外有关大气污染和孕产妇相关疾病关系探讨的研究中,暴露量的估计有部分研究采用情景模拟和问卷方式相结合,间接估计目标人群的暴露:即在估计研究对象总的暴露量时,结合不同场所的污染物浓度、研究对象在不同场所暴露的时间以及研究对象的时间-活动模式,将影响研究对象实际暴露量的各参数均纳入暴露评价模型中。尽管 2011—2012 年我国环境保护部委托中国环境科学研究院等单位开展了我国首次大规模人群环境暴露行为模式调查,获得了大量中国人群环境暴露参数,但是关于孕产妇这一特殊人群的暴露水平参数并未涉及。由于我国缺乏相关的孕产妇时间-活动模式研究数据,且我国 $PM_{2.5}$ 的特征和总体水平等与发达国家不同提示有必要建立我国相对较高 $PM_{2.5}$ 暴露浓度下的孕产妇活动模式个体暴露水平评价参数,为我国大气污染对孕产妇及新生儿健康影响的相关研究提供适合的理论和技术支持。

二、敏感期探讨

关于敏感期的探讨,既往的大多数研究者都是回顾性收集孕期某个时间节点或某个时间段的大气 $PM_{2.5}$ 或极端气温暴露情况,通过比较不同阶段的效应值差异推断潜在敏感期。但是如果仅仅考虑某个时间节点或者某个时间段的环境因素暴露情况,容易增加研究结果的不准确性,进而低估待研究环境因素孕期暴露对胎儿健康影响的实际效应,有必要进一步细化暴露因素的孕期时间段,从而发现更精确的敏感期。

三、统计分析方法

国内外有关大气污染对不良出生结局影响的研究大多采用线性回归分析、Logistic 回归模型、时间序列分析以及时间分层的病例交叉设计。由于所用模型的限制,大多数研究者仅考虑了某个时间节点或者时间段内的污染物或气温对不良出生结局的影响。然而一个完整的孕期时间跨度通常为 10 个月左右,仅仅研究出生当天或者某个时间段的环境因素,容易增加研究结果的偏倚,进而低估大气污染或气象因素对不良出生结局的实际影响。近些年来,国外一些专家和学者开始尝试将生存分析的思想引入环境因素与出生结局的相关关系研究中,利用 Cox 比例风险模型进行两者的相关性分析。由于生存分析可以同时考虑个体层面的危险因素(如吸烟、饮酒等)和时间相关性变量(如大气污染水平和气象因素的变化趋势)对研究结果的影响,因此从一定程度上结合了队列研究和时间序列研究的优点;同时由于生存分析可以将一个研究中的病例组和对照组都纳入研究范围,因此和病例交叉研究相比,其统计学功效有所提高。此外,生存分析可以同时探讨大气 $PM_{2.5}$ 和高温天气在孕期不同时间段对不良出生结局的影响,而不是仅仅考虑孕期某个阶段的暴露情况,因此具有其独特的优势。

四、孕期动态指标的应用

不良出生结局的发生与胎儿宫内生长发育密切相关。目前,国内外关于大气 $PM_{2.5}$ 或气温因素对胎儿健康影响的研究大部分选择不良出生结局作为研究终点,很少考虑整个孕期不同阶段胎儿的生长发育变化动态指标。采用不良出生结局作为胎儿健康研究终点能够更直观地激发孕产妇及社会大众认识到环境因素对胎儿健康的危害，但由于不良出生结局对胎儿的生长发育来说属于健康终点，即使目前的研究发现了影响确实存在，对于研究对象本身来说，结局已经发生，无法采取干预措施减少对胎儿生长发育的不利影响。因此孕期的动态产检指标从时间上具有更好的科学意义和干预价值。目前国外部分学者开始尝试利用孕期的产检动态指标分析大气污染物对胎儿生长发育的影响。

对胎儿的健康情况评估，除了常用的孕周和胎儿出生体重、出生头围、身长等出生指标外，越来越多的孕期产检指标如不同孕周的 B 超检查各项指标均能反映胎儿宫内动态生长发育，从而使产科医生及孕产妇了解胎儿的宫内健康状况，指导孕期保健，促进孕产妇及分娩胎儿的健康。van den Hooven 等采用孕期的 3 次 B 超胎儿股骨长度、头围和腹围数据研究发现，孕晚期大气 PM_{10} 的暴露浓度可以导致胎儿的头围减小。

韩国学者 Lamichhane 等 2018 年发表的有关大气污染物对胎儿生长发育影响的研究即利用孕产妇在孕中、晚期的产检 B 超指标探讨了孕期 PM_{10} 和 NO_2 的暴露在不同的阶段对胎儿的各项生长发育动态指标如双顶径、腹围、股骨长度和胎儿预估体重的影响。在控制了各种孕产妇人口经济学及孕期行为学的混杂因素影响后，单污染物模型结果提示：孕晚期的 PM_{10} 的暴露浓度每升高 $10\mu g/m^3$，可致胎儿的双顶径长度减少 $0.31mm$（$95\% CI:-0.59 \sim -0.03$）；NO_2 的暴露浓度每升高 $10\mu g/m^3$，可致孕中期胎儿的双顶径长度减少 $0.26mm$（$95\% CI:-0.42 \sim -0.11$）。其他 3 个反应胎儿生长发育的动态指标，该研究仅观察了各项指标有降低的趋势，但未发现有统计学意义的结果。

以上这些研究也提示在研究中应用孕期动态监测指标的可行性。此外，随着我国的科技进步和诊疗手段的发展，这些指标的无创性、易操作性、发现问题的时效性以及应用的普及性使得研究者可以考虑采用孕期不同阶段胎儿宫内生长发育情况的动态监测数据作为研究的效应指标。

综上，今后有关大气污染对不良妊娠结局影响的环境流行病学研究，如何尽可能精确进行大气污染物的个体暴露量测定至关重要。此外，统计学模型的完善，合理反映胎儿生长发育的动态监测指标的选择也将有利于及早发现大气污染物对孕产妇及胎儿生长发育影响的效应值及其作用敏感期，从而为科学预防和减少大气污染物的不良健康效应提供更有利的科学依据，从生命早期促进胎儿及婴幼儿的健康。

（王佳佳 张亚娟）

参 考 文 献

[1] SATA F. Developmental Origins of Health and Disease(DOHaD)Cohorts and Interventions：Status and Perspective[M]//Sata F,Fukuoka H,Hanson M(eds),Pre-emptive Medicine：Public Health Aspects of Developmental Origins of Health and Disease. Current Topics in Environmental Health and Preventive Medicine. Singapore：Springer,2019：53-70.

[2] BOYLE B,ADDOR M,ARRIOLA L,et al. Estimating global burden of disease due to congenital anomaly：an analysis of European data[J]. Archives of Disease in Childhood-Fetal and Neonatal Edition,2018(103)：F22-F28.

[3] PETTERSSON E,LARSSON H,DONOFRIO B,et al. Association of fetal growth with general and wpecific mental health conditions[J]. JAMA Psychiatry,2019,76(5)：536-543.

[4] WORLD HEALTH ORGANIZATION. International Statistical Classification of Diseases and Related Health Problems,11th revision[M]. Geneva:World Health Organization,2018.

[5] CHAWANPAIBOON S,VOGEL J P,MOLLER A B,et al. Global,regional,and national estimates of levels of preterm birth in 2014:a systematic review and modelling analysis[J]. The Lancet Global Health,2019,7(1): e37-e46.

[6] MALLEY C S,KUYLENSTIERNA J C,VALLACK H W,et al. Preterm birth associated with maternal fine particulate matter exposure:A global,regional and national assessment [J]. Environment International,2017 (101):173-182.

[7] LI Q,WANG Y,GUO Y,et al. Effect of airborne particulate matter of 2.5μm or less on preterm birth:A national birth cohort study in China[J]. Environment International,2018,121(Pt 2):1128-1136.

[8] 王佳佳,赵安乐,郭玉明,等. 大气污染对低出生体重和早产影响的 Meta 分析[J]. 环境与健康杂志, 2009,26(9):795-798.

[9] LAURENT O,HU J,LI L,et al. A Statewide Nested Case-Control Study of Preterm Birth and Air Pollution by Source and Composition:California,2001-2008 [J]. Environmental Health Perspectives,2016,124 (9): 1479-1486.

[10] STIEB D M,LAVIGNE E,CHEN L,et al. Air pollution in the week prior to delivery and preterm birth in 24 Canadian cities:a time to event analysis[J]. Environ Health,2019,18(1):1.

[11] ESTARLICH M,BALLESTER F,DAVDAND P,et al. Exposure to ambient air pollution during pregnancy and preterm birth:A Spanish multicenter birth cohort study[J]. Environ Res,2016(147):50-58.

[12] ARROYO V,DÍAZ J,ORTIZ C,et al. Short term effect of air pollution,noise and heat waves on preterm births in Madrid(Spain)[J]. Environ Res,2016(145):162-168.

[13] LI S,CHEN G,JAAKKOLA J K,et al. Temporal change in the impacts of ambient temperature on preterm birth and stillbirth:Brisbane,1994-2013[J]. Sci Total Environ,2018(634):579-585.

[14] KINGSLEY S L,ELIOT M N,GLAZER K,et al. Maternal ambient air pollution,preterm birth and markers of fetal growth in Rhode Island:results of a hospital-based linkage study[J]. J Epidemiol Community Health, 2017,71(12):1131-1136.

[15] XU X,DING H,WANG X. Acute effects of total suspended particles and sulfur dioxides on preterm delivery: a community-based cohort study[J]. Arch Environ Health,1995,50(6):407-415.

[16] QIAN Z,LIANG S,YANG S,et al. Ambient air pollution and preterm birth:A prospective birth cohort study in Wuhan,China[J]. Int J Hyg Environ Health,2016,219(2):195-203.

[17] JI X,MENG X,LIU C,et al. Nitrogen dioxide air pollution and preterm birth in Shanghai,China[J]. Environ Res,2019(169):79-85.

[18] ALDERMAN B W,BARON A E,SAVITZ D A. Maternal exposure to neighborhood carbon monoxide and risk of low infant birth weight[J]. Public Health Rep,1987,102(4):410-414.

[19] PANASEVICH S,HÅBERG S E,AAMODT G,et al. Association between pregnancy exposure to air pollution and birth weight in selected areas of Norway[J]. Arch Public Health,2016(74):26.

[20] YORIFUJI T,KASHIMA S,DOI H. Outdoor air pollution and term low birth weight in Japan[J]. Environ Int,2015(74):106-111.

[21] LIU Y,XU J,CHEN D,et al. The association between air pollution and preterm birth and low birth weight in Guangdong,China[J]. BMC Public Health,2019,19(1):3.

[22] STRICKLAND M J,KLEIN M,CORREA A,et al. Ambient air pollution and cardiovascular malformations in Atlanta,Georgia,1986-2003[J]. Am J Epidemiol,2009,169(8):1004-1014.

[23] VAN D,HOOVEN E H,PIERIK F H,et al. Air pollution exposure during pregnancy,ultrasound measures of

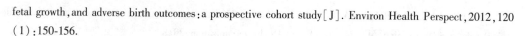

fetal growth,and adverse birth outcomes:a prospective cohort study[J]. Environ Health Perspect,2012,120 (1):150-156.

[24] HANSEN C A,BARNETT A G,JALALUDIN B B,et al. Ambient air pollution and birth defects in brisbane, australia[J]. PLoS One,2009,4(4):e5408.

[25] LAMICHHANE D K,RYU J,LEEM J H,et al. Air pollution exposure during pregnancy and ultrasound and birth measures of fetal growth:A prospective cohort study in Korea[J]. Sci Total Environ,2018(619-620): 834-841.

第六章

大气污染对皮肤健康的影响

第一节　大气污染对暴露人群皮肤健康的主要影响概述

近年来,随着经济全球化和城市化进程的加速,能源消耗和大气污染物排放总量不断增加,大气污染带来的健康效应在全球范围受到广泛关注。2016 年 WHO 在《大气污染造成的死亡与疾病负担》报告指出,全球死亡的 6.7% 以及伤残调整寿命年的 7.6% 由大气污染引起。近年来,中国已成为世界最大的工业用煤生产与消耗地,随之而来的大气污染也成为一个突出的环境问题。我国环境保护部发布的《2016 中国环境公报》显示,2016 年京津冀地区以 $PM_{2.5}$ 为首要污染物的超标天数占总污染天数的 63.1%。北京市地处京津冀地区,年度重度及以上污染天数超过 30 天,已成为典型污染城市。国内外多项研究表明,大气污染的短期或长期暴露均会对人体产生不良的健康效应,尤其是对呼吸与心血管系统的影响,主要表现为心血管系统的动脉粥样硬化、心律失常和缺血性疾病急诊和住院增加,肺功能和免疫功能下降,肺癌等恶性肿瘤的患病风险升高,心肺疾病患者的过早死亡等。因此,目前大气污染特别是大气细颗粒物污染是全球普遍存在的一个严峻问题,也是中国面临的主要环境问题之一,严重威胁人群健康并引起暴露人群疾病负担的增加。

皮肤是人体直接暴露于外界环境的重要器官,也是机体第一道抵御环境因素影响的屏障,在一定程度上保护体内各种组织和器官免受物理、化学和生物有害因素的侵袭。表皮屏障功能主要通过角质层完成,角质层是表皮最外层,由已死亡的无核角质细胞组成。皮肤接触的许多环境污染物渗透表皮屏障,并可通过真皮中的毛细血管进入体循环。这些化合物可能从皮肤表面蒸发、与角质层结合、渗透到表皮或代谢转化。在该过程中,表皮屏障的结构和功能的完整性可能在接触部位直接受损,也可能通过间接途径受损,如加重炎症。另外,污染物也可经呼吸道吸入并穿透肺部,进入体循环后影响皮肤或在肺部引起炎症进而引起全身系统的炎症反应,影响皮肤健康。短期或长期暴露于大气污染物,对皮肤健康效应的危害主要表现为皮肤敏感性增加、皮肤炎症、皮肤衰老加速、皮肤附属器损伤等。尽管确切的病因及发病机制尚未完全明确,但遗传所致免疫失常、皮肤屏障功能障碍、环境因素及其交互作用与皮肤健康损害的发生发展密切相关。

空气污染物主要存在形式为颗粒物和气态物质,可分为一级或二级污染物。主要一级污染物包括硫氧化物、氮氧化物(NOx)、CO、挥发性有机化合物(VOCs)、颗粒物(PM)、有毒金属(如铅和汞)、氨和放射性污染物(如氡)。二级污染物是由一级污染物在大气中进行热或光化学反应后的产物,如地面 O_3、NO_2、硫酸等。SO_2、CO 和 NO_2 是燃料燃烧或机动车排放的典型室外空气污染物。O_3 是光化学烟雾的代表性污染物,主要由空气中的氮氧化物和碳氢化合物在强烈阳光照射下形成和富集,城市低空的 O_3 是一种非常有害的污染物。PM 主要指分散悬浮在空气中的液态或固态物质,其粒度在微米级,根据粒径大小分为直径 $10\mu m$ 或更小的颗粒物质(PM_{10})、直径为 $2.5\mu m$ 或更小的颗粒物质($PM_{2.5}$)和直径为 $0.1\mu m$ 或更小的颗粒物质。柴油机尾气是交通相关室外空气污染物的另一个例子,已知其对过敏性疾病患者具有有害影响。

室内环境中也含有一系列空气污染物,室内空气污染物按其性质可以分为非生物污染与生物及微生物污染两类。非生物污染主要来源于烟草烟雾、炉灶、建筑材料、家具和电子设备。室内生物污染物的主要来源包括尘螨、动物毛屑、霉菌孢子和细菌等过敏原和生物材料。人类 70% 以上的时间在室内度过,当前室内污染引发的各种健康问题已成为突出的公共卫生问题。室内空气污染物包括 VOC、PM 和燃烧污染物,如 SO_2、CO 和 NO_2。

空气污染对健康的风险取决于污染物本身的危害和暴露程度。空气污染物的暴露途径主要是呼吸道吸入、消化道摄入和皮肤接触。产前暴露可能通过经胎盘途径影响胎儿的发育。个体暴露于空气污染物的程度取决于接触点的浓度和暴露的持续时间。皮肤接触的许多环境污染物渗透表皮屏障,并可通过真皮中的毛细血管进入体循环。这些化合物可能从皮肤表面蒸发、与角质层结合、渗透到表皮或代谢转化。在该过程中,表皮屏障的结构和功能的完整性可能在接触部位直接受损,也可能通过间接途径受损,如加重炎症。然而,在调查空气污染对皮肤健康的作用方面仍存在许多困难,需要进一步确定评估每个受试者室内和室外空气污染物皮肤接触程度的最佳方法。此外,还应估计污染物的皮肤吸收量以评估其对皮肤的影响,吸收程度不等于皮肤暴露程度,吸收程度会受许多其他因素的影响,如污染成分、暴露浓度、暴露的表面积和渗透系数。

目前的科学证据表明,环境空气污染物对皮肤健康造成不利影响的机制有 4 种:①氧化应激;②微生物群落的改变;③芳烃受体(AhR)的激活;④诱导炎症级联反应进而导致皮肤屏障损伤。

1. 产生活性氧(ROS)　活性氧(ROS)在所有活细胞中都会产生,主要在线粒体内的各反应过程中产生,但也可能由于外源性因素如紫外线、有毒化学物质和其他污染物等的影响而产生。低浓度的 ROS 在调节与细胞增殖和存活相关的细胞信号转导通路中起重要作用。然而,ROS 具有不稳定性,很容易与细胞中的其他分子反应而造成损害。同时,活细胞中也具有相应的防御机制,用于中和 ROS 的不利影响,如抗氧化酶、过氧化氢酶、超氧化物歧化酶或谷胱甘肽过氧化物酶。已知空气污染物会消耗表皮中的抗氧化酶,还可以降低其他抗氧化剂物质的含量,如抗坏血酸、生育酚或谷胱甘肽,导致氧化还原平衡受到干扰,引起氧化应激并对皮肤细胞造成严重损害。富集的 ROS 与皮肤脂质反应,引发脂质过氧化,导致皮肤屏障的渗透性被破坏。这可能导致皮肤对环境毒素、过敏原、病原体和紫外线辐射的防御机制失调。

2. 对皮肤微生物的影响　人体皮肤有各种类型的微生物群定植,皮肤表面微生物群落的组成在不同个体和身体部位之间略有不同,取决于年龄、饮食、生活方式和环境等。已知皮肤生态系统与人体免疫系统有关,可以维护皮肤正常的屏障功能并影响人体健康。污染物可对皮肤微生物群落产生负面影响。HE 等人观察到暴露于 O_3 会使皮肤正常的微生物群落减少约 50%。这些改变可引起病原菌株在角质层定植,如某些金黄色葡萄球菌菌株和链球菌属,从而导致严重的皮肤健康问题,如蜂窝织炎。环境空气污染与痤疮之间的关系也已得到证实。颗粒物沉积在皮肤上阻塞毛孔,从而形成厌氧环境,为痤疮丙酸杆菌(痤疮的主要细菌菌株)创造了理想的生长条件。此外,污染会增加皮脂分泌,降低皮肤中维生素 E 的含量,诱发或加重炎症。

3. 激活芳基烃受体(AhR)　AhR 是一种配体激活的转录因子,在皮肤和其他与环境因素接触的组织中表达,如肺或肝脏。其功能是通过调节细胞稳态、激活免疫细胞和诱导异生素代谢酶来支持细胞对外源信号的反应。AhR 可以被外源性因素,如环境污染物(主要是二噁英和多环芳烃)激活,并参与这些污染物的生化信号通路级联反应和毒性作用的过程。其还参与细胞生长、增殖和分化等过程。Tauchi 等表明,转基因小鼠角质形成细胞中 AhR 的激活引起炎性皮肤损伤和免疫失衡,表现为皮肤皮疹和瘙痒。炎症性皮肤病与 AhR 转录水平之间的关系也已在人类志愿者身上得到证实。与健康皮肤相比,皮炎患者皮肤样品的 AhR 转录水平增加。正常人黑色素细胞在应答二噁英时也观察到 AhR 的转录水平增加。AhR 活化导致酪氨酸酶活性和总黑色素含量增加,这与皮肤老化、色素斑和皮肤癌有关。此外,有研究对暴露于香烟烟雾后 AhR 活化对基质金属蛋白酶(matrix metallo—proteinase, MMP)的影响进行了研究。MMPs 基质金属蛋白酶家族是主要的基质降解酶,其活性表达与真皮中弹力纤维和胶原纤维的降解、再合成及重塑过程密切相关,因此是临床皮肤光老化现象的分子基础。结果表明,香烟烟雾引起的 AhR 活化与皮肤中 MMP-1 和 MMP-3 的表达增加有关,从而导致胶原蛋白降解增加,胶原蛋白生物合成减少,导致皮肤过早老化和皱纹形成。

4. 诱导炎症级联反应　皮肤细胞暴露于污染会引起炎症。一些研究表明,用不同污染物处理体外培养的皮肤细胞会增加促炎性细胞因子的产生。HaCaT 细胞(培养的人角质形成细胞)暴露于颗粒物时会释放出更多转化生长因子(TNF-α)和白细胞介素(IL-1α 和 IL-8),导致炎症细胞积累而引起炎症反应。经过由重金属、颗粒物质和 O_3 组成的污染混合物处理的正常人表皮角质形成细胞(NHEK)也出现了类似的结果,研究中观察到两种炎症标志物 IL-1α 和前列腺素 E2(PGE2)的过量产生。TNFα、IL1-α、IL-6、IL-8 和其他促炎性细胞因子的过量产生与炎症性皮肤病、皮肤老化和皮肤癌有关。

多年来空气污染的增加对人体皮肤产生了显著影响。虽然人体皮肤可作为抗氧化化学物质和物理空气污染物的生物屏障,在一定程度上保护体内各种组织和器官免受物理、化学和生物有害因素的侵袭,但长期或重复接触高浓度的这些污染物可能对皮肤产生严重的负面影响。空气污染物通过诱导氧化应激、改变皮肤微生物群落、激活芳基烃受体(AhR)以及诱导炎症级联反应进而损害皮肤。短期或长期暴露于空气污染物,与皮炎和湿疹、皮肤衰老、痤疮等有关。

第二节　国内外研究概况和前沿

一、皮肤老化

皮肤老化是体现皮肤健康状况下降的指标之一,分为自然老化和外源性老化。自然老化是内源性的程序化过程,随时光流逝逐步形成。外源性老化是指人体通过和其他环境因素接触或者生活方式原因产生的皮肤损害积累形成的老化。皮肤老化通常表现为细小皱纹、皮肤干燥、松弛、色素沉着、皮肤微循环改变等。皮肤老化是最显然可见的老化过程,具有一定的医疗、心理及社会后果。Gupta 和 Gilchrest 的研究显示皮肤老化会导致焦虑和孤独等心理问题。老化的容貌与慢性疾病及健康行为有关,如体育锻炼等。另外,老化外形,尤其是在职业女性中,与工作场所的歧视现象也有关。2017 年全球抗衰老产品市场规模估值 1 652 亿美元,并且预计 2018—2025 年的复合增长率(CAGR,指某项投资在特定时期内的年度增长率)将达到 7.9%。以上数据更加说明皮肤老化越来越受到人们的关注。

影响皮肤老化的因素包括内源性因素和外源性因素,其中内源性因素主要包括遗传基因、自由基、内分泌等因素,遗传基因起决定作用,外源性因素包括紫外线辐射、吸烟、大气污染等,是导致人体皮肤老化的另一重要原因。

有研究显示,空气污染与皮肤老化有关。但有关空气污染与皮肤老化关系探讨的流行病学证据仍然缺乏。目前国内外研究者已发表了一些空气污染与皮肤老化的相关研究,初步提出了空气污染对皮肤老化的流行病学证据。

德国学者 Vierkotter 等 2010 年首次提出空气污染和皮肤老化之间的关系,该研究为利用 SALIA 队列在白种女性中进行的横断面研究,研究对象为 54~55 岁的女性,研究发现空气污染中源于汽车尾气的 PM 在外源性皮肤老化体征的形成过程中起重要作用。居住在车流量大、空气污染重区域的女性面部外源性皮肤老化体征重于居住在车流量小、环境空气质量较好区域的女性,其中以前额和面部色斑数量的差异更为显著。最近该研究组的进展性研究还发现,颗粒物与紫外线对色斑的形成存在交互作用。

除颗粒物以外,有流行病学研究表明 NO_2 与皮肤色斑的形成也有关,且该结果在德国及中国台州的老年女性中一致。该研究利用德国老年女性和中国老年女性的两个队列,发现暴露于 NO_2 与脸颊色斑形成显著相关。55 岁以上德国女性队列 SALIA 中,NO_2 增加 $10\mu g/m^3$,脸颊上的色斑增加 25%($P = 0.003$)。中国 50 岁以上的女性中,NO_2 增加 $10\mu g/m^3$,脸颊上的色斑增加 24%($P < 0.001$)。有关 O_3 与皮肤老化关系的研究较少。德国一项关于对流层 O_3 浓度和皮肤老化的研究发现,长期暴露于高浓度 O_3 与高加索男性和女性面部皱纹的形成均呈正相关,但该研究未发现 O_3 与面部色斑的形成之间存在显著相关性。

使用煤等固体燃料引起的室内空气污染也可能增加女性皮肤老化的风险。Li 等在中国平定(北方)和台州(南部)进行了两项横断面研究,评估使用固体燃料烹饪和皮肤老化之间的关系。该研究在平定和台州分别调查了 405 名和 857 名 30~90 岁女性,通过 SCINEXA 评分评估皮肤老化,通过问卷调查评估室内空气污染暴露、日晒、吸烟和其他混杂因素。研究结果显示,使用固体燃料烹饪,面部皱纹的严重程度增加 5%~8%,手背上有细皱纹的风险增加 74%。

总之,初步的流行病学证据表明,暴露于空气污染,尤其是交通相关的空气污染物,包括 PM、NO_2 和地面 O_3,与高加索人和东亚人的色斑和皱纹形成有关。

二、皮炎和湿疹

（一）概述

皮炎和湿疹（ICD10 编码：L20-L30）是一组慢性、炎症性且易反复的皮肤病的总称，是皮肤病中的多发病和常见病。在国际疾病分类 ICD-10 中，皮炎和湿疹包括了诸如特应性皮炎、脂溢性皮炎、接触性皮炎等 20 多种病因学分类疾病。但在临床上由于多种原因，许多患者就诊时无法确定病因和分类。

近年来，皮炎和湿疹的发病率居高不下甚至呈现上升趋势。根据 2013 年全球疾病负担报告，皮肤病对 DALY 的贡献率占 1.79%，其中皮炎和湿疹的贡献率为 0.38%，在各种皮肤病中占比最大。北京大学第三医院的一项研究显示，北京市海淀区居民的皮炎湿疹类皮肤病发病率达 9.26%。国际儿童哮喘和过敏研究一期和三期结果显示，6~7 岁和 13~14 岁儿童湿疹发病率在发展中国家和发达国家均呈上升趋势。皮炎和湿疹因其高患病率、易反复等特点对患者、家庭及社会造成较大的疾病负担。

皮炎和湿疹的发病机制至今尚不完全明确，包括过敏、自身免疫紊乱或感染等，可能由多种内部或外部因素引起。查找湿疹皮炎的病因、诱发因素及加重因素是防治的关键。国际学术界做了大量研究，其中重要的进展有几个方面：①外界刺激性因素，这是破坏皮肤屏障，造成皮炎湿疹迁延不愈的重要原因，相应出现的新诊断如摩擦性皮炎、慢性累积性刺激性皮炎、创伤性刺激性皮炎、乏脂性湿疹等；②过敏性因素，如系统性接触性皮炎；③皮肤菌群因素，如金黄色葡萄球菌除了在特应性皮炎发病中非常重要外，在慢性手湿疹中的检出率也很高；④肠道菌群失调，如使用大肠杆菌治疗脂溢性皮炎、特应性皮炎等。

皮炎和湿疹的发病机制同时涉及皮肤屏障功能的缺陷和免疫功能的失调。表皮屏障功能主要通过角质层完成，角质层是表皮最外层，由已死亡的无核角质细胞组成。角质细胞的角质包膜在维持皮肤屏障的结构完整性方面起着重要作用，由各种结构蛋白组成，如丝聚合蛋白（filaggrin）、内披蛋白（involucrin）、兜甲蛋白（loricrin）以及 SPRR 蛋白（small proline rich proteins）。皮肤的慢性炎症究竟是主要因为表皮屏障受损而致使机体免疫功能失常进而导致全身性过敏性炎症（outside-in 假说）所引起的，还是主要由于某些致病因素激活特异性细胞因子通路、诱发全身性炎症最终导致皮肤屏障功能障碍（inside-out 假说）所引发的，目前在认识上仍存在一定争议。许多研究也关注环境因素在皮炎患者症状加重中的作用，如环境中尘螨、动物毛屑和花粉等过敏原会加剧患者的瘙痒和湿疹等症状。

（二）空气污染对皮炎和湿疹影响的流行病学证据

尽管确切的病因及发病机制尚未完全明确，但遗传所致免疫失常、皮肤屏障功能障碍、环境因素及其交互作用与皮炎和湿疹的发生发展密切相关。近年来，皮炎和湿疹的发病率居高不下甚至呈现上升趋势，这与环境中各种诱发因素的暴露增加有密切关系。众多环境因素中，室内和室外空气污染被认为是导致皮炎和湿疹发展和加重的重要潜在风险因素。识别和控制环境风险因素对治疗和预防皮炎和湿疹非常重要。以下重点阐述空气污染在皮炎和湿疹发展中的作用。近年来，皮炎和湿疹的患病率持续增加，可能与大气污染高暴露有关。

1. 空气污染物与皮炎和湿疹的发病有关　已有多项横断面研究表明,空气污染会影响皮炎和湿疹的患病率。一项对 4 907 名法国儿童(9~11 岁)进行的调查发现,终身湿疹患病率与其居住地 3 年平均 PM_{10}、NO_2、NOx 和 CO 的浓度显著相关,调整后的比值比(OR)分别为 1.13、1.23、1.06 和 1.08。一项针对 7 030 名 6~13 岁儿童的研究表明,母亲在怀孕期间或婴儿出生后第一年吸烟或从怀孕至婴儿出生后第一年一直吸烟($OR=2.06$)的行为与儿童特应性皮炎患病率存在正相关关系。另有研究发现,出生后第一年在新建的房屋中有居住史与学龄儿童皮炎患病呈正相关。一项巢式病例对照研究对 3~8 岁的 198 例湿疹患者和 202 名对照者进行分析,发现儿童的湿疹症状与从卧室收集到的粉尘中邻苯二甲酸丁苄酯(BBP)的浓度有关。我国上海华山医院的一项研究结果显示,空气污染与湿疹就诊人数成正相关且有一定的滞后效应,上海市滞后 7 天的 PM_{10}、SO_2 和 NO_2 每增加 $10\mu g/m^3$,湿疹门诊人次分别增加 0.81%、2.22% 和 2.31%。与之相似,四川华西医院的研究也发现空气污染与湿疹门诊人次呈正相关。而李永荷等研究发现,2012—2014 年北京市大气 $PM_{2.5}$、PM_{10}、SO_2 和 NO_2 每增加 $10\mu g/m^3$,致皮炎门诊人次增加的相对危险度(RR)分别为 1.003 1、1.002 5、1.005 7 和 1.009 7。由于研究设计的局限性,这些横断面研究无法证明因果关系。例如,尽管 CO 和 NOx 与湿疹患病率呈正相关,但可能只是交通相关空气污染的替代指标,而不是引起湿疹症状的原因。

出生队列研究在确定因果关系方面比横断面研究具有更多优势。慕尼黑市区的两个出生队列研究显示,住宅与最近的主干道距离与湿疹之间存在很强的相关关系。该研究还发现 NO_2 暴露与被医生诊断患有湿疹的风险呈正相关($OR=1.18$)。德国一项由 2 536 名儿童组成的出生队列研究中,出生前和出生后第一年住宅存在装修活动,如刷漆和购置新家具等,与研究期间 6 年特应性皮炎的发病风险有关($OR=1.95$)。产前接触挥发性有机化合物或环境烟草烟雾(ETS)可能会导致 TH2 显性免疫状态或出生后患有皮炎。产前暴露于 $PM_{2.5}$ 与产后接触 ETS 的联合效应可能会增加婴儿湿疹的发病风险($OR=2.39$)。在该研究中,婴儿暴露于产前 $PM_{2.5}$ 和产后 ETS 时,湿疹症状的估计发生率为 1.55(95% CI:0.99~2.44)。美国城市出生队列研究中,妊娠期接触邻苯二甲酸丁苄酯(BBP)与 2 岁时的湿疹发病风险有关。我国的出生队列研究发现,孕期及新生儿期 NO_2 暴露会提高儿童湿疹患病风险,而 SO_2 和 PM_{10} 暴露未见此效应。在妊娠期前 3 个月和整个妊娠期间暴露于交通相关的空气污染物 NO_2 与儿童期湿疹患病风险相关的调整 OR 值分别为 1.19(95% CI:1.04~1.37)和 1.21(95% CI:1.03~1.42)。出生队列研究表明,室内和室外空气污染都是皮炎和湿疹发病的危险因素。然而,上述研究均为观察性研究,暴露水平的评估不准确,无法根据目前已有的流行病学证据确定产前和产后暴露于空气污染物会导致皮炎和湿疹的发病。

2. 空气污染物与皮炎和湿疹的症状加重有关　多项利用大样本人群的横断面研究提出暴露于空气污染物与湿疹患者当前疾病状态之间的关系。例如,一项研究调查了317 926 名台湾中学生,发现接触交通相关的空气污染物(如 CO 和 NOx)与出现屈侧湿疹样皮损呈正相关。一项使用扩散模型的研究中,9~11 岁儿童的湿疹症状与苯、PM_{10}、NOx 和 CO 暴露显著相关。皮炎的严重程度与室内装修活动也有关,如刷漆($P=0.004$)、地面铺装($P=0.001$)和贴墙纸($P=0.002$)。然而,考虑到可能引起湿疹症状加重的各种混杂因素,上述研究无法证明空气污染会加重皮炎和湿疹的症状。

一项前瞻性研究中,为了评估室外空气污染对特应性皮炎患儿皮肤临床症状的影响,对22 例患者定期随访 18 个月。研究发现,患者出现特应性皮炎症状的时期与未出现症状的时期相比,空气中 PM_{10}、$PM_{2.5}$、甲苯和 VOCs 的浓度相对较高。使用广义线性混合效应模型分析显示,苯浓度增加 1ppb 与特应性皮炎症状增加 27.38% 相关。总 VOC 浓度增加 1ppb 与第二天症状增加 25.86% 有关。虽然效应值很小,但 PM_{10} 浓度增加 $1mg/m^3$ 与第二天症状增加 0.44% 显著相关。

另一项对 41 名 8~12 岁学龄儿童进行的纵向研究也探讨了 PM 对特应性皮炎的影响。该研究连续 67 天记录受试者每日湿疹症状评分,同时在校园楼顶测量每日 PM 浓度。通过线性回归分析,调整年龄、性别、身高等混杂因素后,瘙痒症状评分与直径小于0.1mm 的环境超细颗粒物浓度显著相关,而与粒径大的颗粒物无关。前一天超细颗粒物浓度每升高 1 个四分位数间距(IQR:28~140μg/m³),研究人群皮肤瘙痒的症状增加 3.1%($95\%CI$:0.2%~6.1%)。

有研究通过激发试验直接研究空气污染与湿疹症状加重之间的因果关系。Eberlein-Konig 等评估了单盲试验中短期接触甲醛或 NO_2 对 AD 的影响。成年湿疹患者和对照组在恒温恒湿的条件下暴露于甲醛、NO_2 或空气中 4 小时。患者和对照受试者每次接受的暴露环境不相同。研究发现,暴露于甲醛和 NO_2 会增加湿疹患者的经表皮水分流失(TEWL),而暴露于室内空气则不会。

三、其他皮肤健康影响

已有研究也报道了空气污染对其他皮肤健康问题的影响,如荨麻疹、痤疮等。Koush 等对加拿大某医院 2004 年 4 月至 2010 年 12 月的荨麻疹就诊量进行分析,发现空气质量健康指数(AQHI)短期变化会引起荨麻疹就诊量增加。Liu 等发现北京市环境 $PM_{2.5}$、PM_{10} 和 NO_2 浓度的增加与痤疮门诊就诊人次数增加显著相关,但 SO_2 浓度增加与痤疮门诊人次增加呈负相关。O_3 和香烟烟雾是角鲨烯的强氧化剂,角鲨烯的氧化产生角鲨烯副产物,主要以过氧化形式导致粉刺形成,从而加重炎症性痤疮。

第三节　典型研究案例

一、横断面研究

德国学者 Vierkotter 等 2010 年首次提出空气污染和皮肤老化之间的关系,该研究为利用 SALIA 队列在白种女性中进行横断面研究,研究对象为 54~55 岁女性。本节以该研究作为典型研究案例进行分析。

(一)研究人群

SALIA 研究队列于 20 世纪 80 年代初由德国北莱茵威斯特伐利亚州政府启动,旨在调查大气污染对女性健康的影响。研究人群包括德国工业化地区鲁尔区(Dortmund, Duisburg, Herne, Gelsenkirchen, Essen)和明斯特两个非工业化农村地区(Borken, Dülmen)的妇女。由于研究队列建立时,该地区从事煤炭开采和钢铁工业的男性职业暴露程度很高,因此该队列只招募了女性。

图 6-1 显示了从基线到随访 SALIA 研究队列的发展流程图。1985—1994 年,共对 4 874 名年龄 54~55 岁的退休妇女进行了基线检查。2006 年第一次随访中,2 116 名妇女完成了邮寄自填问卷,其中 1 639 名妇女同意参加进一步的临床检查。2008—2009 年第二次随访中,从上述研究对象的存活者随机抽取了 402 名妇女进行进一步检查。该阶段,研究对象的平均年龄为 70~80 岁。其中,400 名妇女进行了皮肤检查。该研究由波鸿鲁尔大学(德国波鸿)医学伦理委员会批准(注册号:2732)。遵循赫尔辛基原则宣言,所有研究参与者都以书面形式详细告知并书面同意。

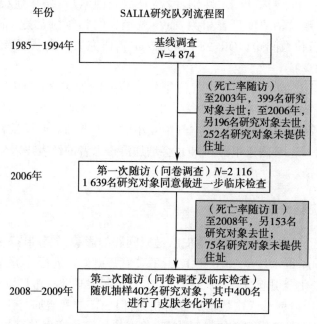

图 6-1 SALIA 研究队列的发展流程图

(二)资料来源

1. 皮肤老化症状及其影响因素评估　皮肤老化症状是内在和外在皮肤老化的特征,基于经验证的皮肤老化评分,称为 SCINEXA,对原始版本稍做修改。表 6-1 显示了用于 SALIA 研究的修改 SCINEXA。外在皮肤老化以色素斑(leingines)、粗糙皱纹、弹性组织变性和毛细血管扩张为代表,而松弛和脂溢性角化病则表明皮肤内在老化。

表 6-1　皮肤老化评分 SCINEXA

皮肤老化迹象	位置	评分
外源性迹象		
斑点	额头	0(0),1~10(5),11~50(30),>50(75)
	脸颊	0(0),1~10(5),11~50(30),>50(75)
	小臂上侧	0(0),1~10(5),11~50(30),>50(75)
	手背	0(0),1~10(5),11~50(30),>50(75)

皮肤老化迹象	位置	评分
皱纹	额头	0~5
	鱼尾纹	0~5
	眼袋	0~5
	上唇	0~5
	鼻唇沟	0~5
日光性弹性纤维变性	脸颊	是、否
毛细血管扩张	脸颊	0~5
内源性迹象		
松弛	脸型	0~5
脂溢性角化病	上半身	0(0),1~10(5),11~50(30),>50(75)

2. 其他变量 研究还通过访问调查收集了可能影响皮肤老化的研究对象个人特征,如年龄、吸烟状况、社会经济地位(定义为女性或其丈夫的最长受教育年限,低:不到 10 年;中等:10 年;高:10 年以上),身体质量指数(BMI),Fitzpatrick 皮肤类型(Ⅰ或Ⅱ型:易晒伤,不易晒黑;Ⅲ或Ⅳ型:不易晒伤,易晒黑),日光浴使用历史(曾使用过或从未使用过)和青少年晒伤历史,是否服用雌激素。

3. 颗粒物(PM)暴露评估 首先,根据受试者的住址和 2000 年计算的日交通量,利用地理信息系统(GIS)确定受试者住址距离最近繁忙道路(每天通过超过 10 000 辆汽车)的距离。如果受试者与繁忙道路的距离小于等于 100m,则被定义暴露于高浓度的交通相关颗粒物。其次,使用北莱茵威斯特伐利亚国家环境局(LANUV)提供的 2000 年排放清单评估机动车尾气暴露情况。这些清单以 1km 的网格给出,并估算每平方千米的颗粒排放量。第三,使用细颗粒物($PM_{2.5}$)过滤器的黑度来估计交通相关来源的烟尘浓度,然后通过土地利用回归模型将其分配给每个人的地址。在此,根据 ISO 9835 确定 $PM_{2.5}$ 吸光度作为烟灰的标记。第四,通过分布在鲁尔区的监测站,测量总悬浮颗粒或 PM_{10}。按照 0.71 的比例将总悬浮颗粒测量值转换为 PM_{10} 估计值。这些测量主要反映空气质量的大范围背景变化。个人暴露于这种背景空气污染的方法是根据参与者住宅地址旁边的监测站 PM_{10} 2003—2007 年平均浓度来估算的。

因此,环境中总的 PM 被归类为:①机动车尾气,由受试者住址与繁忙道路的距离及适当的排放清单进行评估;②烟尘,由 $PM_{2.5}$ 过滤器的黑度估算;③总悬浮颗粒物(PM_{10}),由长期监测站提供的值。

使用线性和逻辑回归模型分析空气中颗粒对皮肤老化症状的影响。模型中调整了影响皮肤老化的其他因素,包括年龄、吸烟状况、社会经济地位(定义为女性或其丈夫的最长受教育年限,低:不到 10 年;中等:10 年;高:10 年以上),身体质量指数(BMI),Fitzpatrick 皮肤类型(Ⅰ或Ⅱ型:易晒伤,不易晒黑;Ⅲ或Ⅳ型:不易晒伤,易晒黑),日光浴使用历史(曾使用过或从未使用过)和 21 岁之前晒伤次数,是否服用雌激素。

(三)研究结果

交通相关的大气颗粒物与外在皮肤老化迹象,即面部和鼻唇沟上的色素斑之间存在显著关联。所有调整后的平均比率和比值比(OR)列于表 6-2 中。

表6-2 交通相关的大气颗粒物与外在皮肤老化指征的相关性

皮肤老化指征	距离繁忙路段≤100m			灰尘（每升高 0.5×10⁻⁵/m）			交通相关的颗粒物（每升高 475kg·a⁻¹·km⁻²）			PM₁₀（每升高 5μg/m³）		
	MR/OR	95%CI	P	MR/OR	95%CI	P	MR/OR	95%CI	P	MR/OR	95%CI	P
斑点												
额头	1.35	0.98~1.86	0.068	1.22	1.03~1.45	0.022	1.16	1.06~1.27	0.002	1.07	0.99~1.15	0.078
脸颊	1.15	0.86~1.54	0.362	1.20	1.03~1.40	0.019	1.17	1.08~1.27	0.000	1.08	1.01~1.15	0.027
小臂上侧	0.95	0.70~1.30	0.756	1.08	0.92~1.27	0.334	1.05	0.97~1.15	0.243	1.02	0.95~1.09	0.634
手背	1.13	0.80~1.58	0.484	1.12	0.94~1.34	0.200	1.09	0.99~1.20	0.072	1.02	0.95~1.10	0.529
皱纹												
额头	0.97	0.88~1.06	0.504	0.96	0.91~1.01	0.078	0.99	0.96~1.02	0.390	0.99	0.97~1.01	0.153
鱼尾纹	0.99	0.92~1.06	0.731	0.98	0.94~1.01	0.208	0.98	0.96~1.00	0.114	0.99	0.97~1.00	0.077
眼袋	1.00	0.94~1.07	0.83	0.99	0.96~1.03	0.662	0.99	0.97~1.01	0.287	0.97	0.97~1.00	0.054
上唇	1.01	0.94~1.08	0.736	1.03	0.99~1.06	0.168	1.01	0.99~1.03	0.333	1.01	0.99~1.02	0.320
鼻唇沟	1.04	1.00~1.08	0.056	1.04	1.01~1.06	0.001	1.03	1.01~1.04	0.000	1.01	1.01~1.02	0.020
严重皮肤老化指征												
日光性弹性纤维变性	0.81	0.47~1.40	0.451	1.15	0.87~1.53	0.327	1.02	0.87~1.18	0.849	1.32	0.73~2.40	0.363
毛细血管扩张	0.83	0.64~1.01	0.067	0.91	0.81~1.01	0.069	0.95	0.90~1.01	0.082	0.94	0.73~1.15	0.572
松弛	1.03	0.98~1.09	0.270	1.00	0.97~1.03	0.913	1.00	0.99~1.02	0.744	1.00	0.94~1.06	0.955
脂溢性角化病	1.17	0.68~1.65	0.504	1.13	0.87~1.39	0.325	1.01	0.87~1.15	0.898	1.18	0.63~1.73	0.523

PM$_{2.5}$吸光度每增加1个四分位数间距(IQR),额头上的斑点多22%,脸颊斑点多20%。交通相关的大气颗粒物每增加一个IQR,额头上的斑点多16%,脸颊斑点多17%。每个IQR的背景PM$_{10}$浓度为8%时,脸颊斑点也略有增加。此外,烟尘、来自交通的颗粒以及较低水平的PM$_{10}$背景浓度与鼻唇沟的明显程度呈弱相关。与繁忙道路相距100m或更短的距离也与额头上多35%的色素斑和脸颊上色素斑的15%相关。但由于居住在繁忙道路附近的人数太少,上述效应不具有显著性。

二、定组随访研究

Kim等通过测量每日症状评分和室外环境暴露水平,调查室外空气污染和气象变量[包括温度、湿度、昼夜温度范围(DTR)和降水量]是否影响AD患儿的症状发作。本节以该研究作为典型研究案例进行分析。

(一)研究方法

1. 受试者和AD症状评估　该研究共招募了177名患有AD的儿童(110名男孩和67名女孩),居住在韩国首尔市区,为5岁或5岁以下的婴幼儿。2013年8月至2014年12月对上述患者进行了17个月随访。AD诊断由两名小儿过敏症专科医师根据Hanifin和Rajka标准进行确定。AD症状的严重程度使用特应性皮炎得分(SCORing Atopic Dermatitis, SCORAD)指数评估。另外,使用特异性IgE血液检测测量外周血中针对常见食物和吸入性过敏原的总IgE和特异性IgE,如果>0.35kU/L则判定为阳性。

指导父母每天记录AD症状。父母使用智能手机记录患儿每日瘙痒、睡眠障碍、红斑、干燥、渗血和水肿的程度,范围为0~4。AD症状是否存在的判断标准如下:瘙痒和睡眠障碍评分均为2分及以上,伴有以下症状评分总分至少2分:红斑、干燥、水肿或渗血。统计分析中将AD症状是否存在作为二元变量(0或1)进行分析。

所有参与研究儿童的父母或监护人签署书面知情同意书。研究方案由三星医疗中心机构审查委员会(IRB)审查和批准(IRB No. 2013-05-009)。

2. 气象数据　包括每小时室外温度、每小时室外湿度和日降水量,来源于韩国气象局(KMA),在首尔市区共设有76个自动气象站。根据每小时温度数据计算日平均温度。DTR为每日最高和最低温度之间的差异。PM$_{10}$、NO$_2$和对流层O$_3$的每小时浓度来源于国家环境研究所,该研究所在研究区设有111个监测站点。计算PM$_{10}$和NO$_2$的每日24小时平均值以及O$_3$的每日最大8小时平均值。基于住宅地址将每日气象变量和空气污染物水平与每日AD症状数据进行匹配。

考虑到对患者AD症状的重复测量,采用具有二项分布误差的广义线性混合模型(GLMM)估计气象变量和空气污染物对AD症状的影响。

(二)研究结果

描述性分析结果见表6-3及表6-4。

表 6-3　研究对象的特点和特应性皮炎症状总结[a]

特征	总计	男孩	女孩	P 值[b]
研究对象数量	177	110(62.1%)	67(37.9%)	
年龄/岁	2.0±1.6	1.8±1.6	2.3±1.7	0.085
身高/cm	83.9±14.7	82.8±14.6	85.5±14.8	0.231
体重/kg	11.9±4.0	11.8±4.1	11.9±3.7	0.440
特应性皮炎评分[c]	31.1±12.8	31.2±13.4	31.0±11.9	0.951
总 IgE/$(U \cdot L^{-1})$	366.4±801.2	374.7±844.8	350.0±727.0	0.551
食物过敏原[d]	45.2	46.5	43.1	0.762
吸入性变应源[e]	62.1	58.8	66.7	0.838
发热比例/%	2.9	2.9	2.9	0.976
观察时长/$(人 \cdot d^{-1})$	35 158	23 454(66.7%)	11 704(33.3%)	
出现症状比例/%	44.1	49.9	39.4	<0.000 1

[a] 数据表示为均值±标准差

[b] 检验男孩和女孩之间的差异:各变量均值用 t 检验;除存在症状外,其他比较用 *Mann-Whitney U* 检验;

[c] 特应性皮炎评分;

[d] 5 种过敏原致敏,包括蛋清、牛奶、大豆、小麦和花生;

[e] 屋尘螨致敏(粉螨)。

表 6-4　研究期间的气象变量和空气污染物水平

变量		均值±标准差	最小值	最大值
气象变量	温度	15.0±9.7	−11.2	32.0
	昼夜温差/℃	8.9±3.0	1.6	22.2
	相对湿度/%	64.9±14.3	26.0	100.0
	降水量/$(mm \cdot d^{-1})$	2.7±9.7	0.0	157.5
空气污染物	PM_{10}/$(\mu g \cdot m^{-3})$	45.2±26.4	3.6	193.7
	NO_2/ppb	32.4±13.4	1.0	104.5
	O_3/ppb	38.1±20.3	1.1	123.0

　　图 6-2 所示为气象因素和空气污染与当天 AD 症状是否存在的关系(MA0)。研究结果使用 GAMM 拟合获得,模型中控制了入组时的 SCORAD 得分、年龄、性别、发热和星期几。室外温度与 AD 症状呈负线性相关。而 RH、降水和 DTR 与 AD 症状的关系是非线性的。有趣的是,当 DTR 高于 14℃ 时,DTR 和 AD 症状显示出正相关,当降水量小于 40mm/d 时,每日降水量也与 AD 症状呈正相关。RH 与 AD 症状之间存在负相关关系,但不是线性关系。NO_2 在整个范围内与 AD 症状呈正线性关系,提示其对 AD 有危害作用。当 PM_{10} 超过 $35\mu g/m^3$ 时,PM_{10} 与 AD 症状呈正相关。O_3 和 AD 症状之间的关系为非线性,然而,上述相关关系在 O_3 浓度为 30~70ppb 时是线性的。

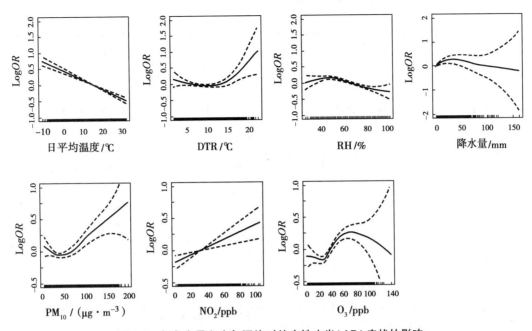

图6-2 气象变量和空气污染对特应性皮炎(AD)症状的影响

注:数据代表 AD 症状的百分比变化及其95%可信区间:每升高5个单位的每日平均温度(℃)、
相对湿度(%)、昼夜温差(℃)以及每升高10个单位的 $PM_{10}(\mu g/m^3)$、$NO_2(ppb)$、$O_3(ppb)$。

图6-3 显示了用 GLEM 拟合获得的气象变量和空气污染对 AD 症状的影响。日平均温度每升高5℃与当日 AD 症状发生降低12.8%(95%CI:10.5~15.2)显著相关(表6-5)。不同滞后天数的滑动平均温度升高与 AD 症状的减少之间也发现了显著的相关性。同样,室外 RH 每增加5%,AD 症状的风险降低3.3%(95%CI:1.7~4.8)(MA0)至5.4%(95%CI:2.9~7.8)(MA0-5)。这一发现反映了室外 RH 升高对 AD 的保护作用。随着滑动平均天数的增加,效果更强,表明存在滞后效应。MA0-4 的 DTR 增加5℃,AD 症状增加10.6%(95%CI:-3.1~26.2),但不显著。值得注意的是,控制相同的混杂因素后,当 DTR 高于14℃时,用 GLMM 拟合得出,DTR 每增加5℃,AD 症状增加284.9%(95%CI:67.6~784.2)。降水量增加5mm/d 与同一天 AD 症状增加2.2%(95%CI:0.4~4.1)显著相关。当降水量数据<40mm/d 时,每日降水量每增加5mm 对 AD 症状的影响增加到7.3%(95%CI:3.6~11.1)。然而,降水量的不利影响在滞后2天及以上(MA0-2 至 MA0-5)时并不显著。

表6-5 同一天气象变量和空气污染引起的特应性皮炎症状的百分比变化[a]

变量	合计	男孩	女孩
温度/℃	-12.8(-15.2,-10.5)[*]	-14.0(-16.9,-11.0)[*]	-10.9(-14.8,-6.9)[*]
昼夜温差/℃	0.5(-7.1,8.8)	-3.0(-12.2,7.1)	6.2(-6.8,21.0)
相对湿度/℃	-3.3(4.8,-1.7)[*]	-3.0(-4.9,-1.0)	-3.7(-6.2,-1.2)
降水量/(mm·d^{-1})	2.2(0.4,4.1)[*]	2.3(-0.0,4.6)	2.0(-1.1,5.2)

续表

变量	合计	男孩	女孩
$PM_{10}/(\mu g \cdot m^{-3})$	3.2(1.5,4.9)*	1.9(-0.2,4.0)	5.2(2.5,8.0)*
NO_2/ppb	5.0(1.4,8.8)*	9.2(4.4,14.3)*	-1.1(-6.5,4.6)
O_3/ppb	6.1(3.2,9.0)	10.2(6.4,14.1)*	-0.1(-4.3,4.4)

　　[a] 表示根据日平均温度、相对湿度、DTR、降水量增加5个单位和 PM_{10}、NO_2 和 O_3 增加10个单位,AD症状发生变化及其百分比。

　　* $P<0.05$。

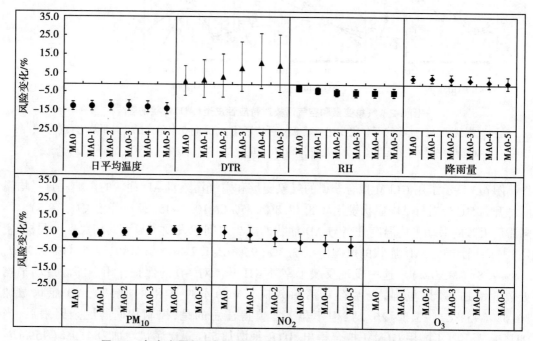

图6-3　气象变量和空气污染对男孩和女孩特应性皮炎症状的影响

注:数据代表 AD 症状的百分比变化及其95%可信区间:每升高5个单位的每日平均温度(℃)、相对湿度(%)、昼夜温差(℃)、降水量(mm)以及每升高10个单位的 $PM_{10}(\mu g/m^3)$、$NO_2(ppb)$、$O_3(ppb)$。

三、时间序列研究

　　本课题组基于北京市每日大气污染物浓度数据和同期北京市空军总医院皮肤科皮炎和湿疹的门诊人次数据,采用时间序列和分布滞后效应模型等分析方法分别建立北京市典型大气污染物 $PM_{2.5}$、PM_{10}、NO_2、SO_2 及 O_3 与皮炎和湿疹的门诊人次的暴露-反应关系模型及滞后效应模型。

(一)研究内容与方法

　　1. 数据资料　空气质量监测数据来源于北京市环境保护监测网站(http://zx. bjmemc. com. cn/)。该系统公布北京市35个监测站点每日大气可吸入颗粒物(PM_{10})、细颗粒物

（$PM_{2.5}$）、SO_2、NO_2 24 小时平均浓度和 O_3 8 小时平均浓度数据。收集 2013 年 1 月 1 日至 2017 年 12 月 31 日此来源的 $PM_{2.5}$、PM_{10}、NO_2、SO_2 和 O_3 浓度数据，计算 35 个监测站点每日浓度的算术平均值。

气象监测资料：北京市气象监测数据来自国家气象局气象科学数据共享中心（http://data. cma. cn/）。收集 2013 年 1 月 1 日至 2017 年 12 月 31 气象监测数据，监测指标包括日平均气温、日平均相对湿度。

医院门诊人次病例资料：来自中国人民解放军空军总医院皮肤科。其年门诊人次量超过 35 万人次，在北京市各医院的皮肤科中名列前几位。分析病例的纳入标准：①2013 年 1 月 1 日至 2017 年 12 月 31 日就诊；②北京市常住人口；③根据国际疾病分类，诊断为以下疾病之一者：特应性皮炎（ICD10 编码 L20）、脂溢性皮炎（ICD10 编码 L21）、接触性皮炎（ICD10 编码 L23、L24、L25）、湿疹（ICD10 编码 L30.9）、慢性单纯苔藓和痒疹（L28）、瘙痒症（L29）和其他皮炎（L30）。

2. 时间分层病例交叉设计　本研究以中国人民解放军空军总医院皮肤科 2013—2017 年门诊人次为基础，使用时间分层病例交叉设计来分析单污染物模型及双污染物模型中大气污染物短期暴露对皮炎和湿疹门诊人次的影响。

美国 Maclure 于 1991 年提出病例交叉设计的概念以研究短期暴露对急性健康效应的影响。近年来，病例交叉设计已被用于研究大气污染的短期健康效应。病例交叉设计是一种新型的病例对照研究方法，每个病例就是自己的对照，其基本思想是比较同一研究对象在事件发生前（时）的暴露情况和未发生事件的某段时间内的暴露情况。根据病例交叉研究，每例病例可以看作是病例交叉研究中的一层，病例和对照分别是发病前的一段时间和病例期外特定的一段时间。由于是自身对照，该设计成功控制了与个体特征有关的混杂因素，如年龄、性别、吸烟情况及营养状况等。同时，因为研究对象的病例期与对照期相隔很近，从设计上控制了季节的混杂。

时间分层病例交叉研究是病例交叉研究的一种，适用于多变量的时间序列资料，现已广泛应用于环境污染、气象因素、极端天气对人群健康影响的研究。时间分层病例交叉设计的基本原理是将时间进行分层，病例期和对照期处于同一年、同一个月和同一个星期几，而且在同一个时间层内，几个对照期是随机分布的，病例期并非固定在某一位置。例如，假设病例期发生在 2014 年 12 月 12 日（星期五），则 2014 年 12 月其他的星期五均被选为对照期。时间分层病例交叉设计相当于按时间层匹配的病例对照研究，Janes 等通过统计模拟的方法发现，时间分层病例交叉研究可以同时控制季节性和星期几效应等混杂因素，消除时间趋势偏倚，并能得到参数的无偏估计（条件 Logistic 回归）。而 Poisson 回归和条件 Poisson 回归通过设置哑变量（年、月、星期几）的方法，同样能达到按时间层匹配的目的。

考虑到大气污染物浓度对皮炎和湿疹门诊人次的滞后效应作用，分别观察大气污染物浓度单一滞后 0~5 天以及滑动滞后 0~1 天至 0~5 天对皮炎和湿疹门诊人次的影响。单一滞后选择滞后 0 天、1 天、2 天、3 天、4 天、5 天，分别用 Lag0、Lag1、Lag2、Lag3、Lag4、Lag5 表示。滑动滞后选择滞后 0~1 天、0~2 天、0~3 天、0~4 天、0~5 天的平均浓度，分别用 Lag0-1、Lag0-2、Lag0-3、Lag0-4、Lag0-5 表示。考虑到所选污染当日气象因素（气温和相对湿度）对皮炎和湿疹的影响，将与污染物同滞后日的平均温度和日平均相对湿度作为协变量与污染物同时引入回归模型。

本研究采用条件 Poisson 回归来实现时间分层病例交叉分析,为避免模型拟合时数据存在的过度离散问题,使用准泊松(quasi-Poisson)方法进行拟合。模型公式如下:

$$\log[E(Y_t)] = \alpha + \beta Poll_t + ns(T_t, df) + ns(RH_t, df) + ns(time, df_t = 7/year) + stratum_t + holiday_t$$

公式 6-1

式中:$E(Y_t)$:第 t 天的皮炎和湿疹门诊人次;α:固定效应的截距;β:通过回归模型估计的固定效应斜率系数,表示污染物浓度每变化一个单位,皮炎和湿疹门诊人次的相对改变量;$Poll_t$:第 t 天污染物浓度值;$ns(\ )$:自然样条函数;T_t:第 t 天的日平均温度;RH_t:第 t 天的日平均相对湿度;$ns(time)$:时间的平滑项,用以控制时间序列资料中的长期趋势、季节、气象因素和其他一些与时间长期变异有关的混杂因素;df:自由度,根据广义交叉验证(GCV)得分最低选择最适自由度;$stratum$:按照哑变量(年、月、星期几)设置的时间层;$holiday$:节假日哑变量,用于控制节假日引起的混杂。

分析结果表示为每日皮炎和湿疹门诊人次在病例期和对照期大气污染暴露的 OR 值,即大气污染物浓度每升高 $10\mu g/m^3$ 与皮炎和湿疹门诊人次相关关系的 OR 值。首先根据单污染物模型确定最佳滞后期,在此基础上,把其他污染物引入模型进行双污染物模型分析。统计分析中 $P<0.05$ 则定义为有统计学显著性。

(二)研究结果

1. 描述性分析 如表 6-6,2013 年 1 月 1 日至 2017 年 12 月 31 日,共 72 146 人次皮炎和湿疹病例到中国人民解放军空军总医院皮肤科门诊就诊。总皮炎和湿疹门诊具有年龄记录的共有 72 132 例。研究期间皮炎和湿疹门诊人次每日平均值为(39.5±22.1)例。

表 6-6　皮炎和湿疹日门诊人次的描述性分析(2013—2017 年)　　　　单位:例

分组		最小值	P_{25}	中位数	P_{75}	最大值	均值	标准差
年龄/岁	≤18	0.0	1.0	3.0	5.0	23.0	3.5	2.9
	19~45	0.0	11.0	16.0	22.0	70.0	18.1	11.2
	46~65	0.0	7.0	13.0	17.0	50.0	13.1	7.8
	>65	0.0	2.0	4.0	7.0	23.0	4.9	3.6
性别	男性	0.0	9.0	15.0	20.0	64.0	15.9	9.5
	女性	0.0	14.0	22.0	30.0	88.0	23.6	13.5
总计		0.0	24.0	38.0	49.0	140.0	39.5	22.1

注:P_{25} 和 P_{75} 分别为第 25 和 75 百分位数。

2. 研究期间大气污染与气象因素的分布 表 6-7 为 2013 年 1 月 1 日至 2017 年 12 月 31 日北京市大气污染物浓度与气象因素频率分布。由表可知,$PM_{2.5}$、PM_{10}、NO_2、SO_2 及 O_3 的日平均浓度分别为(75.6±65.9)μg/m³、(110.5±75.7)μg/m³、(48.9±23.9)μg/m³、(15.2±18.6)μg/m³ 和 (57.8±37.3)μg/m³。其中 SO_2 和 O_3 的平均浓度符合国家环境空气质量一级标准[分别为 20μg/m³(年平均)和100μg/m³(日最大8小时平均)]。而 PM_{10}、$PM_{2.5}$、NO_2 的平均浓度则超过国家空气质量二级标准年平均值(分别为70μg/m³、35μg/m³ 和 40μg/m³)。研究期间日均温度的平均值为(13.7±11.1)℃,相对湿度均值为53.0%±20.3%。

表6-7　北京市大气污染物浓度及气象因素频率分布(2013—2017年)

污染物及气象因素	观测天数	最小值	P_{25}	中位数	P_{75}	最大值	均值	标准差
$PM_{2.5}/(μg·m^{-3})$	1 823	5.0	29.0	57.5	100.7	467.4	75.6	65.9
$PM_{10}/(μg·m^{-3})$	1 786	5.6	57.7	93.5	139.5	791.0	110.5	75.7
$NO_2/(μg·m^{-3})$	1 816	7.5	32.4	42.9	60.4	154.7	48.9	23.9
$SO_2/(μg·m^{-3})$	1 816	1.0	3.7	7.9	18.8	146.2	15.2	18.6
$O_3/(μg·m^{-3})$	1 791	2.2	27.8	52.6	81.2	197.3	57.8	37.3
日均温度/℃	1 824	-14.3	3.0	15.3	24.0	32.6	13.7	11.1
相对湿度/%	1 825	8.0	36.0	53.0	70.0	99.0	53.0	20.3

注:P_{25} 和 P_{75} 分别为第25和75百分位数。

图6-4为2013年1月1日至2017年12月31日北京市大气污染物日均浓度监测值的时间序列图。$PM_{2.5}$ 和 PM_{10} 浓度在冬季出现高峰,整体来看没有明显的季节趋势。NO_2、SO_2 及 O_3 浓度有明显的季节趋势,其中 NO_2 和 SO_2 的浓度冬季高于夏季,而 O_3 浓度为夏季高于冬季。由图可见,温度分布规律呈弧形,夏季温度最高,冬季温度最低。相对湿度规律为夏秋两季高于冬春两季。

3. 大气污染对皮炎和湿疹门诊人次影响的滞后效应分布　2013年1月1日至2017年12月31日,控制所选污染物当日温度、相对湿度的影响,例如:如果选择滞后两天(Lag2)的污染物,则滞后两天的温度、相对湿度也纳入模型;如果选择滑动滞后0~2天(Lag0-2)的污染物,则滑动滞后0~2天的温度和相对湿度也纳入模型。表6-8和图6-5为不同滞后情况下,单污染物模型中 $PM_{2.5}$、PM_{10}、NO_2、SO_2 及 O_3 每升高 10μg/m³ 与皮炎和湿疹门诊人次相关性的 OR 值及其95%可信区间(95%CI)。当天 $PM_{2.5}$、PM_{10} 及 NO_2 浓度(Lag0)对皮炎和湿疹门诊人次的影响最大。$PM_{2.5}$、PM_{10} 及 NO_2 每升高 10μg/m³ 与皮炎和湿疹门诊人次关系的 OR 值分别为1.002(95%CI:1.000~1.005)、1.002(95%CI:1.000~1.004)和1.011(95%CI:1.004~1.019),其中 PM_{10} 和 NO_2 的效应有统计学显著性($P<0.05$)。当天(Lag0)及滑动滞后0~1和0~2天的 SO_2 浓度对皮炎和湿疹门诊人次的影响有统计学显著性,OR 值分别为1.015(95%CI:1.005~1.026)、1.015(95%CI:1.002~1.027)和1.016(95%CI:1.001~1.030)。O_3 与皮炎和湿疹门诊人次关系的 OR 值均没有统计学意义。

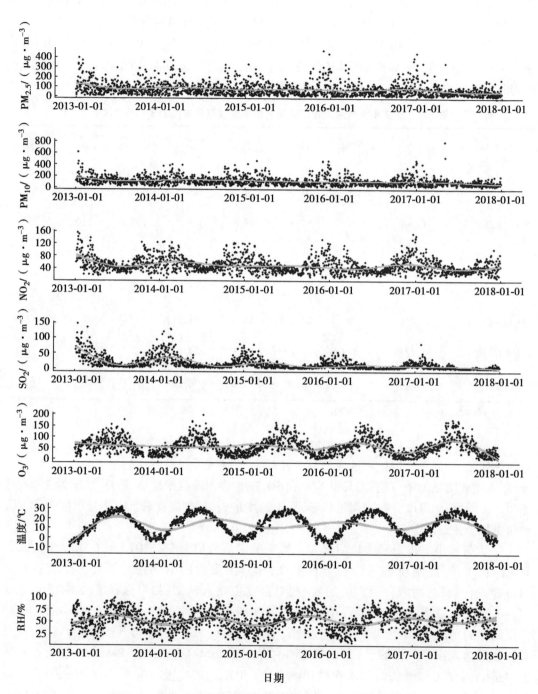

图 6-4　2013—2017 年大气污染物每升高 10μg/m³ 与皮炎和
湿疹门诊人次关系的 *OR* 值及其 95%可信区间

表6-8　2013—2017年大气污染物每升高10μg/m³ 与皮炎和湿疹门诊人次关系的 OR 值及其95%可信区间

滞后		OR 值（95% CI）				
		$PM_{2.5}$	PM_{10}	NO_2	SO_2	O_3
单纯滞后	Lag0	1.002（1.000~1.005）	1.002（1.000~1.004）*	1.011（1.004~1.019）**	1.015（1.005~1.026）**	1.005（0.999~1.011）
	Lag1	1.000（0.996~1.003）	1.000（0.998~1.003）	1.002（0.993~1.011）	1.004（0.993~1.015）	1.004（0.997~1.011）
	Lag2	0.999（0.996~1.002）	0.999（0.997~1.002）	1.000（0.991~1.009）	0.999（0.987~1.011）	1.000（0.993~1.007）
	Lag3	0.999（0.996~1.002）	0.998（0.996~1.001）	1.000（0.990~1.009）	0.998（0.986~1.011）	1.000（0.993~1.007）
	Lag4	1.000（0.996~1.003）	1.000（0.998~1.003）	0.997（0.988~1.007）	0.999（0.987~1.011）	1.006（0.999~1.014）
	Lag5	1.000（0.997~1.003）	1.001（0.999~1.004）	1.002（0.993~1.011）	1.001（0.989~1.013）	1.006（0.999~1.013）
滑动滞后	Lag0-1	1.001（0.998~1.005）	1.001（0.999~1.004）	1.007（0.998~1.016）	1.015（1.002~1.027）*	1.007（1.000~1.014）
	Lag0-2	1.001（0.997~1.004）	1.001（0.998~1.004）	1.005（0.995~1.016）	1.016（1.001~1.030）*	1.007（0.999~1.015）
	Lag0-3	0.999（0.995~1.004）	1.000（0.997~1.003）	0.999（0.988~1.011）	1.007（0.991~1.024）	1.007（0.998~1.016）
	Lag0-4	0.999（0.994~1.003）	1.000（0.996~1.003）	0.993（0.981~1.006）	1.000（0.982~1.019）	1.009（0.999~1.019）
	Lag0-5	0.998（0.994~1.003）	1.000（0.996~1.004）	0.991（0.978~1.005）	0.999（0.979~1.019）	1.008（0.997~1.019）

注：* $P<0.05$；** $P<0.01$。

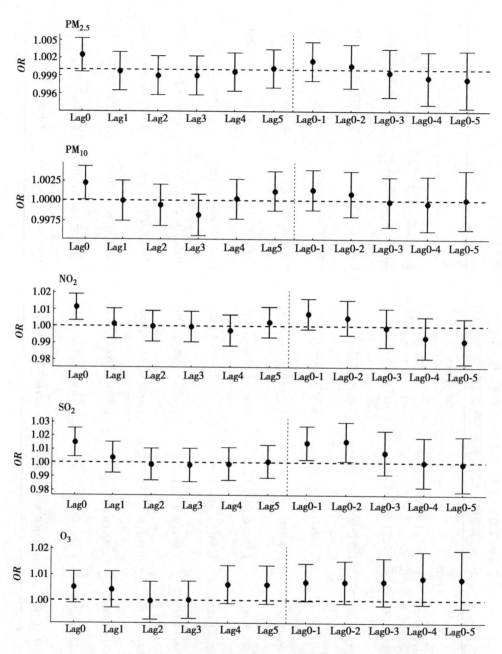

图 6-5　2013—2017 年期间大气污染物每升高 10μg/m³ 与皮炎和
湿疹门诊人次关系的 *OR* 值及其 95% 可信区间

　　在此滞后效应研究的基础上,分年龄组、性别组分析以及多污染物模型中,选择滞后
日 Lag0 和滑动滞后 Lag0-1、Lag0-2 的污染物浓度分析大气污染对皮炎和湿疹门诊人次的
影响。

（郭　群）

参考文献

［1］ WHO. Mortality and burden of disease from ambient air pollution［R/OL］.（2016）. https://www. who. int/gho/phe/outdoor_air_pollution/burden/en/.

［2］ 中华人民共和国环境保护部. 中国环境状况公报［R/OL］. 2016. http://www.cnemc.cn/jcbg/zghjzkgb/201606/t20160602_646744. shtml.

［3］ CROUSE D L,PAULA P,PERRY H,et al. Ambient $PM_{2.5}$,O_3,and NO_2 Exposures and Associations with Mortality over 16 Years of Follow-Up in the Canadian Census Health and Environment Cohort（CanCHEC）［J］. Environmental Health Perspectives,2015,123(11):1180-1186.

［4］ POPE C R,ARDEN C. Lung cancer,cardiopulmonary mortality,and long-term exposure to fine particulate air pollution［J］. JAMA,2002,287(9):1132-1141.

［5］ BASAGANA X,JACQUEMIN B,KARANASIOU A,et al. Short-term effects of particulate matter constituents on daily hospitalizations and mortality in five South-European cities:Results from the MED-PARTICLES project［J］. Environment International,2015(75):151-158.

［6］ MORGAN D L,COOPER S W,CARLOCK D L,et al. Dermal absorption of neat and aqueous volatile organic chemicals in the Fischer 344 rat［J］. Environ Res,1991,55(1):51-63.

［7］ KRUTMANN J,LIU W,LI L,et al. Pollution and skin:From epidemiological and mechanistic studies to clinical implications［J］. Journal of Dermatological Science,2014,76(3):163-168.

［8］ PURI P,NANDAR S K,KATHURIA S,et al. Effects of air pollution on the skin:A review［J］. Indian J Dermatol Venereol Leprol,2017,83(4):415-423.

［9］ NGOC LT,PARK D,LEE Y,et al. Systematic Review and Meta-Analysis of Human Skin Diseases Due to Particulate Matter［J］. International Journal of Environmental Research and Public Health,2017,14(12):1458.

［10］ GUARNIERI M,BALMES J R. Outdoor air pollution and asthma［J］. The Lancet,2014,383(9928):1581-1592.

［11］ PEDEN D,REED C E. Environmental and occupational allergies［J］. Journal of Allergy and Clinical Immunology,2010,125(Supplement 2):S150-S160.

［12］ HERBSTMAN J B,TANG D,ZHU D,et al. Prenatal Exposure to Polycyclic Aromatic Hydrocarbons,Benzo[a]pyrene-DNA Adducts,and Genomic DNA Methylation in Cord Blood［J］. Environmental Health Perspectives,2012,120(5):733-738.

［13］ AUTEN R L,GILMOUR M I,KRANTZ Q T,et al. Maternal Diesel Inhalation Increases Airway Hyperreactivity in Ozone-Exposed Offspring［J］. American Journal of Respiratory Cell and Molecular Biology,2012,46(4):454-460.

［14］ HERBERTH G,BAUER M,GASCH M,et al. Maternal and cord blood miR-223 expression associates with prenatal tobacco smoke exposure and low regulatory T-cell numbers［J］. Journal of Allergy and Clinical Immunology,2014,133(2):543-550.

［15］ MANCEBO S E,WANG S Q. Recognizing the impact of ambient air pollution on skin health［J］. Journal of the European Academy of Dermatology and Venereology,2015,29(12):2326-2332.

［16］ SZYSZKOWICZ M,KOUSHA T,VALACCHI G. Ambient air pollution and emergency department visits for skin conditions［J］. Global Dermatology,2016,3(5):323-329.

［17］ BURKE K E. Mechanisms of aging and development-A new understanding of environmental damage to the skin and prevention with topical antioxidants［J］. Mech Ageing Dev,2018,172:123-130.

［18］ JADWIGA R,TAUTGIRDAS R,JOHAN E,et al. The Impact of Pollution on Skin and Proper Efficacy Testing for Anti-Pollution Claims［J］. Cosmetics,2018,5(1):4.

[19] RAY P D,HUANG B,TSUJI Y. Reactive oxygen species(ROS)homeostasis and redox regulation in cellular signaling[J]. Cellular Signalling,2012,24(5):981-990.

[20] GHIO A J,CARRAWAY M S,MADDEN M C. Composition of Air Pollution Particles and Oxidative Stress in Cells,Tissues,and Living Systems[J]. Journal of Toxicology and Environmental Health,2012,15(1):1-21.

[21] KOUSHA T,VALACCHI G. The Air Quality Health Index and Emergency Department Visits for Urticaria in Windsor,Canada[J]. Journal of Toxicology and Environmental Health,2015,78(8):524-533.

[22] LIU W,PAN X,VIERKÖTTER A,et al. A Time-Series Study of the Effect of Air Pollution on Outpatient Visits for Acne Vulgaris in Beijing[J]. Skin Pharmacology and Physiology,2018,31(2):107-113.

[23] XU F,YAN S,WU M,et al. Ambient ozone pollution as a risk factor for skin disorders[J]. British Journal of Dermatology,2011,165(1):224-225.

第七章

大气污染与人群肿瘤

第一节 大气污染对暴露人群肿瘤的主要影响

国际癌症研究机构(International Agency for Research on Cancer,IARC)2013 年 10 月第一次将大气污染作为整体列为第一类致癌物(IARC 对物质致癌性的评估分为四大类,由轻到重依次为:第四类——不大可能对人类致癌;第三类——无法界定是否对人类致癌;第二类——可能或很可能对人类致癌;第一类——对人类致癌)。这就是说,根据全球新近研究论著所提供的证据,大气污染在致癌方面的危险程度已经与烟草、紫外线和石棉等致癌物处于同一等级。IARC 称,报告给出的结论适用于全球所有地区,尽管在不同的地点,人群与大气污染的接触程度及大气污染的成分有显著差异。

按照 IARC 专家的说法,大气污染是"最重要的环境致癌物"。因为尽管量化到每个人,大气污染的致癌概率不高,但危害在于大气污染成因普遍,包括发电、工业排放、汽车尾气、农业排放等,人群几乎难以完全避免暴露于其中的可能性。尤其在人口密集、工业化发展迅速的经济体内,人们面临的大气污染威胁正在显著加大。

大气颗粒污染物包括总悬浮颗粒物(TSP)、空气动力学直径小于 $10\mu m$、$2.5\mu m$ 和 100nm 的颗粒物,即 PM_{10}、$PM_{2.5}$ 和 $PM_{0.1}$,以及气态大气污染物包括 SO_2、NO_2、O_3 等,均已被报道过与人群恶性肿瘤有相关性。从溯源的维度上来看,增加恶性肿瘤风险的大气污染可能来源于煤炭燃烧、生物质燃烧、交通尾气或二手烟。从成分上来看,多环芳烃(polycyclic aromatic hydrocarbons,PAHs)、石英等是致癌的主要元凶。

大气污染与恶性肿瘤相关性研究涉及的健康结局包括肺癌、膀胱癌、肾癌、乳腺癌、白血病和消化系统肿瘤,WHO 认为已有明确证据表明发病风险因长期暴露于大气污染而增加的是肺癌和膀胱癌。

大气污染物致癌的作用机制包括造成人体氧化应激压力和 DNA 损伤,引发炎症和免疫反应等。

第二节　国内外研究概况和前沿

一、大气污染与肺癌

长期暴露于空气污染的最常见致癌结局是肺癌。肺癌是全球男性和发达国家女性最常见的癌症死因。根据 WHO《全球环境空气污染暴露水平与疾病负担评估》报告显示:2012年全球共有 300 万例左右的死亡可归因于环境空气污染,其中肺癌死亡 40 万例;带来的相应 DALY 为 8 493 万,其中归属于肺癌的为 981 万。中国 2012 年归因于环境空气污染的死亡为 46.24 万例,其中肺癌死亡 6.73 万例;带来的相应 DALY 为 1 008.55 万,其中归属于肺癌的为 146.76 万。

不同亚型的肺癌受到大气污染的影响程度不同。

(一)国外研究概况和前沿

1. 大气颗粒污染物　总体来说,大气颗粒物污染长期暴露与肺癌死亡率的因果关系相对明确,与肺癌发病率的关联结果不统一。$PM_{2.5}$ 损害效应最强,证据最多。超细颗粒物 $PM_{0.1}$ 理论上毒性更大,但相关研究很少。

(1)TSP:以 TSP 为大气污染水平指示指标的研究主要发表于 20 世纪 90 年代或以前。1983 年和 1988 年,Vena JE 和 Buffler PA 等先后以美国纽约州伊利郡和得克萨斯州哈里斯郡的人群为研究对象展开调查,采用多因素回归分析,报告了 TSP 与人群肺癌具有统计学显著性的关联。但 Buffler PA 等对研究结果的解释有所保留,因为发现引入不同的代表调查对象社会经济水平的变量时,模型不够稳定,且认为其他与肺癌相关的关键变量也需要进一步精确测量。1991 年 Abbey DE 等利用监测 6 年的一个 6 000 名非吸烟者队列的数据,探索长期累积性暴露于空气污染的健康效应。发现暴露于 $200\mu g/m^3$ 以上的 TSP 1 000 小时的人群与未达到此累积暴露程度的人群相比,呼吸系统癌症死亡的相对风险(RR)为 1.72,但此 RR 不具有统计学显著性。

(2)PM_{10}:20 世纪 90 年代末期,科学家研究的重点开始转向 PM_{10}(可吸入颗粒物),针对 PM_{10} 与肺癌的研究已开始出现爆发增长,且研究在世界各地都有开展。1998 年和 1999 年,Beeson WL 等和 Abbey DE 等还是利用上述 6 000 多名非吸烟者队列的数据,以地区邮政编码为中介将每位被调查者家庭和工作场所周围的环境空气质量与其相连接,发现男性的肺癌死亡和发病风险均随着 PM_{10} 暴露总时长和平均浓度的增加而增加,暴露总时长为 40~140d/年或平均浓度每上升 $24\mu g/m^3$,RR 为 2.4~5.2。若 PM_{10} 的平均浓度高,则产生危害效应所需的总暴露时长就短。Gallus S 等人总结了 2006 年及以前在欧洲发达国家进行的 5 项分析,结论显示欧洲的研究未发现 PM_{10} 长期暴露与肺癌之间有清晰明确的相关性。2009 年 Brunekreef B 等发表了一项在荷兰进行的队列研究,也得出了相同的结论。2007 年 Hwang SS 等报告在韩国 7 座大都市内,长期暴露于大气 PM_{10} 增加女性肺癌发病和死亡的风险,但并不影响男性肺癌风险。2009 年 Kapka L 等在东欧西里西亚地区观察到男性肺癌发病率随环境 PM_{10} 浓度上升而上升。2013 年 Heinrich J 等利用德国 4 800 名自 55 岁起被连续观察 18 年的女性队列数据,定量估算出年平均 PM_{10} 暴露浓度每升高 $7\mu g/m^3$,肺癌死亡风险 $RR = 1.84$($95\%CI$:1.23~2.74)。同年,欧洲大型研究 ESCAPE(集合了 9 个欧洲发达国家的 17 个队列数据,平均追踪年限为 12.8 年)发表论文,定量估算出年平均 PM_{10} 暴露浓度每升高 $10\mu g/m^3$,肺癌发病风险 $RR = 1.22(95\%CI:1.03 \sim 1.45)$,肺腺癌发病风险 RR 可达 $1.51(95\%CI:1.10 \sim 2.08)$。2014 年 Puett RC 等利用美国护士追踪队列数据,以 72 个月的平均暴露浓度作为长期大气污染暴露的指代,发现 PM_{10} 对长期不吸烟者(从未或已经戒烟至少 10 年)肺癌发病有影响,浓度每上升 $10\mu g/m^3$,$RR = 1.15(95\%CI:1.00 \sim 1.32)$。对所有研究对象的肺癌发病也有影响但不具有统计学显著性,RR 为 $1.04(95\%CI:0.95 \sim 1.14)$。2015 年 Fischer PH 等发表了以荷兰 700 万 30 岁及以上成人,包括城市及农村人口为对象的队列研究,结果显示 PM_{10} 与肺癌死亡率有显著且稳固(在模型中加入 NO_2 不影响 PM_{10} 的效应)的相关性,浓度每上升 $10\mu g/m^3$,$RR = 1.26(95\%CI:1.21 \sim 1.30)$。2017 年 Dimitra SP 等发表利用希腊克里特市 1992—2014 年数据进行的研究,结果显示在 5 年的时间内,居民暴露于室外 PM_{10} 的平均浓度每上升 $5\mu g/m^3$,因肺癌死亡的风险就可增加 1.2 倍(即 $RR = 2.2$)。当地在研究期间 PM_{10} 年平均浓度中位数为 $38.9\mu g/m^3$。2018 年 Consonni D 等采用病例对照设计分析了欧洲 3 473 名肺癌患者和对照人群的数据,定量评估结果显示,住址所在位置年平均 PM_{10} 浓度每上升 $10\mu g/m^3$,肺癌发病的 $OR = 1.28$,但不具有统计学显著性;鳞状细胞癌的发病风险更高 $(OR = 1.44)$,但也同样不显著。

(3)$PM_{2.5}$ 和 $PM_{0.1}$:关注 PM_{10} 几年之后,2000 年初期 $PM_{2.5}$(细颗粒物)也进入了科研人员的视野,并迅速受到重视。截至 2018 年,研究 $PM_{2.5}$ 对肺癌影响的论文数量达到 PM_{10} 的两倍多,其中也不乏来自中国的研究,许多队列研究的结果发表。由于国际疾病负担评估研究的兴起,除了计算每单位浓度上升对应的 RR 值,以归因疾病负担的形式表现 $PM_{2.5}$ 长期暴露对肺癌影响的研究也有很多。

2005 年,Jerrett M 等建立空间多层 Cox 回归模型,估算 22 905 名队列研究追踪对象受自身活动小区域内 $PM_{2.5}$ 长期暴露的影响而发生肺癌的风险,结果显示在追踪期间(1982—2000 年)$PM_{2.5}$ 浓度每上升 $10\mu g/m^3$,根据模型中控制混杂因素的不同,肺癌风险 RR 为 $1.2 \sim 1.6$,均具有统计学显著性。Nerriere E 等在法国多个城市测量冬季和夏季 $PM_{2.5}$ 浓度,利用地理信息系统(GIS)估算每个研究对象的个体暴露浓度,再估算其对肺癌的影响。结果显示,在冬季和夏季两个观察期内,研究对象暴露的大气 $PM_{2.5}$ 浓度范围为 $17 \sim 49\mu g/m^3$,在不同的城市(人口最多 200 万)分别有 $12 \sim 404$ 例肺癌的发生可归因于 $PM_{2.5}$ 长期暴露。2006 年,Laden F 等发表了大气污染长期暴露健康效应评价之标杆——哈佛六城市研究 1979—1988 年继续追踪的结果,显示年平均 $PM_{2.5}$ 浓度每上升 $10\mu g/m^3$,肺癌死亡风险 $RR = 1.27$ $(95\%CI:0.96 \sim 1.69)$。这一追踪阶段与最初的研究阶段相比,$PM_{2.5}$ 污染浓度下降,肺癌死亡风险也随之下降。2012 年 Lepeule J 等又继续发表了哈佛六城市研究继续追踪至 2009 年的结果(1974—2009 年),显示 3 年平均 $PM_{2.5}$ 浓度每上升 $10\mu g/m^3$,肺癌死亡风险 $RR = 1.37$ $(95\%CI:1.07 \sim 1.75)$,持续的大气污染防控政策可带来持续的公共卫生收益。2007 年 Norman R 等发表研究结果,2000 年南非地区 30 岁以上成人气管、支气管和肺癌死亡的 5.1% 可以归因于大气 $PM_{2.5}$ 和 PM_{10} 暴露。2008 年 Vardavas C 等以医院工作人员为对象的研究表明,若在二手烟(second hand smoke,SHS,本研究中不同工作地点平均浓度为 $84 \sim 164\mu g/m^3$)弥漫的环境中工作 40 年,每 1 000 名员工中最高有 2.35 人$(95\%CI:0.55 \sim 12.2)$ 可能死于肺癌。2009 年 Krewski D 等对另一个著名的队列研究 ACSCPS-II 也进行了后续追踪,结果发现 $PM_{2.5}$ 的长期暴露仍造成人群总死亡率的升高,但并不再与肺癌死亡率显著相关。2010 年 Anenberg S 等用大气化学传输模型估算了 2000 年全球人为来源的 $PM_{2.5}$ 浓度，并采用流行病学公认的方法测算其造成的全球早死疾病负担。结果显示，2000 年年均 $PM_{2.5}$ 浓度最高为 $56\mu g/m^3$，出现在亚洲包括中国，全球有 22 万($\pm$8 万)肺癌死亡可归因于 $PM_{2.5}$ 暴露。2011 年 Pope CA 等利用 ACSCPS-II 的数据探索了 $PM_{2.5}$ 与肺癌间暴露-反应关系曲线的形状，指出两者的关系基本为线性，斜率受到吸烟的影响，长期暴露于 $PM_{2.5}$ 对肺癌风险的 RR 值最大可超过 40(重度吸烟者亚组)。低浓度的大气 $PM_{2.5}$ 主要造成心血管疾病负担，随着浓度升高肺癌负担的占比增加。2013 年在意大利罗马、蒙古乌兰巴托及加拿大八省进行的队列研究均发表了研究论文，此外还有 ESCAPE 研究的结果发表。Cesaroni G 等报告了罗马年均 $PM_{2.5}$ 浓度每上升 $10\mu g/m^3$，人群肺癌死亡风险 $RR=1.05(95\%CI:1.01\sim1.10)$。Hystad P 等报告了加拿大八省年均 $PM_{2.5}$ 浓度每上升 $10\mu g/m^3$，人群肺癌发病风险 $RR=1.29$ 但不显著$(95\%CI:0.95\sim1.76)$。Allen RW 等报告了乌兰巴托年均 $PM_{2.5}$ 浓度为 $75\mu g/m^3$，城区 40% 的肺癌死亡可归因于环境 $PM_{2.5}$ 暴露。ESCAPE 研究定量估算年平均 $PM_{2.5}$ 暴露浓度每升高 $5\mu g/m^3$，肺癌发病风险 $RR=1.18(95\%CI:0.96\sim1.46)$，肺腺癌发病风险 RR 可达 $1.55(95\%CI:1.05\sim2.29)$，可见 $PM_{2.5}$ 致肺癌的相对风险值是 PM_{10} 的大约两倍，肺癌发病结果具有的统计学显著性处于临界状态。2014 年 Puett RC 等利用美国护士追踪队列数据进行的研究也发现 $PM_{2.5}$ 对肺癌发病的影响力大于 PM_{10}，浓度每上升 $10\mu g/m^3$，长期不吸烟者和所有研究对象的肺癌发病 RR 分别为 $1.37(95\%CI:1.06\sim1.77)$ 和 $1.06(95\%CI:0.91\sim1.25)$。与 ESCAPE 一样，如果只考虑肺腺癌，$RR$ 进一步增大。Hamra GB 等对 18 项研究进行的 Meta 分析更精确地阐述了不同亚组人群肺癌受 $PM_{2.5}$ 长期暴露的影响。危害效应最大的为曾经吸烟者，浓度每上升 $10\mu g/m^3$，$RR=1.44(95\%CI:1.04\sim1.22)$；其次为从未吸烟者，$RR=1.18(95\%CI:1.00\sim1.39)$；最小的是现在吸烟者，$RR=1.06(95\%CI:0.97\sim1.15)$。Chalbot MC 等反向设计研究，证实美国阿肯色州年均 $PM_{2.5}$ 浓度在十年间下降 $3\mu g/m^3$(14.5 降至 11.5)，带来非意外总死亡率和慢性病病因别死亡率的下降，但其中肺癌下降不多为 2%。2015 年 Hart JE 等对前述荷兰队列研究继续跟踪分析的结果显示，调整测量误差后研究期间(1986—2003 年)平均 $PM_{2.5}$ 浓度上升 $10\mu g/m^3$，肺癌发病风险 $RR=1.37(95\%CI:0.86\sim2.17)$。Yorifuji T 等在东亚 27 座城市内开展的研究结果显示，9% 的非意外总死亡率可归因于 $PM_{2.5}$ 暴露(年均浓度最高 $46\mu g/m^3$，参照浓度 $10\mu g/m^3$)，其中 1/9 是肺癌死亡。2016 年 Tomczak A 等发表以加拿大女性为对象的队列研究结果，显示研究期间(1980—2005 年) $PM_{2.5}$ 浓度每上升 $10\mu g/m^3$，肺癌发病风险 $RR=1.34(95\%CI:1.10\sim1.65)$；其中小细胞癌和腺癌的风险最高。分层分析显示，$PM_{2.5}$ 长期暴露效应只发生于吸烟者中，这点与前述的"戒烟者和从未吸烟者受 $PM_{2.5}$ 影响更大"不一致，可能与研究对象的性别有关。Jiřík V 等总结了在捷克斯特拉瓦地区进行过的空气污染健康效应流行病学研究，证据显示当地 $PM_{2.5}$ 长期暴露致居民因肺癌死亡的风险上升，升高比例最多达 39%。Ginsberg GM 等报告以色列 2015 年 860 万人口中因 $PM_{2.5}$ 暴露(年均浓度 $21.6\mu g/m^3$)致肺癌死亡人数为 349 人($95\%CI:199\sim478$ 人)。Chowdhury S 和 Dey S 报告印度 2001—2010 年归因于 $PM_{2.5}$ 暴露(最高 $90\mu g/m^3$)的超额死亡人数为 486 100 人($95\%CI$ 上限 811 000 人)，其中 3% 是肺癌死亡。2017 年是 $PM_{2.5}$ 与肺癌相关性研究火热的一年，国际和国内均有十多篇论文发表。Cohen A 等计算了 $PM_{2.5}$ 暴露归因疾病负担的变化趋势，结果显示从 1990 年到 2015 年，全球归因于 $PM_{2.5}$ 的超额非意外总死亡从 350 万人升高到 420 万人。其中肺癌死亡 2015 年为 28 万人，合每 10 万人中 4 人;相应的 DALY 为 621 万年,合每 10 万人中 91 年。在美国,Gharibvand L
等的队列研究结果显示,研究期间(平均随访 7.5 年)$PM_{2.5}$ 浓度每上升 $10\mu g/m^3$,肺癌发病
风险 $RR=1.43(95\%CI:1.11,1.84)$。当只考虑肺腺癌时 RR 并没有增大,而是下降至 1.31
且不显著。每天在室外超过 1 小时的人群 RR 增大。Pun VC 等对 2000—2008 年生活在美
国的老年人开展研究,发现 60 个月和 12 个月滑动平均 $PM_{2.5}$ 浓度每升高 $10\mu g/m^3$,暴露后
肺癌死亡风险 RR 分别为 $1.33(95\%CI:1.24 \sim 1.40)$ 和 $1.13(95\%CI:1.11 \sim 1.15)$,即暴露时
间越长风险越大。在加拿大,Pinault L 等对 240 万居民进行了 10 年追踪,发现三年平均
$PM_{2.5}$ 浓度每升高 $10\mu g/m^3$,肺癌死亡率上升风险 RR 在 1.2 左右(根据模型中控制变量的不
同选择),始终具有统计学显著性。Poirier AE 等发现即使大气 $PM_{2.5}$ 年平均浓度只有
$10\mu g/m^3$,也会提高肺癌发病风险。Pinichka C 等从已发表文献中提取 RR 值,并估算泰国
肺癌死亡有 16.8% 可以归因于 $PM_{2.5}$。Jain V 等报告印度圣城瓦拉纳西的大气 $PM_{2.5}$ 浓度在
过去 15 年内快速上升,300 万居民中平均每年有 5 700 人超额死亡,但其中只有 1% 是肺癌
死亡。Badyda AJ 等报告波兰多城市 2006—2011 年平均 $PM_{2.5}$ 浓度为 $20 \sim 45\mu g/m^3$,有 20% ~
40% 的肺癌死亡归因于其暴露。Dimitra SP 等的研究显示在 5 年的时间内,居民暴露于
室外 $PM_{2.5}$ 的平均浓度每上升 $5\mu g/m^3$,因肺癌死亡的风险可增加 1.8 倍(即 $RR=2.8$)。
当地在研究期间 $PM_{2.5}$ 年平均浓度中位数为 $20.7\mu g/m^3$。Huang F 等综述了上述部分研
究文献,Meta 分析得出的效应值为死亡风险 $RR=1.11(95\%CI:1.05 \sim 1.18)$,发病风险
$RR=1.08(95\%CI:1.03 \sim 1.12)$。2018 年,Yarahmadi M 等报告了 2013—2016 年伊朗
德黑兰市平均每年有 142 例成人死亡可以归因于 $PM_{2.5}$ 暴露(当地浓度 $39\mu g/m^3$ 与
$10\mu g/m^3$ 相比)。

$PM_{0.1}$(超细颗粒物,粒径<100nm)具有极高的数量浓度和比表面积,可以吸附大量有机
物质,从而对人体造成极大毒性。遗憾的是目前对其与肺癌风险相关性的研究还不足。加
拿大多伦多一项队列研究结果未显示 $PM_{0.1}$ 长期暴露与肺癌发病间有相关性。

2. 气态大气污染物　气态大气污染物主要包括 SO_2、NO_2、O_3、CO 和挥发性有机化合物
(volatile organic compounds, VOCs)。它们与肺癌的关联性,在国际当前研究结果中并不统
一,相对来讲,作为交通或工业污染指示物的 NO_2 和肺癌相关的证据偏多。

20 世纪 90 年代,Beeson WL 等和 Abbey DE 等也探讨了肺癌死亡和发病风险与 SO_2、
NO_2 和 O_3 的相关性。结果显示,SO_2 和 NO_2 平均浓度升高均可以关联到女性肺癌风险的升
高;但仅有 SO_2 平均浓度升高与男性肺癌风险升高有相关性。此外,男性肺癌风险还受到
O_3 暴露总时长的影响,且如果 O_3 的平均浓度高,产生危害效应所需的总暴露时长短。2000
年,Nyberg F 等介绍了在瑞典斯德哥尔摩进行的病例对照研究。采用问卷访问斯德哥尔摩
市 40~75 岁的男性常住居民,同时回顾了该市 NOx/NO_2 和 SO_2 的浓度值(代表来源于交通
和取暖排放)。利用 GIS 和居住地址,将每位居民与其上空的污染物浓度关联起来。分析结
果发现仅 NO_2 与肺癌发生风险有关联,住所周围大气 NO_2 年平均浓度在前 10% 的居民,肺
癌发生风险是其他居民的 1.2 倍($95\%CI:0.8 \sim 1.6$);并且 NO_2 致肺癌的效应具有明显滞后
性。Filleul R 等利用法国一项队列研究的基线数据,建立 Cox 比例风险回归模型分析发现,
3 年平均 NO_2 和 NO 的暴露浓度每升高 $10\mu g/m^3$,人群肺癌死亡风险 RR 分别为 1.48 和
1.06,但仅前者显著。SO_2 长期暴露未造成肺癌风险增加($RR=1.00$)。2006 年和 2007 年,
Vineis P 等利用欧洲多国进行的前瞻性队列数据开展巢式病例对照研究,发现长期不吸烟者

（从未或已经戒烟至少 10 年）的肺癌发病风险与 NO_2 有相关性，NO_2 暴露浓度在 $30\mu g/m^3$ 以上与以下相比，$RR = 1.30（95\% CI:1.02\sim1.66）$。Heinrich J 等研究尚未发现 NO_2 长期暴露与女性肺癌死亡率间的相关性，虽然指出 NO_2 长期暴露增加呼吸-循环系统疾病死亡的风险。与其同期发表的覆盖欧洲 ESCAPE 研究结果中，也没有发现氮氧化物的长期暴露与人群肺癌发病率间的相关性。Cesaroni G 等报告了罗马年均 NO_2 浓度每上升 $10\mu g/m^3$，人群肺癌死亡风险 $RR = 1.04（95\% CI:1.02\sim1.07）$。Fischer PH 等的荷兰队列研究结果显示，NO_2 与肺癌死亡率间也有显著相关性且不确定性区间很小，浓度每上升 $10\mu g/m^3$，$RR = 1.10$ $（95\% CI:1.09\sim1.11）$。在模型中加入 PM_{10} 不影响此效应。Collarile P 等在意大利西北部开展研究，发现燃煤或燃油火电厂排放的 NO_2、SO_2 和苯等有机物对居住在周围的 75 岁以上女性居民的肺癌风险有影响。暴露水平在前 25% 的居民与后 25% 的居民相比，RR 为 1.7～2.0。Jerrett M 等从 ACSCPS-Ⅱ 队列数据库中提取了美国加利福尼亚的研究对象（73 711 人），单独进行分析后，仅发现了 NO_2 长期暴露与肺癌死亡率间的显著相关性。Hystad P 等报告了加拿大八省年均 NO_2 浓度每上升 10ppb，人群肺癌发病风险 $RR = 1.11$ $（95\% CI:1.00\sim1.24）$，当只考虑交通来源的 NO_2 时 RR 增大至 $1.34（95\% CI:1.07\sim1.69）$。Villeneuve PJ 等在加拿大多伦多市开展横断面研究，结果显示环境空气中的挥发性有机物与肺癌发病风险有关，10 年的苯暴露浓度每升高 $0.15\mu g/m^3$，肺癌发病风险 OR 估计为 1.84 $（95\% CI:1.26\sim2.68）$。2011 年一项在日本开展的研究结果显示，10 年的 SO_2 和 NO_2 暴露均与肺癌死亡风险有显著相关性，Cox 比例风险回归模型估计的 RR 值分别为 1.26 和 1.17。2017 年，Lamichhane DK 等分析韩国 908 对肺癌患者与对照者住址坐标 20 年的空气质量数据，发现年平均 NO_2 浓度每上升 10ppb，肺癌发病风险增加 10%，即发病率 $RR = 1.10（95\% CI:1.00\sim1.22）$。在从未吸烟者、低水果摄入亚组和高教育水平亚组中两者的关联程度更强。

3. 其他指标 居所离交通主干道的远近常作为提示长期空气污染暴露水平，特别是交通来源的污染物暴露水平的一个指标。2006 年，Vineis P 等的研究也提示了居所离交通主干道越近，患肺癌的风险越高，虽然不具有统计学显著性；这与其所发现的 NO_2 暴露浓度与肺癌风险的相关性，结论指向是一致的。2008 年，Beelen R 等分析荷兰一队列追踪数据，同时对个人信息填写全面的部分研究对象开展了病例对照研究。病例对照研究（模型中控制了更多混杂因素）结果显示，研究期间（1982—1997）居住地址贴近交通干道（根据道路类型设定为 100m 或 50m，或根据道路车流量定义）可造成非吸烟者肺癌发病风险增加，RR 可达 $1.55（95\% CI:0.98\sim2.43）$但不显著。针对其他亚组人群的分析及队列数据的分析均未发现更多具有统计学显著性的结果。同样，Heinrich J 等的研究没有发现 NO_2 长期暴露与女性肺癌死亡率间的相关性，也没有发现居住在交通主干道附近增加肺癌死亡风险。但是与此不同，ESCAPE 研究虽然没有发现氮氧化物的长期暴露与人群肺癌发病率间的相关性，却估算出居住在交通主干道附近［平均 4 000 辆/（km·d），离居所 100m 以内］致肺癌发病增加的风险 $RR = 1.09（95\% CI:0.99\sim1.21）$。Puett RC 等的研究没有发现居住在交通主干道附近与肺癌发病有明确的相关性。

除了交通干道，Bauleo L 等队列研究结果和 Bidoli E 等研究结果显示，居住在工业区港口附近或铸铁厂附近，也导致肺癌死亡的风险上升。前者报告住所距离港口不超过 500m 者肺癌死亡 $RR = 1.31（95\% CI:1.04\sim1.66）$。后者报告与研究地区的普通城市居民相比，铸铁厂附近居民的肺癌发病风险 $RR=1.35(95\%CI:1.03\sim1.77)$，但这一增高只见于 75 岁以下男性居民，未见于女性及 75 岁以上男性居民。

4. 成分 2013 年 Kam W 等在美国洛杉矶不同类型的道路旁研究 PAHs 与肺癌间的相关性，发现国道两侧 PAHs 浓度达到 310ng/m³，暴露人群（45 年每天 2 小时）比轻轨等线路（<1ng/m³）两侧人群肺癌风险增加 4~5 倍。2015 年 Sarigiannis DA 等在希腊采暖季进行研究，发现了生物质燃料燃烧释放 PAHs 与肺癌间的相关性。Manoli E 等在希腊北部城市塞萨洛尼基开展的研究，揭示了来源于住宅木材燃烧和城市中心交通尾气排放的 PM_{10} 和 $PM_{2.5}$ 所携带的不同 PAHs 组分，都具有相同程度的致肺癌风险性。de la Gala Morales M 等在西班牙埃斯特雷马杜拉地区（大气污染水平低）采集空气 PM_{10} 颗粒并测定其中的苯并（a）芘［benzo(a)pyrene，BaP］浓度，之后评价 BaP 致研究地区居民一生中罹患肺癌风险。结果显示每百万居民中大约有 8 人会因为暴露于大气 PM_{10} 颗粒中的 BaP 成分而患上肺癌。2016 年 Cuadras A 等在地中海工业区针对大型化工厂附近居民展开研究，发现呈气相的可挥发 PAHs 致肺癌风险最明显，主要来源是液化石油气燃烧和交通尾气排放，暴露者一生中患肺癌风险在 3.2×10^{-5} 和 4.3×10^{-5} 之间。2018 年 Etchie TO 等报告印度那格浦尔市 $PM_{2.5}$ 附带的 PAHs 年均浓度为 458ng/m³，归因于该 PAHs 暴露的肺癌 DALY 为 11 435 年。

Raaschou-Nielsen O 等集中了欧洲 8 国 14 个队列的数据（平均追踪年限 13.1 年），探索 PM_{10} 和 $PM_{2.5}$ 颗粒成分与肺癌发病间的相关性。结果显示在所分析的 8 种元素中，有 7 种——铜、铁、锌、镍、钾、硫、硅都与肺癌发病相关，特别是 PM_{10} 颗粒中包含的镍和 $PM_{2.5}$ 颗粒中包含的硫。由此可对致癌风险最大的空气颗粒物进行溯源。

2008 年 Beelen R 等的病例对照研究结果显示，研究期间（1982—1997 年）黑烟（来源于交通污染，浓度 $8.7\sim35.8\mu g/m^3$，中位数 $16.6\mu g/m^3$）的暴露造成非吸烟者肺癌发病风险增加，$RR=1.47(95\%CI:1.01\sim2.16)$。2014 年 Grahame TJ 等综述了自 20 世纪 90 年代起发表的文献，得出结论 BC 与肺癌死亡率间有因果关系。

（二）国内研究概况和前沿

1. 大气颗粒污染物 自 2013 年我国开始正式监测大气 $PM_{2.5}$ 浓度起，陆续有估算中国人群长期 $PM_{2.5}$ 暴露归因肺癌疾病负担的文章发表。因为 $PM_{2.5}$ 地面监测值（作为因变量）可以与卫星遥感数据、土地利用数据等（作为自变量）相关联，使得推算 2013 年以前的近地面 $PM_{2.5}$ 浓度也成为可能。除了估算当前疾病负担外，还有部分研究进行了情境假设，分析当大气 $PM_{2.5}$ 浓度下降至中国国标二级浓度 $35\mu g/m^3$，WHO 3 个过渡期目标 IT-1 $35\mu g/m^3$（同中国国标二级）、IT-2 $25\mu g/m^3$、IT-3 $15\mu g/m^3$ 和空气质量指导值（Air Quality Guidelines，AQG）$10\mu g/m^3$ 时，相应疾病负担可降低的量。然而，上述文章结果之间的可比性并不强。其原因主要在于每项研究所选定的研究地区（全国或不同数目的省或城市）、所使用的暴露评价方法（直接使用地面监测数据、模型估算、遥感反演）、对长期暴露的定义（一年或几年）及所采用的暴露-反应关系曲线（直接利用 IER 模型或自行建模）都不尽相同。

2015 年 Fu J 等估算自 2008 年起，3~4 年的大气 $PM_{2.5}$ 暴露可在中国 31 个省会城市和直辖市造成共计 61.5 万例的肺癌死亡。2016 年 Liu J 等研究显示，2013 年中国 83% 人口所生活的地区 $PM_{2.5}$ 年均浓度超过国标二级限值，因此造成的肺癌过早死亡例数为 13 万；2017

年 Chen L 等发表文章称与国标二级限值相比,估算 2014 年归因肺癌死亡为 3.2 万例,显著低于 Liu J 等发表的数值。Guo Y 等报告与 $40\mu g/m^3$ 相比,2005 年中国归因于 $PM_{2.5}$ 暴露的肺癌死亡为 5.1 万例。2017 年和 2018 年,Feng L 等、Song C 等、Wang Q 等、Liu M 等和 Maji KJ 等均采用全球疾病负担研究方法学体系中的整合风险模型(integrated exposure-response model,IER)估算了中国人群长期 $PM_{2.5}$ 暴露和肺癌间的暴露-反应关系,并进一步计算归因疾病负担。Song C 等利用近地面 $PM_{2.5}$ 监测体系的实测数据,报告中国 2015 年全部肺癌死亡(61 万例)中有 23.9% 可以归因于 $PM_{2.5}$ 的长期暴露。Liao Y 等在中国广州开展的研究结果与之相似,报告 2013 年广州 23.1% 的肺癌死亡可以归因于 $PM_{2.5}$ 的长期暴露。Wang Q 等和 Liu M 等利用了遥感卫星反演所得的 $PM_{2.5}$ 浓度数据,前者报告 2010 年中国因长期 $PM_{2.5}$ 暴露所致的超额肺癌死亡例数为 83 976 例,其中半数发生在年均 $PM_{2.5}$ 浓度 $64\mu g/m^3$ 以上的地区,而这些地区又绝大部分位于中国北部平原上;后者报告 2004—2012 年中国因长期 $PM_{2.5}$ 暴露所致的超额肺癌死亡例数由 9.3 万上升至 16.9 万,2012 年中国 27.9% 的肺癌死亡可以归因于 $PM_{2.5}$ 的长期暴露。Feng L 等比较了 2015 年和 2016 年归因于 $PM_{2.5}$ 的肺癌超额死亡数并发现了下降的趋势。Maji KJ 等报告中国 161 个城市 $PM_{2.5}$ 造成多种慢性疾病别的超额死亡,其中肺癌占比 9.45%,远小于脑卒中和缺血性心脏病(51.70% 和 26.26%)。Lo WC 等报告,2014 年 $PM_{2.5}$ 长期暴露在台湾地区(各行政区划年平均 $PM_{2.5}$ 浓度为 $11\sim34\mu g/m^3$)造成了 6 282 例死亡,其中 1 252 例是肺癌死亡。

除上述外,Wong CM 等在香港对 66 820 名 65 岁及以上老年人进行了 $10\sim12$ 年的追踪,发现其年平均 $PM_{2.5}$ 暴露浓度每升高 $10\mu g/m^3$,男性因肺癌死亡的风险 $RR=1.36(95\%CI:1.05\sim1.77)$。Yin P 等利用了近 19 万名中国男性(1990—1991 年纳入,当时至少 40 岁)的队列追踪数据,估算得到 2000—2005 年平均 $PM_{2.5}$ 浓度每上升 $10\mu g/m^3$,肺癌死亡的风险 $RR=1.12(95\%CI:1.07\sim1.14)$。除外肺癌死亡,Han X 等建立多种空间回归模型拟合中国人群肺癌发病的空间分布情况,结果显示男性肺癌发病率从西部到东部显著增高(除了我国最北部区域),与 $PM_{2.5}$ 浓度的空间分布形式一致,证明这两者之间有显著相关性。郭群等利用灰色关联法分析北京市肺癌入院与大气污染间的相关性,发现对肺癌入院影响最大的污染物是 PM_{10}。2016 年 Guo Y 等利用中国肿瘤监测 20 年(1990—2009 年)的数据及遥感反演的 $PM_{2.5}$ 浓度数据,估算得到两年平均 $PM_{2.5}$ 浓度每上升 $10\mu g/m^3$,肺癌发病的风险 RR 根据亚组人群不同(男性、女性、城市、农村、30~65 岁、75 岁以上)为 $1.037\sim1.149$,其中女性风险最高、农村人口风险最低。

2. 气态大气污染物　2000 年 Zhang J 等分析了北京市大气 SO_2 长期暴露(12 年)与包括肺癌在内的多种慢性病间的相关性。近几年,中国北方和南方开展的研究均揭示了城市大气气态污染物对肺癌的影响。Chen X 等在中国北方四个城市开展的队列研究结果显示,在随访期间,这些城市中分别有 0.2%~0.6% 的研究对象发生了肺癌死亡事件。SO_2 与肺癌死亡风险有相关性,NO_2 虽然在单独分析时不与肺癌死亡相关联,但在双污染物建模时会显著削弱 SO_2 或 PM_{10} 的效应强度。Lu X 等在中国南方珠三角地区开展的研究结果显示,每年该地区可归因于大气 NOx 暴露的肺癌死亡人数约为 991 人($95\%CI:0\sim2\ 281$ 人)。

3. 成分　Chen C 等和 Wang T 等在中国南京研究了 $PM_{2.5}$ 携带的 PAHs 与肺癌风险间的相关性。结论显示,PAHs 致肺癌风险在各年龄别和性别的亚组人群中均不高,成人风险高于老年人和儿童青少年。颗粒相的 PAHs 致肺癌风险高于气象 PAHs。Xie Y 等假设北京

2014 年 APEC 会议期间的空气污染控制措施持续执行,在此情境下,北京市年平均 $PM_{2.5}$ 浓度和苯并(a)芘浓度将分别从 37.5μg/m³ 和 7.1ng/m³ 下降到 24μg/m³ 和 4.2 ng/m³,导致肺癌风险分别下降 0.75% 和 0.45%。

(三)研究方法小结及机制研究

通过上述研究可见,从方法上来说,到 2017 年底在评估大气污染物的效应时考虑其时间变化趋势和空间不一致性,是主流的做法。但 Wang N 等回顾了 17 篇探讨大气 PM_{10} 和/或 $PM_{2.5}$ 与肺癌间相关性的文献,有 16 篇采取了空间分析,1 篇考虑了时间趋势,但尚没有研究在建模时同时考虑了时间和空间的不确定性。更加先进的时空流行病学研究方法需要引起重视并广为应用,以获得对颗粒物-肺癌相关性更加全面和确凿的评估结果。

实验室研究揭示,$PM_{2.5}$ 致肺癌的机制可能是增加氧化应激压力,而为了应对氧化应激和 DNA 损伤刺激,人体发生了一系列基因表达和代谢通路的改变,引发炎症和免疫反应。O_3 及其光化学反应产物例如氧化多环芳烃,导致暴露者体内庞大的 DNA 加和物水平的升高,说明可以引起基因毒性损害,增加癌症风险。

二、大气污染与其他恶性肿瘤

一项在沙特阿拉伯开展的研究结果提出了大气 NO_2 浓度与乳腺癌、宫颈癌、卵巢癌、前列腺癌之间的可能相关性。Mordukhovich I 等在美国长岛开展的病例对照研究,结果提示了交通排放来源的 PAHs 和乳腺癌发生风险间的相关性。30 年暴露水平在前 5% 者与后 50% 者相比,$OR = 1.14(95\%CI:0.80\sim1.64)$。

Wong CM 等在香港对 66 820 名老年人的追踪研究显示,年平均 $PM_{2.5}$ 暴露浓度每升高 10μg/m³,其因上消化道癌症、消化附属器官癌症、乳腺癌(女性)死亡的风险增加,RR 分别为 $1.42(95\%CI:1.06\sim1.89)$、$1.35(95\%CI:1.06\sim1.71)$ 和 $1.80(95\%CI:1.26\sim2.55)$。

第三节 典型研究案例

一、利用已发表文献中的暴露-反应关系

2012 年 2 月 9 日,中国环境保护部与国家质量监督检验检疫总局联合发布新版《环境空气质量标准》(GB 3095—2012),增加 $PM_{2.5}$ 和 $O_3$8 小时浓度限值为新的监测指标。2013 年,一批重点城市率先开始按照新标准开展环境空气污染物监测。监测开始初期,由于数据持续年份尚短,不足以支撑队列研究。但 $PM_{2.5}$ 信息的公开仍然创造了探索中国人群长期暴露健康损害的契机,可以挑选和利用已发表文献中适宜的暴露-反应关系,结合中国(重点城市)的 $PM_{2.5}$ 年平均水平,进行健康效应评估。根据已发表文献中暴露-反应关系所覆盖的污染物浓度范围,还可以进行空气质量改善的"情境研究",评估当中国(重点城市)的 $PM_{2.5}$ 下降至某一年平均水平时,人群健康损害的减轻程度。从某种程度上来说,有些情境研究的发现,短期内可能无法通过在中国本土开展队列研究来实现。以 WHOAQG——10μg/m³ 为例,在我国人口密集地区一定时间段内都较难找到暴露水平低至此值的人群。

2015 年,正是采用这一研究思想和设计,潘小川教授课题组出版了题为《大气 $PM_{2.5}$ 对中国城市公众健康效应研究》的报告。当时是国内首份基于 $PM_{2.5}$ 实测数据、评估 $PM_{2.5}$ 长期暴露对公众健康所产生的影响的研究,在社会各界引起了广泛反响。现将研究设计、研究方法和肺癌相关结果等简要介绍如下。

（一）研究整体设计

该研究以中国 31 个省会城市和直辖市为研究地区。暴露评价基于 2013 年空气质量监测点数据,计算各市年平均 $PM_{2.5}$ 浓度作为该市人群长期暴露水平。健康结局的选择是以各城市 2013 年底的居民缺血性心脏病（ICD-10 编码:I20-I25）、脑血管疾病（I60-I69）、慢性阻塞性肺疾病（COPD,J40-J44）和肺癌（C33-C34）四种疾病造成病因别死亡率作为人群健康水平的代表。研究设立各城市 2013 年实际年平均 $PM_{2.5}$ 浓度暴露水平为基线情境,并设立了 3 个空气质量改善情境:大气 $PM_{2.5}$ 年均浓度从 2013 年实测值下降达到城市 2017 年 $PM_{2.5}$ 浓度下降目标值（2017 年情境）,达到中国《环境空气质量标准》（GB 3095—2012）二级浓度限值 35μg/m³（国标情境）,及达到 WHO 空气质量准则 10μg/m³（WHO 情境）。认为长期暴露于 WHO 情境下造成超额死亡可忽略,即以 WHO 情境为参考,估算基线情境下 31 个城市归因于 $PM_{2.5}$ 长期暴露的病因别超额死亡,并继续估算大气 $PM_{2.5}$ 年均浓度从基线情景下降达到另外两个目标情境时,分别可避免的病因别超额死亡数。

（二）数据来源

如上所述,该研究获取了中国 31 个省会城市和直辖市 2013 年每个监测站点每天 $PM_{2.5}$ 浓度值数据,计算每个城市所有监测站点每天 $PM_{2.5}$ 浓度算术平均值作为该城市 $PM_{2.5}$ 年平均浓度值。

健康结局数据,中国 31 个省会城市和直辖市 2013 年底居民非意外总死亡率来自国家统计局编纂的《2014 中国统计年鉴》或各省统计局编纂的 2014 省级统计年鉴,但统计年鉴里并没有病因别死亡率的信息。在本研究中,采用最新病因别死亡率资料,来自中国疾病预防控制中心慢性非传染性疾病预防控制中心监制出版的《全国疾病监测系统死因监测数据集（2012）》。当时 2013 年的数据集尚未出版,从这本数据集中研究获取了 2012 年我国东部省份、中部省份和西部省份城市居民的非意外总死亡率和病因别死亡率。假定 2013 年与 2012 年相比,各病因别死亡率占非意外总死亡率的比例不变,由此推算 2013 年各个城市的病因别死亡率。

（三）暴露-反应关系

研究利用 2014 年 Burnett RT 等发表的"整合风险函数"暴露-反应关系（integrated exposure-response,IER）,根据 IER 的曲线形状和数学形式中的参数,结合基线情境、2017 年情境、国标情境时 31 个城市的年平均 $PM_{2.5}$ 水平,计算各城市人群各病因别超额死亡的 *RR* 值。之后,再根据归因风险（population attributable risk,PAR）计算公式以及各城市 2013 年常住人口数,即可计算各城市基线情境下的病因别超额死亡人数,及空气质量下降到目标情境后可避免的超额死亡人数。

IER 是其研究团队集合各种来源（室外空气污染、室内空气污染、主动吸烟、二手烟）$PM_{2.5}$ 与人群健康相关性研究结果后,基于一定的假设条件建立的暴露-反应关系模型。IER 暴露-反应曲线的特点包括:①IER 的数学形式能够描述之前进行风险评价时所用模型的暴露-反应曲线形状,例如线性、对数线性和幂函数;②能够做到在高暴露浓度时将曲线平滑,以保证与已发表的缺血性心脏病死亡率和吸烟间的关系保持一致;③还必须做到在$PM_{2.5}$浓度低于一定值时将RR保持在等于1,即低于此浓度水平的暴露不具有造成健康损害的风险;④预期的整合暴露-反应关系曲线是随着$PM_{2.5}$暴露浓度的升高而单调上升的,且可以变换多种形式,例如近似线性、分段线性或超线性。构建IER的假设条件包括:①多种燃烧源的$PM_{2.5}$均导致缺血性心脏病、脑卒中、慢性阻塞性肺疾病和肺癌死亡率的上升,此假设是基于全球疾病负担2010项目流行病学文献综述作出;②各个来源的$PM_{2.5}$所致的死亡率上升风险,是基于其吸入质量浓度计算,不同来源的$PM_{2.5}$成分的差异未纳入考虑;③$PM_{2.5}$暴露与超额死亡率的相关性不局限为线性;④$PM_{2.5}$导致慢性疾病死亡率的风险上升,可理解为每日$PM_{2.5}$暴露的长期累积效应,与每日$PM_{2.5}$随时间变化的模式无关;⑤每种来源$PM_{2.5}$导致的死亡率上升风险与其他来源$PM_{2.5}$不相关,不同来源$PM_{2.5}$暴露之间没有交互作用。

(四) 肺癌相关结果

研究的结果显示,中国31个省会城市和直辖市中,当年均$PM_{2.5}$浓度值从各自的实测值下降到$10\mu g/m^3$、$35\mu g/m^3$和各自的2017年目标浓度值时,肺癌死亡风险可以降低10%~38%、2%~27%和1%~11%。中国北方城市石家庄在3种情境下,肺癌死亡风险的下降比例均最大。但这也反过来说明石家庄在2013年实际空气污染水平和肺癌风险均最高。一些在2013年空气质量本就相对较好的城市,在3种情境下肺癌死亡风险下降的程度就较小,基本都是南方城市,包括昆明、贵阳、拉萨、海口、福州等。

由于人口数量的原因,与WHO空气质量准则$10\mu g/m^3$相比较,直辖市北京、天津、上海和重庆的肺癌超额死亡人数绝对值仍然是最多的,分别为2 522人($95\%CI$:807~3 401人)、2 354人($95\%CI$:762~3 166人)、2 641人($95\%CI$:616~3 813人)和3 264人($95\%CI$:764~4 710人)。石家庄常住人口是北京的一半,是天津的2/3,因其2013年$PM_{2.5}$平均浓度高,致肺癌风险高,归因超额死亡人数与北京很接近,与天津相似,达到2 361人($95\%CI$:970~3 009人)。与中国《环境空气质量标准》(GB 3095—2012)二级浓度限值$35\mu g/m^3$相比较,北京、天津、上海和重庆的肺癌超额死亡人数分别为1 540人($95\%CI$:0~2 419人)、1 450人($95\%CI$:0~2 262人)、1 221人($95\%CI$:0~2 393人)和1 514人($95\%CI$:0~2 960人),石家庄达到1 698人($95\%CI$:307~2 346人),甚至超过了四个直辖市。其余一些城市如北方城市哈尔滨、济南,南方城市成都、武汉等,与上述两限值相比肺癌超额死亡人数也较多。

在本课题组报告之后的几年里,又有多项研究采取相似的设计,利用IER估算暴露-反应关系,如前述Song C等、Wang Q等、Liu M等、Maji KJ等的研究。随着$PM_{2.5}$监测年份的增加和监测系统的不断完善,可利用的近地面$PM_{2.5}$测量点值数量增多,还有些研究结合遥感卫星数据反演研究区域上空$PM_{2.5}$浓度曲面。人群健康结局数据的来源也逐渐丰富,如利用全球疾病负担研究报告的中国部分结果或我国肿瘤发病监测数据。

二、队列研究

队列研究(cohort study)是将某一特定人群按是否暴露于某可疑因素或暴露程度分为不同的亚组,追踪观察两组或多组成员结局(如疾病或死亡)发生情况,比较各组之间结局发生率的差异,从而判定这一因素与该结局之间有无因果关联及关联程度的一种观察性研究方法。其设计从暴露组和非暴露组(对照组)开始,至观察结局为止,遵循由因到果的时间线,能确认暴露与结局间的因果关系,是证据力度较强的研究方法之一。在大气污染与人群健康危害效应的研究中,队列研究设计也被多次应用,分析长期暴露于空气污染物后的人群健康结局。

队列研究资料可靠,验证假设的能力强,可证实病因,但需要跟踪观察数量很大的样本,对人力、财力和时间的要求较高。潘小川教授课题组到目前为止尚未对大气污染长期暴露致肿瘤的效应开展过队列研究,因此,选择了另外三项在中国人群中开展的队列研究,作为范例来讨论队列研究设计在空气污染长期暴露致中国人群肿瘤风险方面的应用。

(一) CNHS-Air

中国第一个空气污染长期暴露致健康效应的队列研究,是结合中国高血压调查(China National Hypertension Survey,CNHS)数据库而进行的回顾性队列研究。其研究对象为中国 31 个城市的 70 947 名成年居民(中国高血压调查的对象为 17 个省城市和农村共计 158 666 人)。研究时间为 1991—1999 年,选取的空气污染监测指标为 TSP、NOx 和 SO_2,当时除外这三者,PM_{10}、$PM_{2.5}$、NO_2、O_3 等指标都不可获得。但研究者用估算的占比,根据 TSP 的浓度估算出了 PM_{10} 和 $PM_{2.5}$ 的浓度。在健康结局的设置上,该研究选择了非意外总死亡、心血管系统疾病、呼吸系统疾病和肺癌的死亡率作为关注的健康终点,而将其他癌症作为对照健康终点(此队列研究期间,膀胱癌与空气污染长期暴露间的关联性尚未被发现)。

研究通过住址邮政编码,将每一个研究对象与距其最近的空气质量监测站点的数据匹配;研究直接利用 1991 年中国高血压调查(基线)所收集的协变量信息。通过建立比例风险回归模型,分析单个和多个污染物长期暴露后的健康效应,并进一步在多个亚组人群中重复建模过程。

该队列研究的结果显示,1991—1999 年上述 3 种实测空气污染物的平均年均浓度分别为 TSP $289\mu g/m^3$、NOx $50\mu g/m^3$、SO_2 $74\mu g/m^3$;1991—1999 年其浓度水平均有所下降,程度最大的是 SO_2 下降 35%。1991—1999 年共有 8 319 名被跟踪对象死亡,心血管系统疾病、呼吸系统疾病和肺癌的死亡分别占比 36%、11% 和 8%。SO_2 是最影响健康结局的大气污染物,其年均浓度每上升 $10\mu g/m^3$,4 种死亡结局(非意外总死亡和上述 3 种病因别死亡)均随之显著上升,其中肺癌死亡上升的百分比最高,为 4.2%(95% CI:2.2% ~ 6.2%)。TSP 和 NOx 年均浓度上升均不能引发肺癌死亡率上升;但(估算所得)$PM_{2.5}$ 年均浓度每上升 $10\mu g/m^3$,肺癌死亡上升 3.1%。而 3 种污染物浓度的升高均未能引起其他癌症死亡率上升。

(二) 中国北方四城市内队列研究

该项队列研究在中国北方 4 个城市(天津、沈阳、太原、日照)开展,跟踪时间为 1998—2009 年。其研究对象为 4 个城市中选出的共计 48 114 名参与者,选择方式为:以每个城市的空气质量监测站点(1~7 个不等)为圆心,将其周围 1km 半径内的区域划作抽样框,再从中随机抽取符合条件的成人作为研究样本。选取的空气污染监测指标为 PM_{10}、NO_2 和 SO_2,浓度值来自国家空气质量监测站点。选取的健康结局指标为非意外总死亡率和多种病因别死亡率,其中包括肺癌死亡。研究者自行调查了研究对象的协变量信息。通过建立 Cox 比例风险回归模型,分析污染物长期暴露后的健康效应。

该队列研究结果显示,基线调查时上述 3 种空气污染物的平均浓度分别为 PM_{10}

144.3μg/m³、NO₂ 40.7μg/m³、SO₂ 66.9μg/m³;PM₁₀和SO₂的浓度水平高度相关。至随访结束时,4个城市分别有0.2%~0.6%的研究对象发生了肺癌死亡事件。PM₁₀和SO₂与肺癌死亡风险有相关性,其中PM₁₀的效应强度大于SO₂,随着模型形式的不同,PM₁₀浓度每上升10μg/m³最多可致使人群肺癌死亡率上升13.6%。NO₂虽然在单独分析时不与肺癌死亡相关联,但是在双污染物建模时会显著削弱PM₁₀或SO₂的效应强度。

(三) 中国222 000名男性的队列研究

该项队列研究的基线招募时间为1990—1991年,研究者从中国145个死因监测点中随机抽取了45个,包含城市和农村地区,并从这些地点招募超过22万名40岁以上的男性居民作为研究对象。基线调查内容包括问卷调查和体格检查,主要收集协变量信息,后续死亡结局可以通过死因监测获得。在暴露评价方面,研究者利用遥感卫星监测大气气溶胶光学厚度反演技术,结合大气化学扩散模型及2013年全球疾病负担研究中报告的中国地区大气污染物浓度水平,估算了1990年、1995年、2000年和2005年共计4个年份的大气污染物浓度;指标选择的是PM₂.₅。在健康结局设置方面,研究者选取了全球疾病负担研究中被认为与PM₂.₅长期暴露相关的指标:非意外总死亡率及心血管系统疾病、缺血性心脏病、脑卒中、肺癌和COPD死亡率。

研究者所估算的PM₂.₅浓度以11km×11km的网格化浓度曲面来表示,每位研究对象根据其基线调查时登记的住址而落在相应的网格内,是通过建立比例风险回归模型,分析大气PM₂.₅长期暴露致肺癌死亡的效应。

该队列研究结果显示,45个研究小区域的平均PM₂.₅浓度1990年为36.4μg/m³,2005年升至46.4μg/m³;城市地区的污染水平始终高于农村地区。跟踪截止年份为2006年,共计50 022人死亡,其中肺癌死亡为2 523例。2000—2005年的平均PM₂.₅浓度每上升10μg/m³,致肺癌死亡的相对危险度为1.12(95%CI:1.07~1.14)。

由以上可见,当前我国本土进行的队列研究已有一些,覆盖人数从几万到几十万不等。总体看来,在城市地区进行的队列研究占大多数。在研究设计和数据利用方面,研究对象的暴露评价基本遵循就近原则,即以距离每个研究对象最近的监测站点的空气质量值代表该对象的暴露水平;随着监测系统的完善,站点数量的不断增加,研究人群的暴露水平评价也变得越来越精确。除了直接利用空气质量监测数据,随着遥感影像技术的发展,遥感、地理信息等方面的数据与地面监测数据结合,通过建立模型推算一个地域上空的空气污染浓度面已成为可能,而后根据地址可以将每位研究对象匹配进一个浓度网格,以获得其暴露水平。研究所关注的肿瘤结局通常是肺癌,反过来说,肺癌也几乎总是空气污染长期暴露健康效应队列研究所关注的健康终点之一。采取回顾性队列研究设计时,健康结局资料可能来源于死因监测或其他调查等。在统计模型方面,生存分析的比例风险回归模型最常被使用,模型中必然包含评价空气污染与健康结局间的相关性时需要被控制的协变量。这些协变量可以来自研究者自己的调查,或是利用其他调查或行为危险因素监测的资料。根据统计模型最终形式的不同,包括建立的是单污染物或多污染物模型,估算所得的污染物效应值可能有较大差距。在针对队列全体研究对象进行分析的基础上,亚组分析也常被考虑,且已发表了一系列研究结果,例如从未吸烟人群受到空气污染长期暴露的影响更大。

当然,队列研究设计在空气污染长期暴露致中国人群肿瘤风险方面的应用还存在一定的局限性和发展空间,可详见第四节相关内容。

三、病例对照研究

病例对照研究属于横断面研究,也可用于研究长期空气污染暴露的健康效应。从健康结局出发,选择确定发生了某种健康结局的人作为病例,再选取未发生该结局且各方面与之可比的人作为对照,通过问卷调查、实地测量、生物样本采集等方式,搜集病例和对照行为习惯、人口学特征等方面的资料以控制混杂,测量暴露水平并在两组间进行比较,再进行统计学检验,以探讨暴露因素与结局间是否存在关联。

病例对照设计的优势在于,相对于队列研究省时省力省钱;特别适用于罕见病病因研究(如采用队列研究需要很大的追踪样本,因为发病率低);可同时研究一个健康结局的多种影响因素。其局限性在于问卷调查的过程中容易出现选择偏倚和回忆偏倚;不像队列研究遵循从因到果的时间线,因此不能完全确认暴露和疾病的先后顺序,不能确定病因;不适宜研究在人群中暴露比例很低的危险因素(同理于上述队列研究不适用罕见病病因的研究)。

此处以中国云南省宣威市进行的一项病例对照研究作为范例,讨论病例对照研究设计在空气污染长期暴露致中国人群肿瘤风险方面的应用。

1. 研究背景 宣威市是我国重点关注的肺癌高发地区之一。20 世纪 70 年代,宣威市男性居民肺癌死亡率是中国农村平均水平的 4 倍,女性达到 8 倍之高;中国农村男、女肺癌死亡率差异很大,而在宣威男、女肺癌死亡率的水平相近。这种现象连同极高的肺癌水平,引起了研究者的注意。经过调研发现,在宣威市的肺癌高发区,居民一直使用烟煤作为家庭主要燃料,用于做饭和冬季取暖等;而使用无烟煤和柴草等作为主要家庭燃料的地区,居民肺癌死亡率普遍偏低。当时,当地居民都在室内不具有通风措施的"火塘"中燃烧烟煤或其他燃料,这使得烟煤燃烧释放的多环芳烃、石英纳米颗粒等致癌物质无处排放,造成了极为严重的室内空气污染,导致肺癌高发,也解释了为何在宣威地区女性(几乎全部为从未吸烟者)的肺癌死亡水平几乎与男性(吸烟率高于中国男性平均水平)一致,因为女性基本在家庭中承担做饭职责。

2. 研究设计、数据来源及处理 此处介绍的病例对照研究由美国国家癌症研究所 Qing Lan 教授主持开展;其目的是研究烟煤燃烧造成的室内空气污染以及吸烟这两个危险因素对宣威人群肺癌高发分别所起的作用。研究遵循的是配对病例对照设计,研究对象为 260 对男性肺癌病例及对照。其中,病例的确诊时间为 1985—1992 年,确诊方式为病理学检查、细胞学检查或 X 线检查结合病史判断。对照来源于宣威地区居民总体的一个随机样本,与病例按照性别和年龄(正负 2 岁之内)1:1 匹配。

研究者以问卷调查的方式收集了研究对象人口学特征、行为习惯、职业经历、家族遗传史等多方面信息。其中室内空气污染暴露水平是关键信息之一,由于未进行浓度测量,也不可能通过被调查者回忆得知其家庭室内空气污染浓度值,因此以家庭烟煤年用量(吨)或烟煤使用总年限(年)作为其指代指标。吸烟情况是另一个关键信息,吸烟史、每日吸烟量、吸烟总年限等内容被包括在问卷内。

3. 数据分析 配对病例对照设计的具体统计过程采用条件 Logistic 回归模型。因变量为病例或对照(二分类变量),在控制一系列可以影响肺癌发生风险的协变量之后,估算研究者最关注的危险因素在肺癌风险 *OR* 值及其 95% *CI*。本研究中,研究者重点关注的危险因素包括是否使用烟煤、使用烟煤类型、使用年限,及有无吸烟史、每天吸烟量、吸烟年限。

4. 研究结果 在宣威地区,烟煤和烟草两大因素都对肺癌的高发产生影响。一生中曾经使用烟煤的居民和不曾使用烟煤的居民相比,发生肺癌的风险可增加5.31倍（$OR=6.31$）;其中,使用产自宣威市来宾和龙潭两个乡镇烟煤的居民,肺癌发生风险增加最多,OR（与不曾使用烟煤的居民相比）达到14.99。有吸烟史也可能增加肺癌发生的风险,但与有烟煤使用史相比,OR值小得多（1.21）,且不具有统计学显著性。当分亚组进行统计分析后,烟草对肺癌的影响在从未使用烟煤的居民中表现为最大,在使用过烟煤的居民中则有所下降,在使用过烟煤且仅使用来自来宾和龙潭烟煤的居民中,其效应值甚至下降为0。这一结果揭示,在宣威地区,吸烟对肺癌造成的影响由于烟煤燃烧产生室内空气污染的竞争而被显著削弱,甚至不能显现。

以上述研究可见,研究空气污染长期暴露健康效应时,选用病例对照设计的主要优势之一（与队列研究相比较）是可以在较短时间内收齐暴露数据资料和协变量资料,不需要追踪多年。另外一项突出优势是研究对象样本量相对来讲可以较小,使调查工作量较易完成。其不足之处主要就在于调查对象可能出现信息回忆偏倚,例如上述研究的开展过程为先找到确诊病例,再询问其烟煤使用类型、使用年限和每年用量,一些细节可能模糊。另外一点就是如前已述的,有些研究者所关注的关键信息（室内空气污染水平）并不能通过询问调查方式而获得,唯有询问替代（烟煤使用情况）信息。

第四节 国内研究展望

由上述可见,在大气污染长期暴露与肿瘤风险研究方面（包括暴露评价、健康效应选取、暴露-反应关系估计、疾病负担估计等每个步骤）,我国当前取得的成绩和尚存的问题,小结如下:

（1）大气环境质量监测系统的建设不断加强和完善,PM2.5也从2012年底成为国家常规监测污染物之一。地面监测数据的增多,结合利用遥感、地理信息等方面的理论和技术,使得回推人群在过去年份内的暴露水平变得越来越可能。

（2）在上述暴露评价取得的成果基础上,公共卫生和其他多个领域的科学家开展了多项横断面研究和回顾性队列研究,以分析长期空气污染暴露在恶性肿瘤发病与死亡方面的效应。相对来讲,前瞻性的队列研究开展较少。

（3）我国在研究肺癌如何受到大气污染影响方面取得了较多研究成果,但对于膀胱癌等其他健康结局尚未给予足够关注。

（4）不少国内开展的研究直接利用了国际上已经发表的大气污染物暴露水平与肺癌死亡风险间的暴露-反应关系曲线,以中国本土人群为研究对象的暴露-反应关系估计工作仍需要进一步开展。这与第2条具有一定的一致性,都可以指向中国国内前瞻性队列研究的开展。

（5）在大气颗粒物污染致肿瘤的效应上,我国科研工作者已经针对细颗粒物（PM2.5）开展了不少研究,但几乎没有对直径100nm以下的超细颗粒物展开研究。这可能与其浓度水平的测量难度有一定关系。

（6）评价大气污染物暴露水平时，还是多关注其浓度水平，对成分的解析和健康效应分析，开展仍相对较少。

（7）相比较来说，以肺癌等的死亡率为健康结局指标的研究偏多，以发病率为健康结局指标的研究偏少。这应该是由于我国死因监测系统已经成熟运行，数据完整、形式统一且相对较易获取；而肿瘤发病监测系统只在个别省市建立和运行，且数据质量良莠不齐，医院来源的发病资料可能缺失更少，但相对来讲十分不容易获得，且需要大量的前期整理和补充工作后才能进行分析。

针对现状，作者对于国内未来大气污染与肿瘤风险间相关性的研究，提出如下建议：

（1）进一步完善空气质量监测系统。根据国家环境监测总站的资料，从"十一五"到"十二五"期间，我国已经在 338 个地级以上城市设置监测点 1 436 个（其中含 135 个清洁对照点），并在农村地区建成 92 个区域监测点，国家环境空气质量监测网络的建设已经取得了巨大成绩。然而，监测站点的数量仍有很大的提升空间。在很多城市可能只设有 1 个监测站点，在北京这一拥有 2 000 万常住居民的超级大城市，监测站点的数量也仅为 35 个。与城市相比，农村区域点的数目更少。农村地区长久以来空气质量都好于城市，但随着中国城市化进程的推进，农村地区建立电厂、开设工厂的情况越来越多见，人民生活水平提高也带来如汽车保有量等方面的改变，因此对农村地区的空气质量监测变得越来越重要。应该继续加强我国空气质量监测系统基础数据的建设，扩大站点数目，根据实际情况按需调整城市点和农村区域点的布局。

（2）在上述浓度测量的基础上，增加大气颗粒污染物成分的监测。这一过程可通过某些型号的空气颗粒物样本采集仪器自动完成。

（3）在条件相对成熟并合理使用科研经费的基础上，应在我国开展更多队列研究，样本人群应来自多个地区，由多种类型的人群组成。这有利于理解不同地域、不同特征的人群，对于同一危险因素的暴露水平、易感性等可能存在的差异；更好地理解在我国甚至其他许多发展中国家和地区大气污染暴露水平偏高的情境下，人群遭受的健康损害。

（4）如前文所提到的，我国死因监测系统已经建立和运行多年，负责管理的中国疾病预防控制中心已制定了多种质控措施，死因数据的完整性和准确性都在逐年提高。到目前为止，这一资料已在卫生系统内部共享，但尚未完全实现环境风险评价各方共享。应考虑通过一些国家数据共享平台，加强公共卫生系统和环保等其他部门的数据共享，但其运行和管理有待进一步加强。

（5）建议今后加强包括肿瘤在内的慢性病发病和患病监测系统的建设，提高发病和患病数据的可获得性和数据质量。在需要时也可利用模型法推算发病率、患病率等健康结局指标。例如，全球疾病负担研究方法学体系中就有利用疾病的发病率、患病率、死亡率、缓解率等 7 项特征指标间的相互关系，实现其间相互推算的方法。这一模型当前已十分成熟，可以考虑将其作为一个计算模块结合我国的死因监测系统，利用死因监测数据完整、质量高的优势，填补病因别发病率、患病率等指标的资料空白。

（刘利群）

参考文献

[1] TORRE L,BRAY F,SIEGEL R,et al. Global cancer statistics,2012[J] CA Cancer J Clin,2015,65(2):

87-108.

［2］WORLD HEALTH ORGANIZATION. Ambient air pollution：a global assessment of exposure and burden of disease［M］. Switzerland：WHO Press,2016.

［3］VENA J E. Lung cancer incidence and air pollution in Erie County,New York［J］. Arch Environ Health, 1983,38(4):229-236.

［4］BUFFLER P,COOPER S,STINNETT S,et al. Air pollution and lung cancer mortality in Harris County,Texas, 1979-1981［J］. Am J Epidemiol 1988,128(4):683-699.

［5］ABBEY D,MILLS P,PETERSEN F,et al. Long-term ambient concentrations of total suspended particulates and oxidants as related to incidence of chronic disease in California Seventh-Day Adventists［J］. Environ Health Perspect,1991(94):43-50.

［6］W LAWRENCE B,DAVID E A,SYNNOVE F K. Long-term Concentrations of Ambient Air Pollutants and Incident Lung Cancer in California Adults：Results from the AHSMOG Study［J］. Environmental Health Perspectives,1998,106(12):813-822.

［7］DAVID E A,NAOMI N,WILLIAM F M,et al. Long-Term Inhalable Particles and Other Air Pollutants Related to Mortality in Nonsmokers［J］. Am J Respir Crit Care Med 1999(159):373-382.

［8］GALLUS S,NEGRI E,BOFFETTA P,et al. European studies on long-term exposure to ambient particulate matter and lung cancer［J］. Eur J Cancer Prev,2008,17(3):191-194.

［9］BRUNEKREEF B,BEELEN R,HOEK G,et al. Effects of long-term exposure to traffic-related air pollution on respiratory and cardiovascular mortality in the Netherlands：the NLCS-AIR study［J］. Res Rep Health Eff Inst, 2009(139):5-71.

［10］HWANG S S,LEE J H,JUNG G W,et al. Spatial analysis of air pollution and lung cancer incidence and mortality in 7 metropolitan cities in Korea［J］. J Prev Med Public Health,2007,40(3):233-238.

［11］KAPKA L,ZEŁA B F,KOZŁOWSKA A,et al. Air quality vs. morbidity to lung cancer in selected provinces and localities of the Silesian region［J］. Przegl Epidemiol,2009,63(3):437-442.

［12］HEINRICH J,THIERING E,RZEHAK P,et al. Long-term exposure to NO2 and PM10 and all-cause and cause-specific mortality in a prospective cohort of women［J］. Occup Environ Med,2013,70(3):179-186.

［13］RAASCHOU-NIELSEN O,ANDERSEN Z J,BEELEN R,et al. Air pollution and lung cancer incidence in 17 European cohorts：prospective analyses from the European Study of Cohorts for Air Pollution Effects(ESCAPE)［J］. Lancet Oncol,2013,14(9):813-822.

［14］PUETT R C,HART J E,YANOSKY J D,et al. Particulate matter air pollution exposure,distance to road,and incident lung cancer in the nurses' health study cohort［J］. Environ Health Perspect,2014,122(9):926-932.

［15］FISCHER P H,MARRA M,AMELING C B,et al. Air Pollution and Mortality in Seven Million Adults：The Dutch Environmental Longitudinal Study(DUELS)［J］. Environ Health Perspect,2015,123(7):697-704.

［16］SIFAKI-PISTOLLA D,LIONIS C,KOINIS F,et al. Lung cancer and annual mean exposure to outdoor air pollution in Crete,Greece［J］. Eur J Cancer Prev,2017(26):S208-S214.

［17］CONSONNI D,CARUGNO M,DE MATTEIS S,et al. Outdoor particulate matter(PM10) exposure and lung cancer risk in the EAGLE study［J］. PLoS One,2018,13(9):e0203539.

［18］JERRETT M,BURNETT R T,MA R,et al. Spatial analysis of air pollution and mortality in Los Angeles［J］. Epidemiology(Cambridge,Mass),2005,16(6):727-736.

［19］NERRIERE E,ZMIROU-NAVIER D,DESQUEYROUX P,et al. Lung cancer risk assessment in relation with personal exposure to airborne particles in four French metropolitan areas［J］. Journal of occupational and environmental medicine,2005,47(12):1211-1217.

［20］LADEN F,SCHWARTZ J,SPEIZER F E,et al. Reduction in fine particulate air pollution and mortality：Extended follow-up of the Harvard Six Cities study[J]. Am J Respir Crit Care Med,2006,173(6):667-672.

[21] LEPEULE J,LADEN F,DOCKERY D,et al. Chronic exposure to fine particles and mortality:an extended follow-up of the Harvard Six Cities study from 1974 to 2009[J]. Environ Health Perspect,2012,120(7):965-970.

[22] NORMAN R,CAIRNCROSS E,WITI J,et al. Estimating the burden of disease attributable to urban outdoor air pollution in South Africa in 2000[J]. South African medical journal,2007,97(8 Pt 2):782-790.

[23] VARDAVAS C I,MPOULOUKAKI I,LINARDAKIS M,et al. Second hand smoke exposure and excess heart disease and lung cancer mortality among hospital staff in Crete,Greece:a case study[J]. International journal of environmental research and public health,2008,5(3):125-129.

[24] 潘小川,刘利群,张思奇,等. 中国城市 $PM_{2.5}$ 长期暴露健康效应研究[M]. 北京:科学出版社,2015.

第八章

大气污染与其他疾病

第一节 大气污染与精神性疾病

大气污染物中多种污染物对神经系统存在损伤,包括颗粒物、铅、汞、氮氧化物等。近十年来,大气污染物对中枢神经系统的损伤引起众多研究者的关注。

一、概述

空气污染对健康损害的相关研究中,越来越多的研究正关注对中枢神经系统的影响,多种空气污染物可能导致神经发育异常或神经退行性病变。空气污染包括颗粒物(PM)和超细颗粒物($PM_{1.0}$)、气体、有机化合物和金属。环境 PM 和 $PM_{1.0}$ 的重要来源是交通相关的空气污染,包括柴油机尾气(DE)。人类流行病学研究和动物实验研究表明,暴露于空气污染可能会导致神经毒性。空气污染正在成为神经发育(例如自闭症谱系障碍)和神经退行性疾病(例如阿尔茨海默病)的可能病因。由空气污染引起的人类和动物的最显著影响是氧化应激和神经炎症。急性暴露于 DE($250\sim300mg/m^3$,持续 6 小时)的小鼠的研究显示,在各种脑区域,特别是海马和嗅球中,小胶质细胞激活,脂质过氧化增加和神经炎症,还发现了成人神经发生的损伤。最新的流行病学研究支持这样的假设:产前或产后暴露于空气污染物,特别是多环芳烃、$PM_{2.5}$ 和氮氧化物都对儿童神经心理发育有负面影响。虽然众多研究在该领域取得了相似的结论,但因果关系证明仍需要进一步研究。

二、大气污染与抑郁症

抑郁症(depression)是最常见的精神疾患之一,流行率相对较高,且出现患病率不断增高的趋势。因为不同调查研究对抑郁症识别率不同,在不同研究中报道的患病率在3%~5%。

抑郁症的病因及发病机制仍在研究中,目前还不清楚。研究结果显示生物、心理与社会环境等因素参与了抑郁症的发病过程。生物学因素主要涉及遗传、生物化学、内分泌、神经再生等方面;心理学易患素质是病前性格特征,如抑郁气质。环境因素包括社会环境因素和环境污染物等,社会环境因素主要为应激事件,是导致具有临床意义的抑郁发作的重要触发条件。然而,以上这些因素并不是单独起作用的,而是遗传、环境及应激因素之间交互作用影响的结果。

空气污染物 $PM_{2.5}$ 暴露对神经精神危害为近期研究所关注。众所周知,$PM_{2.5}$ 会增加呼吸系统疾病、心脑血管系统疾病的发病率和死亡率,可能通过诱发肺组织炎症及氧化应激进而产生系统性炎症及氧化应激。除了上述健康危害，流行病学研究显示短期空气污染暴露会增加抑郁患者的门诊量及自杀倾向，但机制不详。$PM_{2.5}$暴露对精神类疾病尤其抑郁的影响及机制研究相对空白，现有的研究结果表明空气污染可以诱发中枢神经系统炎症，而炎症在抑郁的病理生理过程中扮演关键角色，患者体内炎性因子水平高于正常人群。抑郁相关脑区包括海马、下丘脑等区域存在大量的炎性因子受体，炎性因子可能通过干扰神经递质代谢及转运，影响神经元参与抑郁的病理生理过程。

空气污染与抑郁症关系的流行病学研究以分析性研究设计多见，横断面研究设计较少。研究目的集中于颗粒物(包括PM_{10}、$PM_{2.5}$)、NO_2、O_3、SO_2等污染物对抑郁症的急慢性影响。

空气污染急性暴露与抑郁症相关流行病学研究，无论横断面研究、病例对照研究或队列研究，多数显示空气污染暴露后1个月内抑郁症病情或抑郁量表评价得分情况会严重化(表8-1)，说明多种空气污染对抑郁症发生有急性作用。

上述研究证据显示，近十年的流行病学研究基本以抑郁症门诊就诊量、抑郁症病情和严重情绪波动(最终导致自杀)作为研究效应指标评价空气污染对抑郁症影响，虽然研究者利用不同方法对此进行研究，但结论具有很高的一致性。

横断面研究多数以不同的量表评分为效应指标研究空气污染对健康的影响。朱泽恩等在石家庄开展的取暖季空气污染的急性暴露与抑郁情绪间的关系，发现抑郁得分由2.14分提高至2.36分，焦虑得分由2.25分增加至2.46分。雾霾后1周，暴露人群强迫、抑郁、焦虑得分均高于全国常模。但没有在以高校大学生为对象的研究中得出支持结论。除了研究对象、设计方法等问题，有诸多混杂因素可能起到了干扰作用，包括考虑气象学、人口学等因素，以大学生为研究对象不仅人群代表性更低，非研究因素影响有可能更为严重。相比于在校大学生，孕妇人群对环境污染更为敏感，Lin等对2010年上海孕期女性两周内空气污染暴露的横断面研究(2010年)显示，PM_{10}、SO_2、NO_2可致妊娠中后期压力增加，分别导致压力水平提高至原水平的1.16倍、1.30倍、1.34倍。

研究均显示不同类型空气污染均可以导致抑郁症患者急诊或门诊就诊量增加。在韩国、加拿大进行的相关研究表明，空气$PM_{2.5}$污染会导致抑郁症患者就诊量增加7.2%～20%，但在中国医院进行相关研究未发现该关联。该类研究之间存在研究方法、研究样本量、数据系统和医疗卫生服务等多方面因素的差异，混杂因素的控制方法也不相同，因此目前还难以比较不同国家、地区进行的同类研究结果之间差异性的原因。

根据中国疾病预防控制中心报道，我国每年自杀死亡人口高达28.7万，其中40%的自杀者患抑郁症。25%重度抑郁症患者一生中曾有过自杀未遂，而10%～25%的患者最终死于自杀。从空气污染导致抑郁症状加重研究结果推论，空气污染可导致人群自杀概率的提高。表8-1所列的3项研究结果显示，不同国家/地区的相关研究均发现空气污染水平升高，能导致自杀率升高。日本对自杀者调查发现，空气PM_{10}、SO_2、NO_2污染，自杀率水平从6.73%升到11.47%，美国犹他州研究(2000—2010年)$PM_{2.5}$、NO_2污染，自杀风险分别提升至1.05～1.20倍。因空气污染与气象条件、生产与生活等多因素有关，尤其是生产与生活规律关系密切，而生活与生产规律也与人群情绪有密切关系，因此，虽然研究显示自杀率与空气污染有关，作为因果关系还需要深入论证。

空气污染对抑郁的慢性作用，总结不同队列研究结果发现，多数研究显示暴露于空气污染物尤其是$PM_{2.5}$与抑郁症发生有关(表8-2)。但研究结果并不一致，包括同一研究设计下不同地区的研究结果也不完全相同。

表 8-1 空气污染物暴露对抑郁症急性影响的流行病学研究基本结果

发表年份	研究者	研究方法	研究对象	污染物种类	结局指标	研究结果与结论
2010 年	Kim 等	时间分层病例交叉对照	城市自杀人群	$PM_{2.5}$、PM_{10}	自杀	$PM_{2.5}$、PM_{10}急性暴露自杀风险增加,OR分别为 1.05、1.20
2011 年	Szyszk 等	病例对照研究	医院就诊患者	SO_2	抑郁症患者门诊就诊量	SO_2污染导致抑郁症门诊量增加,$OR=1.27$
2014 年	Cho 等	时间分层病例交叉对照	门诊就诊患者	$PM_{2.5}$、PM_{10}、SO_2、CO、O_3	抑郁症患者门诊就诊量	空气污染导致就诊增加,$OR=1.12$
2015 年	Bakian 等	时间分层病例交叉对照	自杀人群	$PM_{2.5}$、SO_2、NO_2、PM_{10}	自杀	$PM_{2.5}$、NO_2暴露增加了自杀风险,OR值分别为 1.05、1.20
2016 年	Ng 等	时间分层病例交叉对照	自杀人群	$PM_{2.5}$、SO_2、NO_2、悬浮颗粒物	自杀	污染物水平提高,自杀率提高 6.73%~11.47%
2016 年	朱恩泽等	横断面研究	社区成年人群	雾霾	Derogatis 自评量表	雾霾发生后,抑郁症状加重,且效应延迟一周
2016 年	王立鑫等	横断面研究	大学生	$PM_{2.5}$、PM_{10}、SO_2、CO、NO_2、O_3	焦虑症、抑郁症量表评分	当日PM_{10}污染水平与焦虑检出率正相关,周平均污染水平之无关。O_3水平与抑郁检出率呈负相关
2017 年	Gao 等	横断面研究	医院就诊者	$PM_{2.5}$、SO_2、CO、NO_2、悬浮颗粒物	抑郁症、精神分裂症患者就诊量	颗粒物污染导致就诊量增加
2017 年	Lin 等	横断面研究	妊娠妇女	PM_{10}、SO_2、NO_2	LESPW、SCL-90-R 量表评分	每升高 1 个四分位区间浓度的PM_{10}、SO_2、NO_2污染,抑郁症风险分别增加 1.16 倍、1.30 倍、1.34 倍

表8-2 空气污染物暴露对抑郁症慢性影响的队列研究结果

发表年份	研究者	研究方法	研究对象	污染物种类	结局指标	研究结果与结论
2012年	Lim 等	队列研究	首尔地区老年人	$PM_{2.5}$、PM_{10}、SO_2、NO_2、CO、O_3	抑郁量表诊断为抑郁症者人数	PM_{10}、NO_2、O_3 导致抑郁症状增加
2012年	Banerjee 等	回顾性队列研究	印度,绝经前妇女	$PM_{2.5}$、PM_{10}、CO	BDI-II 诊断抑郁症人数	燃烧生物燃料做饭,抑郁症比例提高
2014年	Wang 等	队列研究	波士顿老年人	$PM_{2.5}$、PM_{10}、SO_2、NO_2、黑炭、O_3、SO_2	CESD-R 量表评价抑郁症状	污染水平与症状无关
2016年	Kim 等	队列研究	首尔老年人	$PM_{2.5}$	确诊抑郁症人数	长期暴露导致抑郁患病风险增加,$HR=1.59$
2016年	Zijlem 等	队列研究	欧洲多国中年人群			各国研究结果不一致,荷兰 NO_2 暴露与抑郁症正相关,但在挪威呈现负相关
2017年	Kioum 等	队列研究	老年护士	$PM_{2.5}$、O_3	确诊抑郁症,用药	暴露于污染物 1~2 年会提高抑郁发病风险,分别增至 1.08 倍、1.06 倍,但是 5 年随访未见联系

Lim 等在城市人群中进行的 3 年队列研究表明,长期暴露于 $PM_{2.5}$ 有可能增加人群抑郁症发病风险,且呈现随年龄增加而敏感性增加的趋势。在美国、印度分别进行的两项队列研究中,以老年护士、绝经前妇女为研究对象,亦有类似发现,但来自欧洲四国的队列研究结论不一致。

三、大气污染与自闭症

自闭症(autism),又称孤独症或孤独性障碍(autistic disorder)等,是一种神经发育障碍,以社会和交往能力显著下降和行为刻板为特征,广泛性发育障碍的代表性疾病。自闭症按照表现分为 5 种:孤独性障碍、Retts 综合征、童年瓦解性障碍、Asperger 综合征和未特定的 PDD。其中,孤独性障碍与 Asperger 综合征较为常见。约 3/4 的患者伴有明显的精神发育迟滞,Asperger 综合征部分患儿在一般性智力落后的背景下某方面具有较好的能力。所谓自闭症谱系(autism spectrum disorders,ASD)指通常包括自闭症和一系列类似的疾病,如 Asperger 综合征的症状。ASD 通常在 3 岁之前出现,通常伴有认知功能、学习、注意力和感觉处理的异常。

自闭症患病存在性别差异,男性多见,男女比例为 3∶1~4∶1,但女孩症状一般较男孩严重。关于自闭症在人群流行情况个案研究提供的数据不尽相同。目前全球患病率为 6.2‰~7.6‰,亦有研究提出患病率可达 27‰。尽管这一估计因研究而异,但造成了巨大的社会和经济负担。过去十年中,该病流行率明显提高,达到 7‰~9‰。

自闭症发病原因至今不明,与遗传因素和环境因素均有关,其发病机制解释也多种多样。遗传因素在疾病发生中的作用占 30%~50%,某些染色体异常可能会导致孤独症。目前已知的相关染色体有 7q、22q13、2q37、18q、Xp。目前已经发现的候选基因中没有一个基因占主导地位。环境因素包括感染、免疫、环境毒物等多个方面。早期的研究发现孕期病毒或其他病原体感染产生的抗体进入胚胎,产生交叉免疫而导致神经系统发育障碍,或孕期使用反应停等药物以及酗酒均可导致子代出现自闭症。近十年来研究结果提示环境污染物暴露与自闭症发生有关。

环境污染物与自闭症关系的流行病学研究越来越多,许多研究对空气污染物(多环芳烃、$PM_{2.5}$、NO_2 等)、杀虫剂和环境内分泌干扰物的作用进行了分析研究,但两者之间的因果关系仍需更多资料。目前研究证据表明,产前或产后暴露于多环芳烃影响智商,也显示产前暴露于细颗粒物($PM_{2.5}$)与自闭症谱系存在关联。但氮氧化物是否能引起自闭症,目前研究证据不足。

自闭症发病是一个慢性过程,且体外实验与动物实验结论提示,孕期及婴儿期为高危阶段,因此,流行病学研究多数集中于孕期及围生期暴露的研究。

有些研究显示,多种空气污染物暴露与 ASD 有关,但研究结果并不统一。病例对照研究显示,居住于交通要道附近,孕期或早年暴露于汽车尾气会导致自闭症,$OR = 1.86$。暴露于柴油尾气、空气污染颗粒物均与 ASD 之间呈相关性。美国开展的两个队列研究发现,怀孕后期暴露于空气颗粒物污染与 ASD 有关,并指出怀孕后期为易感阶段。中国台湾开展的队列研究亦有类似发现,研究结果提示 O_3、CO、NO_2、SO_2 与 ASD 有关。但是,该结论没有得到在欧洲进行的队列研究结果证实,Guxens 等在队列研究中通过对产前暴露于多种空气污染物进行比较分析,未发现 ASD 症状与 NO_2、NOx、PM 和车流量等指标有关。相比于队列研究结果,更多病例对照研究得出了相关结论。

将小鼠暴露于城市空气污染纳米颗粒物可以引起抑郁样反应。暴露于柴油机尾气会导致小鼠的主动行为、记忆能力和空间认知能力出现变化。低水平暴露于柴油机尾气($90\mu g/m^3$)可增加小鼠的社会隔离。出生后早期小鼠暴露于浓缩的环境空气颗粒物会引起各种行为改变,包括短期记忆的长期损害和类似冲动的行为。同样暴露条件下,小鼠还出现胼胝体缩小和谷胱甘肽水平提高。动物实验结论为流行病学研究所提示的产前暴露与 ASD 有关提供了实验证据。

体内与体外实验均证实空气污染物造成小胶质细胞激活,进而引起氧化应激和神经性炎症,这有可能是空气污染造成自闭症的作用机制,最新研究也证实柴油机尾气颗粒可以激活小胶质细胞,小胶质细胞产生的氧化剂和促炎症细胞因子(如 IL-6 等)引起神经损伤。这一机制能解释为何暴露于空气污染后的啮齿类动物会出现胶质细胞介导的神经脱髓鞘和侧脑室扩大。Reelin 信号系统也与 ASD 发生有关,Reelin 是一种分泌型细胞外基质糖蛋白,通过控制细胞-细胞之间的相互作用,参与大脑发育过程中神经元迁移与定位过程,在成年阶段,调节学习和记忆过程,并有可能降低阿尔茨海默症发病风险。虽然在 ASD 患者中观察到兴奋、抑制失调,并可能与 ASD 有关,但上述机制目前还没法解释。

总之,多种空气污染物,尤其是 $PM_{2.5}$ 和 PM_{10} 有可能增加自闭症的发病风险。但不同研究得出的结论并不一致,对于暴露水平评价还存在诸多要解决的问题。各种流行病学研究设计中会存在一定的偏倚,如混杂偏倚、选择偏倚等,混杂因素包括存活偏倚、社会经济地位、母亲生育年龄、孕期吸烟情况、孕期药物史和孕期疾病史等,不同研究对混杂因素的控制方法和方面均有不同。Meta 分析对不同研究综述所得的结果也发现存在发表偏倚等问题。各种流行病学研究多关注统计学关联性,很少涉及发病机制问题的研究,动物实验结果也存在很多不足,因此,阐明自闭症与空气污染的因果关系需要更多研究证据。

对于空气颗粒物和氮氧化物污染与自闭症的关系,Yang 等总结了 2005—2016 年发表的空气污染与自闭症关系流行病学研究,发现 $PM_{2.5}$、NO_2 在小样本病例对照研究或横断面研究中呈现统计学关联,但在后期发表的大样本队列研究结果中未见此类关联。除样本量、研究设计的差异外,室内污染以及混杂因素控制情况也不相同,尤其是关于室内空气污染的研究很少见。颗粒物污染暴露与自闭症关系的不确定性结论与重金属对自闭症的影响研究结果相一致。$PM_{2.5}$ 成分复杂,含有重金属,且主要污染来源之一是汽车尾气,可能是造成相关研究中在上述几种环境有害物质与自闭症关系的研究结论相近的原因之一。

关于 O_3 与自闭症或 ASD 之间的流行病学研究结果目前还存在很大分歧。相关研究中,研究方法以病例对照研究设计较多,横断面研究、生态学研究和队列研究相对较少。O_3 暴露水平以外暴露评价为主,效应指标包括自闭症症状的量表评价、门诊量和自杀人数等。Chirag J 等对 O_3 污染暴露与自闭症关系进行 Meta 分析的结果显示各研究结果不一致,目前还无法确定 O_3 污染是否与抑郁症有关。同时系统综述也发现各研究在研究方法、结果和混杂因素控制方面存在太多异质性,无法进行定量汇总。

四、大气污染对其他神经精神方面的影响

除了抑郁症与自闭症研究受到众多关注,也有许多研究对精神分裂、智力发育、儿童行为与大气污染的关系进行了流行病学探索。来自美国纽约、波兰、中国和西班牙的不同队列结果显示,产前暴露于多环芳烃(PAHs)、苯并(a)芘与 3~9 岁儿童行为和神经发育的变化有关,并造成智力下降,注意力缺陷多动障碍(ADHD)增加,脑源性神经营养因子(BDNF)减少。汽车尾气引起的空气污染对儿童神经行为发育有影响,并与 ADHD、认知发展有关。$PM_{2.5}$ 降低了胎盘中 BDNF 的表达。另外,$PM_{2.5}$ 浓度增加也影响成人认知,NO_2 浓度提高与阿尔茨海默症有关,NOx 浓度与帕金森病有关。污染空气中 PAHs、$PM_{2.5}$ 和 NO_2 浓度的增加显著影响儿童和成人的中枢神经系统,是人类健康的重要危险因素。

五、研究案例

为了阐明空气污染物与自闭症之间的关系,进行病例对照研究。研究采用出生队列中的自闭症患者作为病例组,设置两种对照,第一种对照是匹配了出生日期、性别等因素的随访正常儿童,第二种对照是出生队列中正常儿童的随机样本。

1. 研究对象 病例组选择 2005 年 1 月 1 日至 2009 年 12 月 31 日在宾夕法尼亚州多个县出生的儿童,被研究时居住于本地。当地儿童自闭症患者发病率约6‰,每年出生人口为 23 399 名新生儿,3 年半时间内预期其中半数自闭症儿童约 250 人。ASD 诊断采用量表评分进行确诊,满足下列条件者确认为病例:①社会沟通问卷得分(Social Communication Questionnaire,SCQ)达到 15 分或以上;②有专业儿童心理专家或精神科专家提供书面诊断。病例组不包括寄养、父母不会讲英语以及无法随访者。对照组有两种,第一个对照组是从 5 007 名接受随访的儿童中按照男女 4∶1 的比例选择。以信函形式联络合适研究对象,在父母知情同意前提下,选择性别、年龄和种族匹配的对照组共 227 人,排除符合病例组诊断标准者。第二个对照组为随机样本,从 5 007 名出生的儿童中首先排除 16 名 ASD 患者,以随机方法选择研究对象作为对照组,男女比例为 4∶1。

2. 空气污染暴露评价方法 采用 2005 年 NATA 评估的模拟数据估算环境有害空气污染浓度的暴露。在 NATA 提供的 177 种相关污染物中排除 7 种被研究地区污染水平没差异的污染物(四氯化碳、氯仿、二溴化乙烯、二氯乙烷、六氯苯、氯甲烷和多氯联苯),选择 37 种空气污染物进行暴露评价,研究不同地区间的分布规律,包括平均水平、变异情况等。利用调查资料显示的地理位置信息,确认被调查者居住地址,与当地污染物水平进行关联,估计怀孕期间、出生第一年、第二年暴露水平。研究过程中排除了 2 名无法获得上述资料的研究对象。最后共有 217 名病例和 224 名对照进入统计分析。

3. 结果分析 首先对病例组与对照组一般特征进行比较,包括性别、出生年份、母亲种族、母亲文化程度和吸烟情况等。对全部研究对象各种污染物暴露水平进行估计,并将研究对象暴露水平进行比较。而后,按照暴露水平将研究对象进行百分位数区间分类,按 25%、50%、75% 将研究对象污染暴露水平分为 4 类。在进行单变量比较基础上,调整混杂变量,利用逻辑回归比较病例组与对照组不同污染物暴露水平之间的差异(表 8-3)。

表8-3　孕期暴露与ASD关系的病例对照研究

污染物	百分位数（与第1组比较）	访问对照组（n=224）		出生登记对照组（n=4 856）	
		OR(95%CI)	P	OR(95%CI)	P
苯乙烯	2	1.29(0.72,2.23)	0.396	1.74(1.15,2.26)	0.009
	3	1.09(0.60,1.98)	0.784	1.11(0.71,1.75)	0.648
	4	2.04(1.17,3.58)	0.013	1.61(1.08,2.40)	0.018
PAHs	2	1.10(0.62,1.95)	0.738	1.41(0.92,2.16)	0.211
	3	1.01(0.57,1.77)	0.973	1.27(0.85,1.90)	0.251
	4	1.33(0.76,2.32)	0.323	1.44(0.98,2.11)	0.064

通过比较分析发现,苯乙烯、铬暴露与自闭症存在统计关联,二氯甲烷和PHAs暴露关联处于临界水平。未见其余污染因素与该病存在关联性。

4. 结论　怀孕期间苯乙烯和铬暴露与ASD风险增加有关,PAHs和二氯甲烷对ASD影响有待进一步研究。

第二节　大气污染与糖尿病

一、概述

(一)糖尿病简介

糖尿病是一种多病因的代谢疾病,特点是慢性高血糖,伴随因胰岛素分泌和/或作用缺陷引起的糖、脂肪和蛋白质代谢紊乱。由于胰岛素分泌、胰岛素功能或两者的缺陷引起高血糖症。糖尿病的慢性高血糖症与不同器官的长期损害、功能障碍和衰竭有关,尤其是眼睛、肾脏、神经、心脏和血管。

糖尿病分为1型糖尿病、2型糖尿病、妊娠糖尿病和其他特殊类型。其中1型糖尿病主要为β细胞破坏,通常导致胰岛素绝对缺乏;2型糖尿病主要由于胰岛素抵抗伴随相对胰岛素不足,或胰岛素分泌缺陷伴有或不伴有胰岛素抵抗。妊娠糖尿病指在妊娠期发生的糖尿病。

(二)糖尿病疾病负担

从1980年到2012年,年龄≥18岁的美国平民中,年龄调整后的诊断糖尿病患病率从3.7%上升到8.4%。在同一时期,18~79岁的成人中,年龄调整后的糖尿病发病率从每千人3.5人增加到每千人7.1人。据预测,到2050年美国糖尿病患病率将增加至33%,糖尿病发病率将增加至每1 000名成人15人。虽然美国糖尿病负担仍然很高,但最近的一项分析显示,2008—2012年糖尿病患病率和发病率趋于稳定。

美国2017年诊断糖尿病的总成本估计为3 270亿美元。经过通货膨胀调整后,糖尿病的经济成本从2012年到2017年增加了26%,原因是糖尿病患病率增加以及糖尿病人均成本增加。

近几十年来,中国糖尿病患病率增加了4倍多,2010年估计有1.1亿成人患糖尿病,估计有 4.9 亿成人患糖尿病前期。一项研究估计,糖尿病占 2010 年中国成人死亡率或伤残调整寿命年的 5%~7%。2010 年的一项样本量为 98 658 人的抽样调查中,我国成人糖尿病患病率为 11.6%,其中男性为 12.1%,女性为 11.0%。

随着人们生活水平的提高,生活方式及饮食结构发生了极大变化,使糖尿病的患病率不断攀升。国家卫生健康委调查显示,我国每天新增糖尿病患者约 3 000 例,每年约 120 万例。预计到 2025 年,中国糖尿病患者将超过 5 000 万,成为仅次于印度的世界第二糖尿病大国。

(三) 大气污染影响糖尿病生理机制

有研究支持大气污染对糖尿病风险的影响。实验证据表明,可能的途径包括内皮功能障碍、交感神经系统的过度活动、内脏脂肪组织的免疫应答改变、内质网应激导致胰岛素转导的改变、胰岛素敏感性和葡萄糖代谢及线粒体和棕色脂肪细胞的改变。

一项临床试验报告,环境大气污染物浓度与血液中较高水平的炎症标志物有关。在动物研究中发现,$PM_{2.5}$ 暴露诱导氧化应激和内质网应激。长期 $PM_{2.5}$ 暴露引起的慢性氧化应激和脂肪组织炎症应激可能通过胰岛素基因表达逐渐丧失,对胰岛素的产生造成不良影响,同时还可通过 β 细胞功能的丧失损害胰岛素的敏感性,并因此造成胰岛素抵抗和糖尿病的发生。其中,一项小鼠实验研究支持大气污染影响胰岛素产生和造成胰岛素抵抗的通路。$PM_{2.5}$ 可能改变功能失调的线粒体组织和棕色脂肪的激活。一些研究表明暴露于环境颗粒物污染可能与反映胰岛素抵抗的生物标志物升高有关。

(四) 大气污染对糖尿病的影响

1. 对 2 型糖尿病的影响　一篇 2015 年发表的包含了欧美地区 13 个研究的系统综述发现,$PM_{2.5}$ 暴露增加与 2 型糖尿病的风险增加有关,并且关联在女性中更强。2019 年发表的一篇系统综述包含了 30 个研究,包括中低收入国家的证据。该综述发现大气污染暴露的增加与 2 型糖尿病的患病率有关联。

(1) 横断面研究:意大利的一项横断面研究发现,在调整了个体危险因素后,每上升 $10\mu g/m^3$,糖尿病的 *OR* 值分别为 PM_{10}:1.04(95% *CI*:1.01~1.07),$PM_{2.5}$:1.04(95% *CI*:1.02~1.07),NO_2:1.03(95% *CI*:1.01~1.05),O_3:1.06(95% *CI*:1.01~1.11)。大气污染物与糖尿病风险存在显著的正相关,并且 O_3 可能是糖尿病发展的独立危险因素。荷兰的一项 8 018 名研究对象的横断面研究未发现交通有关的大气污染和 2 型糖尿病之间的关系。英国一项包含 10 443 名研究对象的横断面研究也未发现颗粒物、氮氧化物和 2 型糖尿病之间的关系。在中国人群中进行的一项调查了 11 847 名成人的研究发现,长期接触 $PM_{2.5}$ 对糖尿病患病率以及空腹血糖水平有显著影响,长期暴露于 $PM_{2.5}$ 可能会增加 2 型糖尿病的发病风险,$PM_{2.5}$ 的增加和 2 型糖尿病患病率、空腹血糖和糖化血红蛋白(HbA1c)的增加显著相关。另一项中国 15 447 名 18~74 岁人群的横断面研究显示,长期暴露于大气污染与糖尿病患病风险增加有关,尤其是年轻人(<50 岁)、超重或肥胖者。

(2) 纵向研究:一些纵向研究报告了大气污染和糖尿病显著的关联。洛杉矶一项对 4 204 名非裔美国妇女长达 10 年的队列研究结果表明,暴露于大气污染物,尤其是交通相关污染物,可能会增加患 2 型糖尿病的风险。细颗粒物($PM_{2.5}$)每增加 $10\mu g/m^3$,糖尿病的发病率比率(incidence rate ratio,*IRR*)为 1.63(95% *CI*:0.78~3.44),氮氧化物(NOx)每增加 1 个四分位数间距($23.3\mu g/m^3$),*IRR* 为 1.25(95% *CI*:1.07~1.46)。美国的另一项研究发现糖尿病与氮氧化物显著相关。一项中国香港队列研究对 61 447 名参与者进行了平均 9.8 年的随访,发现长期暴露于高水平的细颗粒物可能增加老年人群 2 型糖尿病的患病和发病风险。加拿大两项队列研究也表明细颗粒物暴露与糖尿病的发病率和患病率呈正相关。另一项加拿大研究发现长期暴露于 $PM_{2.5}$,即使处于低水平,也与糖尿病导致的死亡率增加有关。丹麦一项 57 053 人平均随访 9.7 年的队列研究显示,交通有关的大气污染(NO_2)可能促进糖尿病的发展,并且在非吸烟者和体力活动者的效果显著增强。丹麦队列研究发现细颗粒物与糖尿病发病率显著正相关,并且细颗粒物可能是妇女糖尿病发展的最相关污染物,非吸烟者、肥胖妇女和心脏病患者可能最敏感。

2. 对 1 型糖尿病的影响　德国一项关于 37 372 名<21 岁的 1 型糖尿病患者的研究显示,O_3 的累计暴露和糖化血红蛋白下降有关,未发现糖化血红蛋白和 PM_{10}、NO_2 之间的关联,未发现 PM_{10}、NO_2、O_3 和胰岛素水平之间的关联。另一项德国 711 人的横断面研究未发现 PM_{10}、NO_2 和 O_3 对 1 型糖尿病儿童和青年人的代谢控制(糖化血红蛋白和胰岛素)有不良影响。另一项 402 名研究对象的病例对照研究发现,环境空气中累积的 O_3 和硫酸盐暴露可能导致儿童 1 型糖尿病。

3. 对妊娠糖尿病的影响　流行病学研究表明,大气污染可能与葡萄糖耐量降低或妊娠糖尿病风险增加有关。尽管大气污染可能增加妊娠糖尿病风险的病理生理机制仍然未知,但仍有一些证据表明大气污染引起的内皮功能、氧化应激和炎症变化可能导致胰岛素抵抗。有研究表明大气污染与妊娠糖尿病风险之间可能存在关联,但研究结论不完全一致。纽约一项 2019 年发表的研究发现孕早期 NO_2 和孕中期 $PM_{2.5}$ 暴露和妊娠糖尿病的风险增加有关。

4. 预防措施　底特律一项研究发现膳食抗氧化剂的摄入可以减少 $PM_{2.5}$ 对心血管的影响。中国一项横断面研究也发现较高的水果摄入量可能降低 $PM_{2.5}$ 对糖尿病的有害影响。然而,考虑到该分析为横断面研究设计,应谨慎解释摄入水果对 $PM_{2.5}$ 效应的修饰作用。

二、典型案例

(一)大气污染对石家庄市 2 型糖尿病住院的急性影响

该项研究为时间序列研究,调查 6 种大气污染物($PM_{2.5}$、PM_{10}、SO_2、NO_2、O_3、CO)对石家庄市 2 型糖尿病(T2DM)每天住院人次的影响。住院人次数据来自石家庄医疗保险数据。研究对象为石家庄四个城区的因 2 型糖尿病入院的每日住院人次,时间为 2014 年 1 月 1 日到 2016 年 12 月 31 日。本研究使用广义相加模型,模型中加入了时间的自然样条函数以控制住院人次在一年中的时间和季节变化趋势;还加入了温度和湿度的自然样条函数,以控制潜在的非线性影响因素;同时加入了代表星期几的变量以控制星期几效应;加入代表节假日的二元变量以控制节假日效应。

该研究采用 4 种敏感性分析验证模型的稳定性。第一,建立双污染物模型评估单个污染物对健康影响的稳定性。第二,分析污染物对健康效应的滞后效应。单个滞后(lag1~lag7)和滑动平均滞后(lag01~lag07)分别被带入模型检验污染物对 2 型糖尿病住院人次的影响。第三,改变模型中时间趋势的自由度检验污染物对 2 型糖尿病的影响。第四,本研究还分析了大气污染对以糖尿病为主要病因的住院人次的影响。

2014 年 1 月 1 日至 2016 年 12 月 30 日共搜集了 69 451 个由于 2 型糖尿病的住院人次，平均每天约 64 个住院人次。细颗粒物（$PM_{2.5}$）、可吸入颗粒物（PM_{10}）、SO_2、NO_2 和 CO 每增加 $10\mu g/m^3$，T2DM 住院人次分别增加 0.53 %（$95\%CI$:0.22~0.83）、0.32%（$95\%CI$:0.10~0.55）、0.55%（$95\%CI$:0.04~1.07）、1.27%（$95\%CI$:0.33~2.22）和 0.04%（$95\%CI$:0.02~0.06）。双污染物模型中，$PM_{2.5}$、PM_{10} 和 CO 对糖尿病的影响稳健。污染物的效应在寒冷季节似乎比在温暖季节更强，并且男性和老年人（≥65 岁）中发现的关联性强于女性和年轻人（35~65 岁）。

（二）基因多态性及大气污染物与胰岛素抵抗标志物的关联

该研究为定组研究（panel study），评估韩国老年环境研究成员中胰岛素抵抗标志物与大气污染物之间的关联性（2 型糖尿病的内在机制）以及 *GSTM1*、*GSTT1* 和 *GSTP1* 等基因型对于大气污染物对 IR 作用的修饰效应作用。

韩国老年环境定组研究（Korean Elderly Environmental Panel，KEEP）从 2008 年 5 月开始，用于探究老年人的环境暴露和健康结局之间的关系。从 2008 年到 2010 年，该研究招募了 560 名 60 岁以上的老年人并对其进行了 5 次医学检查，并搜集了三次血样。同时研究人员还搜集了研究对象的详细信息，包括人群特征、生活方式和病史。同时还从韩国国家环境研究中心获得 PM_{10}、SO_2、O_3 和 NO_2 每日数据。本研究利用搜集的血样测量空腹血糖和胰岛素水平评估胰岛素抵抗程度。基因信息也从外周血中获得。同时还用多重聚合酶链反应方法测定 *GSTM1*、*GSTT1* 和 *GSTP1* 的遗传多态性。

本研究用线性混合效应模型分析大气污染物和重复测量的血糖和胰岛素水平之间的关系，模型同时还调整了性别、年龄、BMI、温度等。同时模型也探究了双污染物模型和三污染物模型评估污染物之间相互作用可能造成的混杂。本研究采用分布滞后模型探究污染物的滞后效应以及污染物的累积效应。同时还通过在模型中加入基因型和污染物的交互项，探讨对胰岛素抵抗影响中的基因和大气污染物的交互作用。如果参与者重复测量的次数不一样，且随访的缺失不随机，就可能造成选择偏倚。所以本研究对随访的观测值赋予权重，根据可能参与随访的概率对每次的观测值进行赋值，然后进行分析。概率的计算是根据研究对象的性别、年龄、教育水平等构建 Logistic 回归预测该研究对象参与随访的概率。

根据检测样本人群的空腹血糖和胰岛素水平，得出稳态评估模型的胰岛素抵抗指数（IR）。研究使用混合效应模型估计同一天或滞后长达 10 天的大气污染物与 IR 指数之间的相关性，以及 *GSTM1*、*GSTT1* 和 *GSTP1* 基因型对大气污染物效应的修饰作用。结果发现随滞后期不同，PM_{10}、O_3 和 NO_2 的增加与 IR 指数具有相关性。有糖尿病病史及基因型为 *GSTM1* 缺失型、*GSTT1* 缺失型和 *GSTP1* 为 AG 或 GG 的参加者中，相关性更强。

研究结论为 PM_{10}、O_3 和 NO_2 可能增加老年人的胰岛素抵抗；环境大气污染物对胰岛素抵抗具有潜在影响，*GSTM1* 缺失型、*GSTT1* 缺失型和 *GSTP1* 为 AG 或 GG 基因型者可能增加机体对这一影响的敏感性。

（三）长期暴露于大气污染与糖尿病的发病率关系的队列研究

动物实验和横断面流行病学研究表明，大气污染与糖尿病之间存在联系，而有限的前瞻性数据显示出不同的结果。本研究旨在探索长期暴露于交通相关空气污染与糖尿病发生率之间的关系。

　　丹麦饮食、癌症和健康队列在 1993—1997 年招募年龄为 50~65 岁的 57 053 名人员。本研究把队列成员和丹麦国家糖尿病登记系统、中心人口登记系统、丹麦地址信息系统以及国家患者登记系统相关联获取成员的死亡日期或迁出日期以及详细地址、住院信息。糖尿病的发病被定义为最早一次被诊断为糖尿病的记录，并且只包含确诊为糖尿病的患者。通过模型估计室外 NO_2 和 NOx 的水平。队列成员从被招募为队列成员开始随访，直到被诊断为糖尿病、死亡、迁出或者研究截止。

　　本研究采用 Cox 比例风险模型分析，模型调整了所有已知的糖尿病危险因素，性别、体重指数、腰臀比、吸烟状态、吸烟年限、吸烟强度、受教育程度、体育锻炼时间、饮酒、水果摄入量以及脂肪摄入量，同时还调整了自报是否患有高血压、高脂血症以及既往心肌梗死。结果由每上升 1 个四分位数（$4.9mg/m^3$）NO_2 的 HR 呈现。

　　结果发现，51 818 名参与者平均随访超过 9.7 年，共有 4 040 例（7.8%）糖尿病发病病例，其中 2 877（5.5%）确诊为糖尿病。没有发现大气污染与总糖尿病病例的相关性，NO_2 每增加 1 个四分位数间距（$4.9\mu g/m^3$）的 HR 为 1.00（$95\%CI$：0.97~1.04），但在确诊的糖尿病病例中检测到了有统计学显著相关性的临界值（$HR=1.04$，$95\%CI$：1.00~1.08）。对于糖尿病确诊病例，非吸烟者（$HR=1.12$，$95\%CI$：1.05~1.20）和体力活动较活跃者（$HR=1.10$，$95\%CI$：1.03~1.16）的效应显著较强。结论为长期暴露于交通相关的大气污染可能会导致糖尿病发生，尤其对生活方式健康、不吸烟以及体力活动较多的人群更为明显。

（董兆举　熊秀琴）

参 考 文 献

[1] ELSABBAGH M，DIVAN G，KOHY J，et al. Global prevalence of autism and other pervasive developmental disorders[J]. Autism Res，2012，5(3)：160-179.

[2] BAXTER A，BRUGHA T，ERSKINE H，et al. The epidemiology and global burden of autism spectrum disorders[J]. Psychol Med，2015，45(3)：601-613.

[3] SZYSZKOWICZ M. Ambient sulfur dioxide and female ED visits for depression[J]. Int J Occup Med Environ Health，2011，4(3-4)：259-262.

[4] SZYSZKOWICZ M，KOUSHA T，KINGSBURY M，et al. Air pollution and emergency department visits for depression：a multicity case-crossover study[J]. Environ Health Insights，2016(10)：155-161.

[5] KIM C，JUNG S H，KANG D R，et al. Ambient particulate matter as a risk factor for suicide[J]. Am J Psychiatry，2010，167(9)：1100-1107.

[6] BAKIAN A V，HUBER R S，COON H，et al. Acute air pollution exposure and risk of suicide completion[J]. Am J Psychiatry，2015，181(5)：295-303.

[7] NG C F，STICKLEY A，KONISHI S，et al. Ambient air pollution and suicide in Tokyo，2001-2011[J]. J Affect Discord，2016(201)：194-202.

[8] LIN Y，ZHOU L，XU J，et al. The impacts of air pollution on maternal stress during pregnancy[J]. Sci Rep，2017(7)：40956.

[9] 朱泽恩，马敏劲，朱安豹. 石家庄市采暖季霾日气象特征及其心理健康效应[J]. 干旱气象，2016(1)：136-144.

[10] BANERJEE M，SIDDIQUE S，DUTTA A，et al. Cooking with biomass increases the risk of depression in premenopausal women in India[J]. Soc Sci Med，2012，75(3)：565-572.

[11] LIU F，CHEN G，HUO W，et al. Associations between long-term exposure to ambient air pollution and risk of

type 2 diabetes mellitus：A systematic review and meta-analysis［J］. Environmental pollution，2019，252（Pt B）：1235-1245.

［12］SONG J，LIU Y，ZHENG L，et al. Acute effects of air pollution on type II diabetes mellitus hospitalization in Shijiazhuang，China ［J］. Environmental science and pollution research international，2018，25（30）：30151-30159.

［13］QIU H，SCHOOLING C M，SUN S，et al. Long-term exposure to fine particulate matter air pollution and type 2 diabetes mellitus in elderly：A cohort study in Hong Kong［J］. Environment international，2018（113）：350-356.

［14］LIU C，YANG C，ZHAO Y，et al. Associations between long-term exposure to ambient particulate air pollution and type 2 diabetes prevalence，blood glucose and glycosylated hemoglobin levels in China［J］. Environment international，2016（92-93）：416-421.

［15］SCHULZ A J，MENTZ G B，SAMPSON N R，et al. Effects of particulate matter and antioxidant dietary intake on blood pressure［J］. American journal of public health，2015，105（6）：1254-1261.

［16］EZE I C，HEMKENS L G，BUCHER H C，et al. Association between ambient air pollution and diabetes mellitus in Europe and North America：systematic review and meta-analysis ［J］. Environmental health perspectives，2015，123（5）：381-389.

［17］KIM J H，HONG Y C. GSTM1，GSTT1 and GSTP1 polymorphisms and associations between air pollutants and markers of insulin resistance in elderly Koreans［J］. Environmental health perspectives，2012，120（10）：1378-1384.

［18］COOGAN P F，WHITE L F，JERRETT M，et al. Air pollution and incidence of hypertension and diabetes mellitus in black women living in Los Angeles［J］. Circulation，2012，125（6）：767-772.

［19］ANDERSEN Z J，RAASCHOU N O，KETZEL M，et al. Diabetes incidence and long-term exposure to air pollution：a cohort study［J］. Diabetes care，2012，35（1）：92-98.

第九章

大气污染疾病负担评估研究

第一节 概　　述

广义的疾病负担是在传统健康状况描述的基础上逐步形成和发展起来的,是指疾病、伤残及早死对整个社会经济和健康的压力以及造成的损失和影响,包括流行病学负担和经济负担;狭义的疾病负担仅指流行病学负担,本章主要讨论流行病学负担。世界银行在《1993年世界发展报告——投资与健康》中使用了"全球疾病负担"(global burden of disease,GBD)这一概念,并用此概念研究世界各国,尤其是发展中国家和中等收入国家在控制疾病的优先侧重点领域和确定基本卫生服务保障的策略。2007年世界银行和国家环境保护总局联合发布了《中国污染成本》报告,首次系统地评估了我国大气污染所造成的疾病负担,大气污染问题引起了全社会的广泛关注。随着我国经济的飞速发展,工业化和城市化进程的加快,大气污染仍是影响我国居民健康的主要因素之一,严重影响着我国的环境质量以及社会可持续发展。国内外大量研究已证实大气污染可对暴露人群造成多种不良健康影响,导致人群发病率和死亡率显著升高。WHO 2018年世界卫生统计年鉴数据指出,全球归因于大气污染暴露的死亡人数约为700万人,大气污染暴露可对人群健康产生严重的疾病负担。因此,定量评估大气污染所导致的疾病负担,对全面评估大气污染的人群健康影响,为政府部门制定科学有效的大气污染防治对策,对各项政策进行成本-效益分析具有重要的科学价值和意义。

一、疾病负担不同指标的发展及在大气污染健康影响中的应用

疾病负担指标是在传统健康状况描述的基础上逐步形成和发展起来的,其发展历程经历了不同思路、方法和指标的运用,综合起来大致可分为4个阶段,见图9-1。

1. 第一阶段　以发病率、死亡率、病死率等传统描述健康状况的频率指标作为疾病负担指标。该类指标作为医学统计中健康状况分布特征的常用描述指标之一,被广泛地应用于流行病学研究。其以发病、死亡等疾病结局作为测量指标,以流行病学调查和医学数据统计为基础,对疾病负担进行描述。这类频率指标便于调查、计算简单、统计结果直观,可在一定程度上反映某种疾病的发生强度和人群某种疾病影响的严重程度;但这类指标描述角度单一、敏感性相对较差,只能从发病、死亡等疾病结局以频数的形式侧面评价疾病对

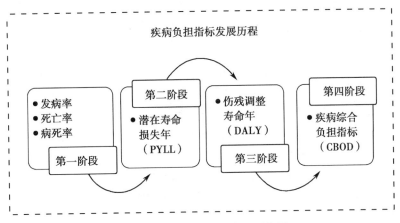

图 9-1 疾病负担指标发展历程图

人群健康的危害水平,对伤残或失能以及除身体健康以外的影响如心理健康影响、经济负担水平影响等非死亡性疾病结局的评估,对死亡年龄、伤残或失能年龄和权重等重要信息的评估,均存在明显不足。因此该类频率型疾病负担指标无法综合准确描述疾病负担,仅仅以该类指标作为疾病负担评估的指标远远无法满足社会医学和卫生经济学等学科发展的需要。

死亡率、发病率和就诊率作为大气污染与人群健康影响研究的常用健康结局指标,已被广泛应用于大气污染的疾病负担研究。国内外大量研究以死亡率、发病率和就诊率作为健康结局指标,评估大气污染的人群疾病负担,其中有多中心研究、队列研究和长时间的时间序列研究,如在欧洲开展的大气污染与健康关系研究(Air Pollution and Health:A European Approach,APHEA)项目、在欧洲开展的大气污染健康影响队列研究(European Study of Cohorts for Air Pollution Effects,ESCAPE)项目、在美国开展的大气污染物与发病率和死亡率关系研究(National Morbidity,Mortality and Air Pollution Study,NMMAPS)项目、在亚洲开展的大气污染与公众健康关系研究(Public Health and Air Pollution in Asia,PAPA)项目以及在我国多个城市开展的CAPES(The China Air Pollution and Health Effects Study)项目等,均以死亡率或发病率等第一阶段的评估指标作为健康结局指标,这些研究也均证实大气污染可显著升高人群多种疾病的死亡率或发病率等健康结局指标,增加人群的疾病负担。

2. 第二阶段 以潜在寿命损失年(potential years of life lost,PYLL)作为疾病负担指标。PYLL 也称潜在减寿年数,指某年龄组人群因某病死亡者的期望寿命与实际死亡年龄之差的总和,即死亡所造成的寿命损失。该指标最早于 1947 年由 Marry Dempsey 提出,1982 年美国疾病预防控制中心提出将该指标用于死亡原因顺位统计和年度间早死所致负担的比较,自此该指标被世界学者认可并广泛应用。PYLL 是在考虑死亡数量的基础上,以期望寿命为基准,进一步衡量死亡造成的寿命损失,强调了早亡对健康的影响,是量化疾病负担的雏形。用 PYLL 评价疾病对人群健康影响的程度,可消除死亡者年龄构成的不同对预期寿命损失的影响。目前国内外并未见将 PYLL 指标作为结局指标进行大气污染疾病负担评估研究,这可能是由于虽然 PYLL 与发病率、死亡率等传统频率型疾病负担指标相比,已经考虑了死亡年龄对疾病负担评估的影响,但综合而言该指标仍存在一些不足之处,如超过期望寿命的死亡难以评价;只考虑死亡而忽略了伤残和失能的疾病负担。但针对该指标的大气污染疾病负担评估以及如何弥补该指标在大气污染疾病负担研究中的不足可为下一步研究的开展提供方向。

3. 第三阶段　以伤残调整寿命年(disability adjusted of life years,DALY)作为疾病负担指标。DALY 是指从发病到死亡所损失的全部健康寿命年,包括因早死所致的寿命损失年(years of life lost,YLL)和疾病所致伤残引起的健康寿命损失年(years lived with disability,YLD)两部分。DALY 是生命数量和生命质量以时间为单位的综合度量。DALY 的出现是疾病负担研究的划时代变化。1990 年 WHO、美国哈佛大学公共卫生学院、美国卫生指标和评估研究所、世界银行的专家合作开展全球疾病负担评价研究,强化了疾病负担的概念,将DALY 指标成功应用于 1990 年的全球疾病负担研究(GBD 1990),对世界不同地区疾病与危险因素的疾病负担进行了分析,并建立了疾病负担评价方法和标准化比较单位。随后于1998 年其他学者还提出了一些类似的疾病负担指标,如健康寿命年(healthy life years,HeaLY)、质量调整寿命年(quality Adjusted Life Years,QALYs)、伤残调整期望寿命(disability adjusted life expectancy,DALE)等。但 DALY 是目前评价患者群体死亡和失能等疾病负担较理想的指标,也是目前应用最多、最具有代表性的疾病负担评价和测量指标。该指标综合考虑了疾病造成的早死和失能对人群健康的危害,同时也考虑了年龄权重、疾病严重程度及贴现率等多种因素,能在同一尺度下比较致命和非致命健康结局的严重性,有较好的公平性。但一些研究学者也提出这类指标的局限性:首先,DALY 并未优先考虑每种疾病的严重程度;其次,老年人和患有严重残疾失能却无有效治疗方法的人群会被看作是"最没有医疗投入价值"的群体,这在一定程度上造成了卫生资源分配的歧视;最后,这类指标由于仅考虑患病和死亡的总人数而无法对各种健康结局进行定性评价。

目前该阶段的指标,特别是 DALY 和 QALY 已经逐渐开始被国内外学者广泛应用于大气污染疾病负担的评估研究,用于定量评估大气污染对人群健康的影响及大气环境质量改善所带来的人群健康收益。

采用 DALY 指标评估大气污染疾病负担的研究始于 1990 年 GBD 研究,随后 GBD 研究又分别于 2000 年、2010 年、2013 年、2015 年对研究结果进行了更新,目前已更新至 2018 年的研究结果。以 GBD 研究为参考,DALY 指标目前已被世界各国研究学者广泛应用,如在欧洲 6 个国家开展的 EBoDE(Environmental Burden of Disease in European countries)项目、在我国 190 个城市进行的研究以及在我国 656 个城市所做的研究项目等,均采用该指标对大气污染的疾病负担进行了评估。除 DALY 指标外,由于 YLL 指标计算方法较 YLD 指标更为简单,因此 YLL 近年来也被单独应用于大气污染疾病负担指标评估研究,如潘小川等在全国 74 个城市对我国"空气污染防治计划"人群健康效应进行的评估以及 Richard AB 在悉尼进行的研究结果均表示空气质量改善可以有效减少人群 YLL,但 YLD 的应用则极为有限。

除 DALY 外,LE 和 QALY 作为第三阶段的评价指标,也常被应用于国内外大气污染疾病负担研究。其中 QALY 常被作为大气质量干预措施效果评价指标,用于评估大气质量改善带来的人群健康收益。Pope CA 等人在美国 51 个大城市开展的研究以及陈仁杰等在我国74 个城市开展的研究结果均表明大气污染物与居民期望寿命息息相关,大气污染物浓度会影响人群期望寿命的长短。James L 和 Laetitia H 等在英国的两项研究也均表明大气质量改善可给人群带来巨大的 QALY 收益。而 DALE 和 HeaLY 在国内外均未见被作为结局指标应用于大气污染疾病负担研究。

4. 第四阶段 疾病负担综合评价。医学模式已由生物医学模式向生物-心理-社会医学模式转变(现代医学模式)。健康包括身体健康和心理健康,仅考虑死亡和失能是不全面的,应包括全部消极后果和影响。目前疾病负担研究已转向心理学和行为医学等更深层次。此外,传统流行病学和卫生经济学以外的问题,如病人的护理负担问题、医药费比较研究问题等也日益受到重视,使得疾病负担研究不断深入发展。疾病综合负担指标(comprehensive burden of disease, CBOD)整合了生物、心理和社会等因素,系统分析疾病给个人、家庭和社会造成的多层次负担。但该指标在运用过程中较为复杂,尤其是权重系数受人为因素的影响,使该阶段的指标在大气污染疾病负担评估研究中运用十分有限。

二、大气污染疾病负担评估的意义

大气环境是人类生存重要的环境因素之一。随着经济的飞速发展,大气污染问题已成为世界范围关注的焦点。研究表明,大气污染可通过多种途径进入人体,对人群健康产生多种直接和间接的危害,定量评估大气污染疾病负担也就应运而生。大气污染疾病负担评估研究的开展不仅具有重要的理论意义,同时更具有十分重要的现实意义:①大气污染疾病负担评估研究可跟踪全球、一个国家或者一个地区大气污染疾病负担的动态变化,描述大气污染疾病负担在人群中的分布,对多种大气污染物给人群健康所造成的负担进行综合评估与分析;②大气污染疾病负担评估研究可对大气污染给不同地区、不同人群(性别、年龄)、不同病种所造成的疾病负担特征进行分析和比较,确定受大气污染危害严重的主要病种、重点人群和高发人群、高发地区,为确定大气污染的防范重点和研究重点提供重要依据;③大气污染疾病负担评估研究是卫生行政和环保部门科学、合理制定大气卫生相关政策的基础,为大气质量干预措施制定提供依据,同时还可对当前有关大气污染相关疾病的防治策略实施效应进行评价;④大气污染疾病负担评估研究还可进行成本-效应分析,研究实施不同干预措施挽回一个单位大气污染疾病负担所需的成本,以求采用最佳干预措施改善大气污染水平,防治重点疾病,使有限的资源发挥更大的减轻大气污染疾病负担的效果。

第二节 大气污染导致的疾病负担

一、评估方法

大气污染导致的疾病负担评估方法主要基于以下步骤:人群暴露水平评估、暴露-反应关系的确定、人群归因分值的计算、各病种疾病负担的估计、大气污染所致各病种疾病负担的确定以及不确定性和灵敏性分析,具体流程如图 9-2。

(一) 人群暴露水平评估

人群暴露水平评估从为大气污染选择特定的指示污染物开始,然后准确地评估指示污染物在暴露人群中的分布,进而评估人群暴露水平。

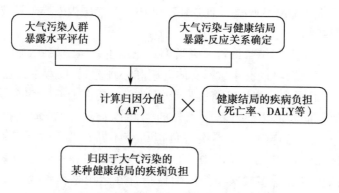

图 9-2 大气污染所导致的疾病负担的评估方法

　　大气污染涉及多种污染物,如 PM、SO_2、NO_2、CO 和 O_3 等,不同大气污染物之间存在明显的共线性,不能简单地将不同污染物的健康效应叠加来估计大气污染的健康效应。因此在进行暴露水平的评估前,首先应在上述多种污染物中选择指示污染物。指示污染物需与其他污染物的共线性相对较低,具有一定的代表性且对人群健康的效应具有相对独立性。目前国际及国内评价大气污染疾病负担的流行病学研究中,常采用 PM 作为指示污染物,而 GBD 研究中则采用 PM 和 O_3 同时作为指示污染物。这主要是由于既往大量的毒理学研究证实这两种污染物可对机体健康产生显著危害,同时既往大量具有代表性的多中心、大规模、长时间人群流行病学研究也证实短期和长期暴露于这两种污染物均能显著升高人群的死亡率和发病率,对健康产生多种不良影响,且在多污染物模型调整其余污染物的混杂效应后,PM 和 O_3 仍可对健康产生显著的不良影响。因此,评估大气污染疾病负担研究常选择 PM 和 O_3 这两种具有代表性的大气污染物作为指示污染物。

　　准确地评估指示污染物在暴露人群中的分布需要选择合适的暴露人群范围和合理的监测数据作为暴露数据。暴露的分布可以是连续的也可以是非连续的。在理想的情形中,人群的暴露数据应为每个个体的个体暴露水平,但由于流行病学研究中暴露人口数量众多,对每个个体均进行个体暴露水平监测不具有实际操作性,因此以往针对大气污染疾病负担评估的人群流行病学研究多为针对某一地区或城市进行,一般以该地区或城市居民作为暴露人群,以该地区或城市固定监测点的监测数据作为暴露人群的暴露数据。但由于每个个体时间-活动模式的差异性以及固定监测点监测范围的可及性等,使暴露人口的真实暴露水平与固定监测点的监测数据存在差异性,进而影响暴露评估的准确性。此外国际上一些针对大气污染疾病负担的大型研究,还利用了大气气溶胶卫星观测数据、地面监测数据、化学传输模型模拟数据和土地利用数据等多源数据,采用空气质量数据集成模型、土地利用回归模型和地理信息系统模型等暴露评估技术,综合评估一定空间范围内暴露人群的暴露水平,极大地提升了人群暴露水平评估的准确性。如 GBD 2017 研究中采用了空气质量数据集成模型的暴露评估技术,利用多源数据,综合评估了 0.1°×0.1°分辨率网格单元内人群 PM 和 O_3 的暴露水平。

(二)暴露-反应关系的确定

　　暴露-反应关系的确定是大气污染疾病负担评估最重要的部分,直接关系到后续多个步骤和结果的准确性。暴露-反应关系确定前,首先需明确所关注的健康结局。大气污染可通过直接或间接作用对人体产生包括亚健康状态、发病和死亡等一系列健康效应,在进行大气污染疾病负担评估研究时,研究者可根据研究目的确定一种或多种与大气污染暴露相关的健康结局进行评估。

确定健康结局后,即可根据人群暴露水平和健康结局确定和选取大气污染疾病负担评估所需的暴露-反应关系,进而提取暴露-反应关系系数(一般用 β 表示,其意义为大气污染物浓度每变化一个单位所导致的健康结局变化程度)。暴露-反应关系系数的提取主要有两种方式,第一可根据研究实际的人群暴露和健康结局数据,通过适当的流行病学设计和统计分析模型,建立大气污染暴露与相应健康结局的暴露-反应关系,进而获得暴露-反应关系系数。该种方法要求人群暴露数据和健康结局数据均可准确获得,并具有一定的代表性,同时要求流行病学设计合理,统计分析模型使用得当,符合人群暴露和健康结局数据的特点,同时具有一定的统计学效力,以保证暴露-反应关系系数的合理和准确。第二可从既往流行病学文献中所得出的大气污染暴露与健康结局的暴露-反应关系中提取关注的暴露-反应关系系数,但由于大气污染与健康结局的研究众多,因此如何从众多的研究中选择暴露-反应关系系数也成为一个难点。一般在选择对某种健康结局应优选研究周期长的长期慢性健康效应研究,次选研究周期短的短期急性健康效应研究;优选能够确定因果关系的研究设计如队列研究和病例对照研究,次选无法确定因果关系的研究设计如横断面研究;优选样本量较大并具有代表性的研究,次选样本量较小且代表性不强的研究;优选本地研究,次选其他城市的研究;优选国内研究,次选国外研究;优选发表时间新影响因子高的研究,次选发表时间久影响因子低的研究;多个暴露-反应关系可通过 Meta 分析进行合并或采用其他模拟方法进行预测评估,获得综合的暴露-反应关系系数,如 GBD 2017 研究中即采用贝叶斯蒙特卡洛非线性曲线模拟方法,计算暴露-反应关系系数。

(三) 归因分值的计算

归因分值(attributable fraction,AF)是指暴露人群中发病、伤残或死亡归因于暴露危险因素的部分占全部发病、伤残或死亡的百分比,在一些罕见情况下,健康结果与单个风险直接相关,但大多数疾病都有几个潜在的原因,这些原因的相对影响必须确定,故归因分值也可以理解为在其他的暴露风险保持不变的情况下,理论上总人群中如果消除某致病因素有多少人可以被保护。确定归因分值也是评估通过实施控制措施减少某种危险因素的暴露会对疾病负担产生何种影响的基础。

在大气污染流行病学疾病负担研究中,AF 可理解为某暴露水平下的大气污染在暴露人群中所导致某种健康结局的归因危险度或归因分值。计算公式如下(公式9-1):

$$AF = (RR - 1)/RR \qquad \text{公式 9-1}$$

式中:AF——某暴露水平下大气污染在暴露人群中所导致某种健康结局的归因危险度或归因分值;RR——相对危险度,即某暴露水平下大气污染相对于阈值浓度的健康风险。

而在上述公式中 RR 值为核心参数,在大气污染流行病学研究中,该指标可由研究中所报道的暴露-反应关系系数换算得来。换算公式如下(公式9-2):

$$RR = exp\left[\beta \times (C - C_0)\right] \qquad \text{公式 9-2}$$

式中:exp——以自然常数 e 为底的指数函数;β——大气污染流行病学研究中所得出的暴露-反应关系系数,即大气污染浓度变化一个单位时所导致的健康结局发生数的变化量;C——大气污染物的暴露浓度水平或所关注的浓度水平;C_0——大气污染物的阈值浓度,即不被认为具有显著健康效应的大气污染物浓度水平。

上述公式中,所关注的大气污染水平和阈值浓度可根据实际情况进行选择。

通常所关注的大气污染水平一般为研究中大气污染物的实际暴露浓度水平;某些特定研究中,所关注的大气污染水平亦可为研究者所关注的大气污染物的特定暴露浓度水平,如某些研究会选择高于大气质量标准或空气质量准则值一定浓度水平的暴露浓度值作为其所关注的大气污染水平进行相关分析。

阈值浓度的选择根据不同研究目的也有所不同。通常单纯以大气污染的健康影响或疾病负担评估为研究目的的流行病学研究,可选择零值和理论最低风险暴露水平(theoretical minimum risk exposure level,TMREL)作为阈值浓度。选择零值作为阈值浓度是因为既往的大气污染流行病学研究表明,大气污染对人群健康影响的暴露-反应关系是"线性无阈值的",即只要暴露于大气污染,无论浓度水平高低,均可对人群健康产生不良影响,故可选择零值作为阈值浓度。但由于大气污染对人群健康影响具有一定的累积效应和滞后效应,可能造成估计的研究结果较实际情况相对偏高,故大部分的流行病学研究更趋向于选择 TMREL 作为阈值浓度,进而对实际情况进行更为准确的评估,如 GBD 2017 即选择了 TMREL 作为阈值浓度进行大气污染疾病负担的评估。TMREL 一般可根据流行病学文献综合结果计算获得。一般以大气污染相关政策或标准的制定或更新等为研究目的的流行病学研究,则会选择与政策相关的基准值或浓度限值作为阈值浓度,如本章第三节天津市大气污染疾病负担评估研究实际案例即采用了我国大气质量标准年均二级浓度限值($70\mu g/m^3$)或 WHO 空气质量准则值($20\mu g/m^3$)作为阈值浓度,分别评估了大气污染浓度水平超过标准限值和空气质量准则值时所导致的疾病负担。

(四)确定健康结局的疾病负担

在确定了所关注的健康结局后,研究者需收集研究地区的人群死亡和发病信息,建立数据库,以便计算各健康结局所导致的疾病负担。研究地区的人群死亡和发病数据可从国家数据库中获得,如生命登记系统、普查信息、健康调查和疾病登记系统、死亡登记系统等。也可以从其他国家进行的研究、国际流行病学研究或 WHO 区域、国家专项估计数据中获得。

在收集数据时,为方便数据库建立和健康结局分类,需按照标准进行疾病分类。世界上应用最广泛的疾病和与健康有关疾病分类标准即国际疾病分类(International classification of diseases,ICD),其是 WHO 为了对世界各国人口的健康状况和分析死因的差别而制定的国际统一的疾病分类方法,根据疾病的病因、病理、临床表现和解剖位置等特性,将疾病分门别类,使其成为一个有序的组合,并用编码方法表示。目前全世界通用的是第 10 次修订版《疾病和有关健康问题的国际统计分类》(ICD-10)。

将收集的数据按照 ICD-10 编码分类汇总建立数据库后,即可根据所关注的健康结局,按照不同疾病负担指标的计算公式,选择合适的疾病负担评估指标,估算不同健康结局的疾病负担(BD_H)。

(五)计算归因于大气污染的疾病负担

确定了大气污染的归因分值(AF)和各健康结局的疾病负担后,即可计算归因于大气污

染的疾病负担,具体计算公式如下(公式9-3):

$$BD_{AP} = BD_H \times AF \qquad \text{公式 9-3}$$

式中:BD_{AP}——归因于大气污染的某种健康结局的疾病负担;BD_H——各健康结局的疾病负担;AF——某暴露水平下大气污染在暴露人群中所导致的某种健康结局的归因危险度或归因分值。

(六)不确定性和敏感性分析

疾病负担研究中的不确定性一般包括测量误差、系统偏差和与数据建模和外推相关的不确定性。例如首先由于疾病负担研究必须依据流行病学研究的基本原理,从一个小的样本推断至整个人群,因此可能由于研究的样本量很小,不能充分代表研究人群,进而在暴露评估过程中产生误差;其次暴露指示污染物的选择以及暴露指标测量的不准确性也会带来误差;再次将暴露评估和相对风险评估进行匹配建立暴露-反应关系时,也会产生额外的不确定性;此外基线暴露数据和健康数据通常是从不同来源以不同程度的可靠性收集,数据来源可靠性的差异性也会增加研究的不确定性。上述不确定性均会在一定程度上影响研究结果的可靠性,在实际研究中需进行综合考虑与评价。

敏感性分析是通过一定范围内系统地改变输入变量进行,每次一个。其对于决策和未来的分析工作很重要,有助于确定哪个输入变量对输出变量有最大的影响。敏感性分析有助于通过更明确的数据模型确定如何更大程度获益。

二、大气污染对死亡率和发病率的影响

死亡率和发病率作为疾病负担发展第一阶段的评估指标,目前已被广泛应用于大气污染疾病负担评估的流行病学研究中。国内外已有大量学者针对大气污染对人群死亡率和发病率的影响进行了研究,其中不乏多中心多城市的大规模研究及综述多个研究的 Meta 分析。

2004 年 WHO 对大气污染与人群死亡率关系进行了 Meta 分析。该研究对 286 个时间序列研究和 124 个定组研究结果进行分析,利用 RR 及其 $95\%CI$ 评价大气污染物对每日死亡的影响,结果发现可吸入颗粒物(PM_{10})、BC 和 O_3 与总死亡率的增加相关,其中 PM_{10} 和 BC 的日均浓度每上升 $10\mu g/m^3$,人群总死亡率的 RR 分别为 $1.006(95\%CI:1.004 \sim 1.008)$ 和 $1.006(95\%CI:1.004 \sim 1.008)$,$O_3$ 的 8 小时平均浓度每增加 $10\mu g/m^3$,总死亡率的 RR 为 $1.003(95\%CI:1.001 \sim 1.004)$。除 WHO 外,国外还开展了一些大气污染对每日死亡影响的多城市研究,如美国 NMMAPS 项目和欧洲 APHEA 项目等,这些研究中均发现大气污染物浓度的增加能明显增加人群死亡率。NMMAPS 采用 Meta 分析对美国大气污染与人群死亡率的相关性进行研究,发现美国 90 个城市范围内,PM_{10} 的浓度每增加 $10\mu g/m^3$,可导致人群总死亡率增加 $0.21\%(95\%CI:0.09\% \sim 0.33\%)$,$PM_{10}$ 浓度的增加($10\mu g/m^3$)还分别与呼吸系统及心血管系统疾病的死亡率增加相关,RR 值分别为 $1.013(95\%CI:0.005 \sim 0.020)$ 和 $1.009(95\%CI:1.005 \sim 1.013)$,BC 和 O_3 的浓度的增加($10\mu g/m^3$)仅与心血管系统的疾病死亡率增加相关,RR 值分别为 $1.004(95\%CI:1.002 \sim 1.007)$ 和 $1.004(95\%CI:1.003 \sim 1.005)$,与呼吸系统疾病死亡率的相关性则无统计学意义。APHEA 研究不但发现颗粒物浓度的增加与人群死亡率的增加相关,同时还发现气态污染物如 CO、SO_2 和 NO_2 也与人群死亡率的增加相关,该研究采用多中心的研究方法,对欧洲 30 多个城市进行研究,结果发现

CO 的浓度每增加 $1mg/m^3$ 可导致人群总死亡和心血管疾病死亡分别增加 1.20%（95%CI：0.63%～1.77%）和 1.25%（95%CI：0.30%～2.21%）。除多中心大规模研究外，国外还有许多单城市大气污染对人群死亡率和发病率影响的研究，此处不再赘述。

国内学者针对大气污染对人群死亡的影响也进行了较多多中心研究。如亚洲大气污染与公众健康关系研究（Public Health and Air Pollution in Asia，PAPA），对武汉、上海和香港 3 个城市进行研究，结果发现 PM_{10}、SO_2、NO_2 和 O_3 的浓度每增加 $10\mu g/m^3$，可导致人群总死亡率分别增加 0.37%（95%CI：0.21%～0.54%）、0.98%（95%CI：0.74%～1.23%）、1.19%（95%CI：0.71%～1.66%）和 0.31%（95%CI：0.13%～0.48%）。除 PAPA 项目，中国空气污染对健康影响研究（The China Air Pollution and Health Effects Study，CEPAS）对我国包括北京、上海等在内的 16 个城市大气污染与人群死亡率的相关关系进行了研究，结果也发现 PM_{10} 浓度的增加与人群死亡率的增加相关，其中 PM_{10} 的浓度每增加 $10\mu g/m^3$，可导致人群总死亡率、心血管疾病死亡率和呼吸系统疾病死亡率分别增加 0.35%（95%CI：0.18%～0.52%）、0.44%（95%CI：0.23%～0.64%）和 0.56%（95%CI：0.31%～0.81%），且女性、老年人和低教育程度人群对颗粒物污染更敏感。此外国内学者还对珠江三角洲地区，北京、天津、哈尔滨等 7 个城市，北京、上海、广州和天津 4 个城市大气污染对人群死亡率和发病率的影响也分别进行了研究，这些研究也均发现大气污染物浓度的增加可导致人群死亡率增加。为了更全面了解我国大气污染物对人群死亡率的影响，国内学者采用 Meta 分析对上述结果进行了分析，结果发现 PM_{10}、$PM_{2.5}$、SO_2、NO_2、O_3 和 CO 浓度每增加 $10\mu g/m^3$，可导致人群总死亡率分别增加 0.32%（95%CI：0.28%～0.35%）、0.38%（95%CI：0.31%～0.45%）、0.81%（95%CI：0.71%～0.91%）、1.30%（95%CI：1.19%～1.41%）、0.48%（95%CI：0.38%～0.58%）和 3.70%（95%CI：2.88%～4.51%）。除上述多城市研究，国内关于大气污染对人群死亡率影响的单个城市研究也较多，这些研究主要集中在北京、上海、天津、武汉等地，此处不再赘述。

可见，死亡率和发病率作为疾病负担评估指标在国内外已被广泛应用于大气污染疾病负担评估研究，但由于这些描述角度单一、敏感性相对较差，只能以频数的形式侧面评价疾病对人群健康的危害水平，对伤残或失能以及除身体健康以外的影响如心理健康影响、经济负担水平影响等非死亡性疾病结局的评估，对死亡年龄、伤残或失能年龄和权重等重要信息的评估，均存在明显不足。因此目前的大量大气污染对人群死亡率和发病率影响的流行病学研究，在综合评估大气污染疾病负担方面仍显不足，采用更为全面的疾病负担指标的大气污染疾病负担评估研究仍需开展。

三、大气污染对伤残调整寿命损失年的影响

DALY 是指从发病到死亡所损失的全部健康寿命年，包括因早死所致的寿命损失年和伤残所致的健康寿命损失年两部分，是生命数量和生命质量以时间为单位的综合度量。其计算公式如下（公式 9-4）：

$$DALY = YLL+YLD$$

公式 9-4

式中：YLL——因早死所导致的寿命年损失；YLD——因伤残所导致的健康寿命损失年。

DALY 是疾病负担发展第三阶段的评价指标，能够全面反映健康状态。该指标综

合考虑了疾病造成的早死和失能对人群健康的危害,同时还考虑了年龄权重、疾病权重等多种因素,将所有的健康效应归为一个整体,克服了传统指标无法量化、信息缺失等缺点,可在一定程度上综合评价疾病和健康危害因素的危害程度,对深入和广泛指导世界各国在卫生资源相对不足且分布不均的情况下确定优先解决的项目具有重大意义。

目前 DALY 已被 WHO、世界银行等组织应用于世界范围内大气污染疾病负担的评估研究,GBD 自 1990 年至 2017 年的一系列研究中,也均采用 DALY 指标评估大气污染的疾病负担。其中 GBD 2015 对大气污染的疾病负担进行了专题研究,结果显示 2015 年全球大气 $PM_{2.5}$ 污染可造成约 10 306.62[95%UI:9 082.96~11 507.26]万人年的 DALY 损失,占全球 DALY 损失的 4.2%,其中我国大气 $PM_{2.5}$ 可造成 2 177.87(95%UI:1 890.35~2 458.42)万人年的 DALY 损失。除 GBD 研究外,DALY 还被国际学者广泛应用于大气污染疾病负担研究的评估,如欧洲环境疾病负担研究项目显示:大气颗粒物污染是造成欧洲人群 DALY 损失的最重要环境因素,占总 DALY 的 68%,$PM_{2.5}$ 共造成 180 万人年的 DALY 损失,每年每百万人因 $PM_{2.5}$ 污染暴露损失的 DALY 为 6 000~10 000 人年。英国空气污染物医学效应委员会(Committee on the Medical Effects of Air Pollutants,COMEAP)估计,现实情况下,消除人为颗粒物污染,在未来 106 年英国将获得超过 3 650 万人年 DALY 收益,平均每人增加预期寿命 6 个月。印度学者对 2013 年那格浦尔 9 个地区(包括城市、郊区和农村地区)$PM_{2.5}$ 的疾病负担进行了评估,结果发现在该地区 2013 年 $PM_{2.5}$ 的年均浓度为(34±17)μg/m³,$PM_{2.5}$ 暴露可导致 3 300(95%CI:2 600~4 200)人早死,造成 91 000(95%CI:68 000~116 000)人年的 DALY 损失。此外,在印度孟买和德里的研究还对 1995—2015 年归因于 PM_{10} 的 DALY 损失进行了分析,结果发现孟买 1995 年和 2015 年归因于 PM_{10} 的 DALY 损失分别为 336 755.24(95%CI:171 790.56~455 407.53)人年和 505 050.97(95%CI:263 416.42~683 089.71)人年,上升了约 49.98%;德里 1995 年和 2015 年归因于 PM_{10} 的 DALY 损失分别为 339 296.03(95%CI:182 215.12~435 662.21)人年和 750 320.60(95%CI:433 450.70~919 043.62)人年,上升了约 121.14%,可归因于 PM_{10} 的 DALY 损失均有大幅度上升。DALY 除用于室外大气污染对人群疾病负担的评估外,还可用于特定来源的大气污染对人群疾病负担的评估。如在波兰首都华沙的研究以 DALY 作为评估指标对交通相关的大气污染疾病负担进行了估算,发现每千克与交通相关的 PM_{10} 排放可造成 0.000 26 人年 DALY 损失,相当于减少 1kg 与交通相关的 PM_{10} 排放可使 170 万居民每年增加 1 604 人年 DALY。伊朗学者还采用 GBD 2013 的研究方法和数据,对 1990 年和 2013 年归因于固体燃料燃烧所导致的室内空气污染的人群疾病负担分别进行了评估,结果发现 1990 年和 2013 年归因于室内空气污染的 DALY 分别为 87 433(95%CI:51 072~144 303)人年和 1 889(95%CI:1 016~3 247)人年,与 1990 年归因于室内空气污染的 DALY 损失相比,2013 年有了大幅度的下降,这主要得益于室内空气污染水平的下降。

我国学者也采用 DALY 指标对大气污染的疾病负担进行了评估,如曾采用 DALY 指标对上海大气污染的疾病负担进行评估,结果发现 2000 年大气污染可导致约 10.3 万人年的 DALY 损失。2006 年该学者又以 PM_{10} 为指示污染物,以我国 656 个城市人口作为暴露人群,对我国大气颗粒物的疾病负担进行评估,结果发现 2006 年我国城市的大气颗粒物污染可导致(526.22±99.43)万人年 DALY 损失。除以 DALY 评估室外大气污染的疾病负担外,我国学者还利用 GBD 2013 的中国研究数据,对 2013 年我国室内空气污染的疾病负担进行评估,同时对 1990 年和 2013 年室内空气污染的疾病负担进行了对比。结果显示,2013 年我国因室内空气污染导致的 DALY 损失约为 1 536.1 万人年,其中归因于室内空气污染的标化 DALY 率较高的城市均在我国西部地区,最高的省份为贵州(2 233.0/10 万);东部沿海省份均相对较低,最低为上海(27/10 万);与 1990 年数据相比,归因于室内空气污染的标化 DALY 率下降幅度最大的城市为上海(96.8%),新疆的下降幅度最小(49.8%);此外归因于室内空气污染的 DALY 损失在不同年龄组间亦存在一定的差异,2013 年 70 岁以上年龄组 DALY 率最高(7 006.0/10 万),与 1990 年相比,DALY 率下降幅度最大的为 5 岁以下年龄组(91.8%)。

虽然目前国内外已有一些研究以 DALY 为评价指标对大气污染的疾病负担进行了评估,但这些研究多以 PM 为指示污染物,对气态污染物以及多种污染物对疾病负担的综合影响评估仍有缺陷。而我国针对大气污染对 DALY 影响的评估研究数据也较为老旧,这些研究的暴露水平与我国目前的大气污染暴露水平存在一定的差异,且针对各个地区和城市的特异性研究证据还略显不足。综上所述,针对大气污染对 DALY 影响的评估研究仍有待进一步开展。

寿命损失年(YLL)作为 DALY 指标的一部分,近年来也逐渐应用于大气污染疾病负担的评估研究。YLL 是指因早死所导致的生命年损失。其计算公式如下(公式 9-5):

$$YLL = \sum N_i L_i$$

公式 9-5

式中:i——某年龄组;N——各年龄组某健康结局所导致的死亡人数;L——各死亡年龄段的寿命年损失,该指标目前常用的计算方法有 4 种,即减寿年数、时期寿命表减寿年数、队列寿命表减寿年数、标准寿命表减寿年数,其中最常用的为 WHO 推荐的各年龄组标准寿命减寿年数(standard expected years of life lost,SEYLL)。

既往国际一些大型疾病负担评估研究已对大气污染所导致的 YLL 损失进行了估算,如欧洲环境疾病负担研究项目发现 $PM_{2.5}$ 污染可造成约 130 万人年 YLL 损失。瑞典的估算结果表明,PM_{10} 浓度每增加 $10\mu g/m^3$,可导致约 42 400 人年 YLL 损失。澳大利亚学者对悉尼 2007 年 $PM_{2.5}$ 污染所导致的 YLL 损失进行了评估,发现 2007 年悉尼 $PM_{2.5}$ 污染可导致 5 800(95% CI:3 900~7 600)人年 YLL 损失,若 2007 年悉尼 $PM_{2.5}$ 暴露水平下降 10%,在 10 年内可增加 3 500(95% CI:2 300~4 600)人年 YLL。此外还有研究学者以 GBD 2013 的研究方法,对 2013 年中国和印度大气 $PM_{2.5}$ 污染所导致的 YLL 损失进行了评估,结果发现,2013 年中国大气 $PM_{2.5}$ 污染可导致 3 890(95% CI:2 520~5 350)万人年 YLL 损失,其中大气 $PM_{2.5}$ 污染所导致的脑卒中、缺血性心脏病、慢性阻塞性肺疾病、肺癌和下呼吸道疾病的 YLL 损失分别为 560(95% CI:310~810)万人年、600(95% CI:360~920)万人年、1 630(95% CI:1 060~2 250)万人年、710(95% CI:500~900)万人年和 390(95% CI:390~470)万人年;印度大气 $PM_{2.5}$ 污染可导致 3 230(95% CI:2 090~4 410)万人年 YLL 损失,其中大气 $PM_{2.5}$ 污染所导致的脑卒中、缺血性心脏病、慢性阻塞性肺疾病、肺癌和下呼吸道疾病的 YLL 损失分别为 170(95% CI:90~250)万人年、280(95% CI:160~430)万人年、1 710(95% CI:1 050~2 390)万人年、100(95% CI:70~140)万人年和 970(95% CI:720~1 200)万人年。此外还有一些研究对特定来源的大气污染对 YLL 的影响进行了估算,如瑞士对交通相关的大气污染对人群

YLL 的影响研究发现,2010 年交通相关的大气污染与人群 YLL 具有正相关关系,可导致约 14 000(95%CI:8 800~18 000)人年 YLL 损失。

国内也有部分学者以 YLL 作为疾病负担的评估指标对多种大气污染物所导致的疾病负担进行评估。我国天津的研究采用时间序列研究设计,以 PM_{10} 作为指示污染物对 2001—2010 年大气污染对天津市 6 城区 YLL 的影响进行评估,结果发现 PM_{10} 的浓度每增加 $10\mu g/m^3$,可导致 YLL 损失增加 0.80(95%CI:0.47~1.13)人年;该研究团队对大气污染对呼吸系统疾病的 YLL 影响进行了进一步分析,发现 PM_{10} 的浓度每增加 $10\mu g/m^3$,可导致呼吸系统疾病 YLL 损失增加 0.84(95%CI:0.45~1.23)人年,导致慢性阻塞性肺疾病 YLL 损失增加 0.30(95%CI:0.06~0.54)人年,且其对老年人(≥65 岁)YLL 的影响程度明显高于其对非老年人(<65 岁)。此外,为进一步综合评估多种大气污染对人群 YLL 的综合影响,该研究团队进一步以 API 作为评估大气污染的指标,对天津多种大气污染物对人群 YLL 的综合影响进行了估算,结果发现大气污染天数持续 4 天对 YLL 的持续性影响最大,可分别导致总死亡和呼吸系统疾病 YLL 损失 116.6(95%CI:4.8~228.5)人年和 22.8(95%CI:1.7~43.9)人年。除对天津地区大气污染疾病负担进行评估,该团队以宁波市作为研究地点进行了研究,发现 2011—2015 年宁波市 O_3 的日均 8 小时最大平均浓度为 $80.3\mu g/m^3$,寒冷季节和温暖季节 O_3 的浓度每增加 $19.6\mu g/m^3$,可分别导致慢性阻塞性肺疾病 YLL 损失增加 7.09(95%CI:3.41~10.78)人年和 0.31(95%CI:-2.15~2.77)人年,且其对老年人的影响明显高于非老年人;大气 $PM_{2.5}$、SO_2 和 NO_2 的平均浓度分别为 $49.58\mu g/m^3$、$21.34\mu g/m^3$ 和 $43.41\mu g/m^3$,上述 3 种污染物浓度每增加 $10\mu g/m^3$,可分别导致缺血性心脏病 YLL 损失增加 0.71(95%CI:-0.21~1.64)人年、3.31(95%CI:0.78~5.84)人年和 2.27(95%CI:0.26~4.28)人年,可见气态污染物对缺血性心脏病 YLL 的影响明显高于 $PM_{2.5}$ 对其的影响。其他学者在宁波的研究也发现了相同的结果,如宁波市 2009—2013 年大气污染数据对非意外死亡 YLL 的影响研究发现,PM、NO_2、SO_2 浓度的增加与每日死亡和 YLL 增加具有正相关关系,其中 PM_{10}、$PM_{2.5}$、NO_2、SO_2 的浓度每增加 $10\mu g/m^3$ 可导致非意外死亡人数分别增加 0.53%(95%CI:0.29%~0.76%)、0.57%(95%CI:0.20%~0.95%)、2.89%(95%CI:2.04%~3.76%)和 1.65%(95%CI:1.01%~2.30%),YLL 分别增加 4.27(95%CI:1.17~7.38)人年、2.97(95%CI:2.01~7.95)人年、29.98(95%CI:19.21~40.76)人年和 16.58(95%CI:8.19~24.97)人年。此外北京 2004—2008 年的研究结果也发现 PM_{10} 日均浓度每增加一个 IQR(106$\mu g/m^3$),YLL 损失为 15.8 人年;NO_2 日均浓度每增加一个 IQR(30$\mu g/m^3$),YLL 损失为 15.1 人年;SO_2 日均浓度每增加一个 IQR(49$\mu g/m^3$),YLL 损失为 16.2 人年。2009—2013 年南京的研究也发现了类似结果,大气 PM_{10}、SO_2 和 NO_2 浓度的增加与每日 YLL 具有正相关关系,其相关性均在滞后一天达到最大,PM_{10}、SO_2 和 NO_2 浓度每增加一个 IQR(浓度增加分别为 66.3$\mu g/m^3$、23.3$\mu g/m^3$ 和 25.3$\mu g/m^3$),导致 YLL 分别增加 20.5(95%CI:6.3~34.8)人年、30.3(95%CI:12.2~48.4)人年和 34.9(95%CI:16.9~52.9)人年。

综上可见,国内以 YLL 为疾病负担评估指标的研究已广泛开展,但我国的研究以单城市的时间序列研究为主,缺乏大规模的多城市多中心的综合性研究证据,目前针对我国大气污染水平下的多中心队列研究仍亟须进一步开展,为全国水平下大气污染疾病负担提供科学数据。

伤残寿命损失年(YLD)作为 DALY 的另一个指标,是指疾病所致伤残引起的健康寿命损失年。其计算公式如下(公式 9-6):

$$YLD=I\times DW\times L \qquad \text{公式 9-6}$$

式中:I——发生某种健康结局的数量;DW——某种健康结局的伤残权重系数;L——持续某种健康结局的时间。

YLD 作为疾病负担评估指标之一,已在 GBD 2017 研究中用于评估全球 195 个国家或地区的 354 种疾病和伤害的疾病负担,但该研究并未对不同危险因素(包括大气污染)所致的 YLD 进行深入分析。国际上部分学者曾采用 YLD 对大气污染的疾病负担进行评估,但这些研究均是将 YLD 作为 DALY 的一部分进行估算,而并未对 YLD 单独进行评估。如 2007 年韩国学者对环境相关因素疾病负担的评估研究中,为评估 PM_{10} 污染所致的 DALY 损失,曾对 PM_{10} 污染所致的 YLD 损失进行了估算,结果发现室内外大气 PM_{10} 污染所致的 YLD 损失率分别为 2.58/1 000 年和 4.12/1 000 年。在我国未见以 YLD 作为疾病负担指标对大气污染疾病负担进行评估的研究。这可能是由于不同的健康结局,估算 YLD 所需的伤残权重系数各有不同,这也在一定程度上增加了准确评估 YLD 的难度。但 GBD 2017 研究中已对部分疾病的 DW 给出了不同的取值,因此今后即可参照 GBD 2017 研究中所使用的 DW,将 YLD 进一步引入大气污染疾病负担评估研究。

综上所述,DALY(包括 YLL 和 YLD)作为疾病负担评估指标,目前已广泛应用于大气污染疾病负担评估研究,但针对 DALY、YLL 和 YLD 的大气污染疾病负担评估研究仍存在不足,国内外特别是我国相关研究仍亟待开展。

四、大气污染对其他疾病负担指标的影响

(一)潜在寿命损失年

潜在寿命损失年(PYLL)是 1982 年由美国疾病预防控制中心提出的疾病负担评价指标,为疾病负担发展第二阶段的评价指标,现已在世界范围内广泛应用,指某年龄人群因某病死亡者的期望寿命与实际死亡年龄之差的总和,即死亡所造成的寿命损失。该指标在考虑死亡数量的基础上,以期望寿命为基准,进一步衡量死亡造成的寿命损失,强调了早亡对健康的影响。该指标的计算公式如下(公式 9-7):

$$PYLL=\sum[e-(i+0.5)]d_i \qquad \text{公式 9-7}$$

式中:e——期望寿命;i——年龄组(通常计算其年龄组中值);d_i——某年龄组的死亡人数。

用 PYLL 评价大气污染对人群的疾病负担,可消除死亡者年龄构成的不同对预期寿命损失的影响,同时该指标还可以用来计算和比较大气污染对不同疾病或不同年龄组人群的疾病负担,是评价大气污染疾病负担的一个直接和重要指标。目前国内外并未见 PYLL 作为疾病负担指标评价大气污染疾病负担的研究。但有学者曾利用简单相关、灰色关联等方法,以 PYLL 为疾病负担指标,对武汉市大气多种污染物与肺癌 PYLL 的相关性进行了分析,结果显示 SO_2、NOx、TSP 与男性肺癌潜在减寿年数(PYLL)的关联度分别为 0.670 2、0.707 1、0.619 9,与女性肺癌 PYLL 的关联度分别为 0.618 8、0.855 5、0.584 2。NOx 浓度与男、女性肺癌 PYLL 均呈正相关,相关系数分别为 $r_{\text{男}}=0.635\ 23(P=0.048\ 4)$,$r_{\text{女}}=0.763\ 96$ $(P=0.010\ 1)$。上述研究结果可知,虽然该研究并未计算归因于大气污染的肺癌疾病负

担,但结果表明大气污染暴露与 PYLL 变化具有明显的相关性,PYLL 可以作为一个敏感性指标评价大气污染的疾病负担,这亦为今后大气污染疾病负担评估研究提供了研究思路。

(二)伤残调整期望寿命

伤残调整期望寿命(DALE)是 2000 年 WHO《2000 年世界卫生报告》中提出的一个新的健康综合衡量指标,是在 DALY 的基础上发展起来的,为疾病负担发展第三阶段的评价指标。DALE 是在寿命表的基础上,将人群的生存质量和死亡状况结合起来进行健康测量,是假设人群在充分健康状态下的期望寿命。该指标是对不同个体的健康状况进行详尽描述后,将其在非完全健康状态下生活的年数,经过伤残严重性权重转换,转化成相当于完全健康状况下生活的年数,从而进行人群健康状况量化评价的指标。其对人群存活率、死亡率、不同健康状况的流行率和严重程度都很敏感,是一种健康综合衡量指标。DALE 的具体计算公式如下(公式 9-8):

$$DALE = \left(\sum\nolimits_{X} WL_X \right) / l_X \qquad \text{公式 9-8}$$

式中:W——相应的伤残严重性权重;X——某年龄组;L_X——某年龄组的生存人年数;l_X——某年龄组的尚存人年数。

DALE 指标已成功应用于各成员国卫生系统的绩效评价。但目前国内外并没有研究将该指标应用在大气污染疾病负担研究,这也为日后大气污染疾病负担研究提供了方向。

(三)质量调整寿命年

质量调整寿命年(QALY)是用生命质量来调整期望寿命或生存年数而得到的一个新指标,该指标通过生命质量把疾病状态下或健康状况低下的生存年数换算成健康人的生存年数,为疾病负担发展第三阶段的评价指标。QALY 的计算公式如下(公式 9-9):

$$QALY = \sum\nolimits_{i=1}^{n} W_i Y_i \qquad \text{公式 9-9}$$

式中:n——健康状态数;i——某种健康状态;W_i——用生命质量评价方法得出的 i 健康状态下的权重值(参考尺度 0~1,0 表示死亡,1 表示完全健康);Y_i——处于 i 健康状态下的生存年数。

以 QALY 作为疾病负担指标进行测量可以同时获得发病率(质量减少)和死亡率(数量减少)两项指标描述的状态,将这两项指标结合为一个指标进行分析,不仅考虑了死亡的数量,同时还考虑了生活质量下降对疾病负担评估的影响,被广泛应用于卫生经济学的成本-效用分析研究。QALY 在大气污染疾病负担评估研究中也得到了一定的应用,主要用于评估采取不同的措施改善大气环境质量后对人群 QALY 的改善。目前国外已进行了相关研究,如有学者采用 Markov 模型以慢性阻塞性肺疾病、心脏冠状动脉疾病和肺癌作为健康结局,对英国大气环境质量改善所带来的 QALY 受益进行了分析,结果显示,生活在伦敦的年龄≥40 岁的成人,在其剩余的生命中,以贴现率 3.5% 计算,$PM_{2.5}$ 的平均浓度每降低 $1\mu g/m^3$,可获得 63 000 QALY 收益;生活在英格兰和威尔士的年龄≥40 岁的成人,在其剩余的生命中,以贴现率 3.5% 计算,$PM_{2.5}$ 的平均浓度每降低 $1\mu g/m^3$,可获得 540 000 QALY 收益。还有学者采用药物经济学方法对大气环境质量改善对暴露于恶劣大气环境质量下的不同健康结局人群 QALY 的收益进行了分析,结果显示大气环境质量改善可避免每个总死亡个体 8.4 QALY 的损失,避免每个冠状动脉疾病个体 1.1 QALY 的损失,避免每个儿童期患哮喘个体 0.9 QALY 的损失,避免每个早产个体 1.3 QALY 的损失。此外,加拿大和美国也开展了类似的研究,以 QALY 作为评价疾病负担的指标进行大气污染疾病负担的评估。

目前,在我国并未见相关的研究,还有待开展。但在以 QALY 作为疾病负担指标进行大气污染疾病负担评估过程中,由于 QALY 需要对不同健康状态下的生命质量进行评估并赋予权重,其更强调的是个体身体和心理表现。由于个体身体和心理表现评估过程中可能存在一定的不确定性,且目前也无统一的评估方法,使不同地区之间的研究无法进行对比,因此这也可能在一定程度上限制了 QALY 作为疾病负担指标用于大气污染疾病负担评估研究。

(四) 期望寿命

期望寿命(life expectancy,LE)为某一死亡水平下某年龄段人群平均还能存活的年数,它是疾病负担发展第三阶段的评价指标。LE 的计算公式如下(公式 9-10):

$$LE = \left(\sum_X L_X \right) / l_x \qquad 公式 9\text{-}10$$

式中:X——某年龄组;L_X——某年龄组的生存人年数;l_x——某年龄组的尚存人年数。

LE 是反映人类健康水平、死亡水平的综合指标,其高低主要受社会经济条件和医疗水平等因素的制约,不同社会、不同时期有很大差别。LE 作为疾病负担评价指标已被广泛应用于全球性疾病负担研究中,如 GBD 2017 即采用 LE 作为评价指标对多种疾病负担进行了评估。

目前也有一些研究将 LE 应用于大气污染疾病负担评估研究中。有学者采用 GBD 2010 评估方法和暴露-反应关系系数,对我国 74 个环保重点城市 $PM_{2.5}$ 暴露所造成的期望寿命损失和不同 $PM_{2.5}$ 控制目标对居民期望寿命的影响进行了评估,结果发现 2013 年 $PM_{2.5}$ 污染水平能导致居民期望寿命损失 1.48 岁,且该影响在各年龄组还存在一定的差异性,其中对 65 岁以上老年人所造成的期望寿命损失相对较小。同时该研究者还进一步对 $PM_{2.5}$ 浓度水平若降低至不同控制目标对居民期望寿命的影响进行了进一步分析,结果发现,若 $PM_{2.5}$ 年均水平降低 10%、25% 可分别使期望寿命增加 0.05 岁和 0.15 岁;若进一步降低,达到国二标准、国一标准和 WHO 空气质量指导值水平,可使期望寿命分别增加 0.42 岁、1.04 岁和 1.26 岁。此外还有学者采用参数和非参数评估法,以我国淮河为界,综合评估距淮河不同距离的我国南北部城市来源于室内燃煤采暖的 PM_{10} 暴露对人群 LE 的影响研究,结果发现 PM_{10} 的浓度每增加 $10\mu g/m^3$,人群 LE 下降 0.64(95% CI:0.21~1.07)岁,这意味着若我国 PM_{10} 浓度均满足国家一级标准($40\mu g/m^3$),我国全部人口将共提升 37 亿寿命。由上述研究可见控制颗粒物的浓度水平可明显提高我国人群的期望寿命。

除上述以某种特定污染物作为指示污染物评估大气污染与人群期望寿命影响的研究外,还有学者采用空气污染指数(air pollution index,API)作为评估大气污染水平(air pollution level,APL)的指标,分析不同大气污染水平对人群期望寿命的影响。结果发现,控制年龄和大气污染水平等混杂因素后,暴露于轻度污染水平(APL=2)下的 65 岁女性的期望寿命与暴露于重度污染水平(APL=6)下的65岁女性的期望寿命相比可增加3.78岁,而对于65岁的男性而言,该数值为0.93岁。可见控制大气污染水平可明显提高我国人群的期望寿命。

第三节　典型案例

一、天津市大气污染疾病负担评估的典型案例

近年来,我国政府越来越关注大气污染问题,并采取了一些措施改善空气质量,但大气污染的现状仍不容乐观,根据中国环境保护部发布的《2016中国环境状况公报》,2016年京津冀地区空气质量平均超标天数比例为43.2%,其中$PM_{2.5}$和PM_{10}的年平均浓度分别为71μg/m³和119μg/m³,分别超过我国《环境空气质量标准》(GB 3095—2012)中规定的年平均浓度二级限值的102.9%和70.0%。天津作为京津冀地区重要的城市之一,是我国六大超大城市之一,也是典型的北方工业城市,也是高污染水平的典型城市。根据天津市环境保护局发布的《2017年天津市环境状况公报》显示,2017年天津市空气质量未达标天数为157天,未达标率为43.0%。2016年天津市疾病预防控制中心与北京大学劳动卫生与环境卫生学系疾病负担研究组联合,对天津市大气污染对人群的疾病负担进行了评估。

(一)评价过程

以PM_{10}作为指示空气污染物,以YLL作为疾病负担评估指标,评估2001—2010年天津市大气污染对天津市中心城区居民健康的疾病负担,评价步骤简介如下:

1. PM_{10}暴露水平的估计　依据天津市环境监测中心空气质量监测网络和国家气象科学数据共享网的监测结果,收集2001—2010年天津市中心城区大气污染国控监测点和气象监测点的每日监测数据,估计天津市城区居民每日大气污染物PM_{10}、气温及相对湿度的暴露水平。

2. YLL水平的估计　依据天津市全人群死因登记报告监测信息系统,收集2001—2010年天津市中心城区居民每日死亡数,根据每日死亡数,按照WHO标准寿命表减寿年数表,计算每日YLL的损失人年数,计算公式如下(公式9-11):

$$YLL = N \times L \qquad\qquad 公式9\text{-}11$$

式中:N——疾病导致的每日死亡人数;L——各死亡年龄段的标准寿命表减寿年数。

3. 暴露-反应关系曲线的确定　采用广义相加模型(generalized additive model,GAM)拟合每日PM_{10}与YLL的暴露-反应关系曲线,获得天津市大气PM_{10}与YLL的暴露-反应关系系数,暴露-反应关系建立公式如下(公式9-12):

$$E(Y_i) = \alpha + \sum_{i=1}^{n} \beta_i X_i + \sum_{j=1}^{m} f_j Z_j \qquad\qquad 公式9\text{-}12$$

式中:Y_i——观察日i当天的YLL;$E(Y_i)$——观察日i当天的YLL期望值;X——解释变量即大气PM_{10}指标;β——暴露-反应关系系数;f——非参数平滑函数;Z——发生非线性影响的混杂变量。

4. 超额YLL的计算　基于上述信息,计算大气PM_{10}浓度超过限值浓度的超额YLL。人群总YLL包括两个部分,分别为未暴露于大气PM_{10}时的基线YLL以及暴露于大气PM_{10}所

导致的 YLL,但由于大气 PM_{10} 与人群死亡之间的关系为线性无阈关系,因此超额 YLL 的计算可采用如下公式(公式 9-13):

$$E_{YLL} = EC_{PM} \times \beta \times 365.25$$

公式 9-13

式中: E_{YLL} ——大气 PM_{10} 超过浓度限值后所致的超额 YLL; EC_{PM} ——大气 PM_{10} 超过限制的浓度; β ——大气 PM_{10} 与 YLL 的暴露–反应关系系数。

(二) 主要结果

据估计,2001—2010 年天津市大气 PM_{10} 超过国家标准年均二级浓度限值($70\mu g/m^3$)的每百万人口总死亡的年均超额 YLL 为 2 670 人年;超过 WHO 准则($20\mu g/m^3$)的每百万人口总死亡的年均超额为 YLL 5 449 人年。具体包括循环系统疾病(cardiovascular disease, CVD)、呼吸系统疾病(respiratory disease, RD)、脑血管疾病(stroke)、缺血性心脏病(ischemic heart disease, IHD)、慢性阻塞性肺疾病(chronic obstructive pulmonary disease, COPD)5 种病种超过浓度限值后的年均超额 YLL,如表 9-1 所示。

表 9-1　天津市 PM_{10} 浓度超过浓度限值造成的不同病种每百万人口的年均超额 YLL

单位:人年

浓度限值	总死亡	CVD	RD	Stroke	IHD	COPD
国家标准年均二级浓度限值($70\mu g/m^3$)	2 670	1 333	381	485	721	168
WHO 准则($20\mu g/m^3$)	5 449	2 661	781	995	1 479	344

注:天津市 2001—2010 的年均人口总数为 3 831 593 人,数据来源于 2010 年天津统计年鉴。

二、全球疾病负担评估的典型案例

全球疾病负担评估最初由世界银行在《1993 年世界发展报告——投资与健康》中提出,首次发布了全球疾病负担报告即 GBD 1990。此后,分别于 2000 年、2010 年、2013 年、2015 年各发布一次,2015 后每年发布一次。GBD 评估的主要目的是了解全球疾病模式的转变规律,明确影响全球人类健康的主要危险因子,发现疾病负担较高的健康风险,制定恰当的公共政策,降低人群健康风险和疾病负担。2015 年联合国发布了《改变我们的世界:2030 年可持续发展议程》,并于 2018 年 3 月进行了更新,提出了 17 个可持续发展目标和 169 个具体目标以及 232 个具体指标。GBD 2017 对该议程中 52 个健康相关可持续发展具体指标的 41 个指标进行了分析。

GBD 2017 是由美国华盛顿大学健康指标与评估研究所和 WHO 等联合组织全球 146 个国家和地区的 3 676 名研究人员完成。该报告对 195 个国家和地区 359 种疾病和伤害以及 84 种风险因子在全球疾病负担中所占的比例进行了评估。以下将对该评估研究中大气污染相关部分进行简要介绍。

(一) 评价过程简介

以 $PM_{2.5}$ 作为指示性大气污染物,以肺癌(及其他呼吸道癌症)、慢性阻塞性肺疾病(COPD)、下呼吸道感染性疾病(LRI)、缺血性心脏病(IHD)、缺血性脑卒中、脑出血、蛛网膜下腔出血、2 型糖尿病导致的死亡为健康结局,评估大气污染的疾病负担。

首先,关于暴露评价,GBD 2010 和 GBD 2013 利用卫星遥感图像中的气溶胶光学厚度信息以及全球大气化学模式,经地面监测浓度校正后建立全球 $PM_{2.5}$ 预测模型,取两个模型预测结果的均值作为 10km×10km 网格内居民的平均暴露水平。但由于该暴露评价方法采用了单一的全球校正系数,导致低估了某些特定地区的地面浓度。故 GBD 2015、GBD 2016 及 GBD 2017 均采用了空气质量数据集成模型(data integration model for air quality,DIMAQ)的暴露评估技术,评估了 0.1°×0.1°分辨率网格单元内居民的暴露水平。简单来讲即利用大气气溶胶卫星观测数据、地面监测数据、化学传输模型模拟数据、人群评估数据以及土地利用数据等多源数据,通过贝叶斯分层分析模型,判断数据之间的复杂关系和依赖关系,对每个国家采用不同的校正系数,综合预测居民的平均暴露水平,具体流程如图 9-3 所示。与 GBD 2016 相比,GBD 2017 对居民暴露水平进行评估时,对不同国家采取不同校正系数的同时考虑了国家内部校正系数的变异性,同时 GBD 2017 还对 DIMAQ 的初始公式进行了大量改进,以保证暴露水平评估的准确性。

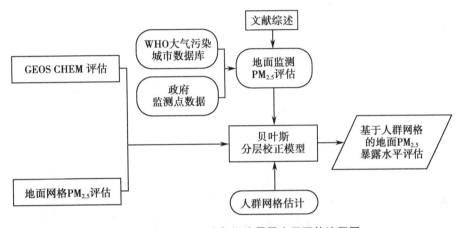

图 9-3 GBD 2017 大气污染暴露水平评估流程图

其次,对于暴露-反应关系曲线,GBD 2017 依据室外空气污染、被动吸烟、室内空气污染和主动吸烟与 $PM_{2.5}$ 的数据转换关系,综合长时间暴露于室内外空气污染、主动和被动吸烟以及 $PM_{2.5}$ 与多种疾病死亡的流行病学研究中的相对危险度(RR),采用贝叶斯蒙特卡洛非线性曲线模拟方法,根据参数的后验分布计算每个 $PM_{2.5}$ 浓度的暴露-反应关系曲线估计的 1 000 个预测值,并以每个浓度 1 000 个预测值的均值作为暴露-反应关系曲线的中心值,再根据理论最低风险暴露水平(TMREL)的预设均匀分布确定估计值的不确定性,计算特定地区的肺癌、COPD、LRI、2 型糖尿病、IHD 和脑卒中等健康结局的 RR 值。具体流程如图 9-4 所示。

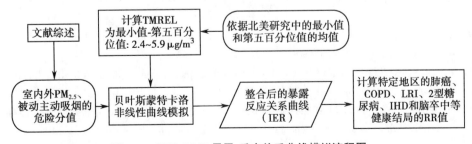

图 9-4 GBD 2017 暴露-反应关系曲线模拟流程图

（二）主要结果

评估的所有健康风险因子中，大气 $PM_{2.5}$ 污染在全球健康风险因子中位居第十；大气 $PM_{2.5}$ 污染每年造成全世界超过 294 万人过早死亡，造成 8 300 万人年的 DALY 损失。其中大气 $PM_{2.5}$ 污染所导致的 LRI、肺癌（及其他呼吸道癌症）、IHD、缺血性脑卒中、脑出血、蛛网膜下腔出血、COPD 和 2 型糖尿病过早死亡人数分别为 43.3 万、26.5 万、97.7 万、18.4 万、22.6 万、3.5 万、63.3 万和 18.4 万；大气 $PM_{2.5}$ 污染所导致的 LRI、肺癌（及其他呼吸道癌症）、IHD、缺血性脑卒中、脑出血、蛛网膜下腔出血、COPD 和 2 型糖尿病的 DALY 分别为 1 850 万人年、586 万人年、2 190 万人年、395 万人年、552 万人年、104 万人年、1 570 万人年和 1 050 万人年。在我国，大气 $PM_{2.5}$ 污染位居高血压、吸烟和不良饮食习惯之后，名列第四。

GBD 结果显示，全球范围内大气污染已成为主要的健康风险因子之一，可对我国乃至全球范围的国家造成较大的疾病负担。

大气污染是当今中国面临的一个严峻的环境问题，已经严重威胁到公众的健康。尽管有关大气污染对暴露人群死亡影响的流行病学研究较多，但如何定量描述不同国家或区域大气污染对健康的影响仍是环境流行病学研究的热点和难点。既往较多的研究采用死亡率评估大气污染对健康影响的效应，但采用死亡数据作为健康效应评价指标，会丢失部分健康信息，如死亡年龄等，而疾病负担指标可弥补此不足。目前，医学模式已由生物医学模式向生物-心理-社会医学模式转变（现代医学模式）。健康包括身体健康和心理健康，仅考虑死亡和失能是不全面的，应包括全部消极后果和影响。目前疾病负担研究已转向心理学和行为医学等更深层次。此外，传统流行病学和卫生经济学以外的问题，如病人的护理负担问题、医药费比较研究问题等也日益受到重视，使得疾病负担研究不断深入发展。以疾病综合负担指标衡量，整合生物、心理和社会系统分析疾病给个人、家庭和社会造成的多层次负担。但该指标在运用过程中较为复杂，尤其是权重系数受人为因素影响，目前该指标的应用十分有限。

国内外采用疾病负担评价大气污染对健康效应的研究较少，使用死亡率和疾病负担结合作为健康效应指标，特别是 YLL 和 DALY，可更全面反映大气污染对暴露人群健康效应的定量关系。通过疾病负担评价健康效应，可为修订环境空气质量标准提供新的流行病学证据；通过不同分层计算出的健康效应值可为区域化采取因地制宜的大气污染治理政策和制定易感人群保护策略的公共卫生政策提供科学依据；根据不同污染来源导致超额疾病负担的数据为大气污染控制策略的侧重点提供定量依据，具有较强的现实指导意义。

（曾　强　倪　洋）

参考文献

[1] MURRAY C J, LOPEZ A D. Global mortality, disability, and the contribution of risk factors: Global Burden of Disease Study[J]. Lancet, 1997, 349(9063): 1436-1442.

[2] HYDER A A, ROTLLANT G, MORROW R H. Measuring the burden of disease: healthy life-years[J]. American journal of public health, 1998, 88(2): 196-202.

[3] GBD 2017 RISK FACTOR COLLABORATORS. Global, regional, and national comparative risk assessment of 84 behavioural, environmental and occupational, and metabolic risks or clusters of risks for 195 countries and territories, 1990-2017: a systematic analysis for the Global Burden of Disease Study 2017[J]. Lancet, 2018, 392(10159): 1923-1994.

［4］ JERRETT M,BURNETT R T,MA R,et al.Spatial analysis of air pollution and mortality in Los Angeles［J］. Epidemiology,2005,16(6):727-736.

［5］ WONG C M,VICHIT-VADAKAN N,KAN H,et al.Public Health and Air Pollution in Asia(PAPA):a multicity study of short-term effects of air pollution on mortality［J］.Environmental health perspectives,2008,116 (9):1195-1202.

［6］ CHEN R,KAN H,CHEN B,et al.Association of particulate air pollution with daily mortality:the China Air Pollution and Health Effects Study［J］.Am J Epidemiol,2012,175(11):1173-1181.

［7］ SHANG Y,SUN Z,CAO J,et al.Systematic review of Chinese studies of short-term exposure to air pollution and daily mortality［J］.Environ Int,2013(54):100-111.

［8］ COHEN A J,BRAUER M,BURNETT R,et al.Estimates and 25-year trends of the global burden of disease attributable to ambient air pollution:an analysis of data from the Global Burden of Diseases Study 2015［J］.Lancet,2017,389(10082):1907-1918.

［9］ HANNINEN O,KNOL A B,JANTUNEN M,et al.Environmental burden of disease in Europe:assessing nine risk factors in six countries［J］.Environmental Health Perspectives,2014,122(5):439-446.

［10］ ETCHIE T O,SIVANESAN S,ADEWUYI G O,et al.The health burden and economic costs averted by ambient PM 2.5 pollution reductions in Nagpur,India［J］.Environ Int,2017(102):145-156.

［11］ MAJI K J,DIKSHIT A K,DESHPANDE A.Disability-adjusted life years and economic cost assessment of the health effects related to PM2.5 and PM10 pollution in Mumbai and Delhi,in India from 1991 to 2015［J］.Environmental Science and Pollution Research,2017,24(5):4709-4730.

［12］ ADAMKIEWICZ L,BADYDA A J,GAYER A,et al.Disability-Adjusted Life Years in the Assessment of Health Effects of Traffic-Related Air Pollution［J］.Advances in Experimental Medicine and Biology,2014 (834):15-20.

［13］ ABTAHI M,KOOLIVAND A,DOBARADARAN S,et al.National and sub-national age-sex specific and cause-specific mortality and disability-adjusted life years(DALYs)attributable to household air pollution from solid cookfuel use(HAP)in Iran,1990-2013［J］.Environ Res,2017(156):87-96.

［14］ BROOME R A,FANN N,CRISTINA T J,et al.The health benefits of reducing air pollution in Sydney,Australia［J］.Environ Res,2015,143(Pt A):19-25.

［15］ GAO M,BEIG G,SONG S,et al.The impact of power generation emissions on ambient $PM_{2.5}$ pollution and human health in China and India［J］.Environment International,2018,121(Pt 1):250-259.

［16］ VIENNEAU D,PEREZ L,SCHINDLER C,et al.Years of life lost and morbidity cases attributable to transportation noise and air pollution:A comparative health risk assessment for Switzerland in 2010［J］.International journal of hygiene and environmental health,2015,218(6):514-21.

［17］ HUANG J,LI G,XU G,et al.The burden of ozone pollution on years of life lost from chronic obstructive pulmonary disease in a city of Yangtze River Delta,China［J］.Environmental Pollution,2018,242(Pt B): 1266-1273.

［18］ HUANG J,LI G,QIAN X,et al.The burden of ischemic heart disease related to ambient air pollution exposure in a coastal city in South China［J］.Environ Res,2018(164):255-61.

［19］ HE T,YANG Z,LIU T,et al.Ambient air pollution and years of life lost in Ningbo,China［J］.Scientific reports,2016(6):22485.

［20］ GUO Y,LI S,TIAN Z,et al.The burden of air pollution on years of life lost in Beijing,China,2004-08:retrospective regression analysis of daily deaths［J］.BMJ,2013(347):f7139.

［21］ LU F,ZHOU L,XU Y,et al.Short-term effects of air pollution on daily mortality and years of life lost in Nanjing,China［J］.The Science of theTotal Environment,2015(536):123-129.

［22］YOON S J,KIM H S,HA J,et al.Measuring the Environmental Burden of Disease in South Korea：A Popula-tion-Based Study［J］.Int J Environ Res Public Health,2015,12(7)：7938-7948.

［23］SCHMITT L H.QALY gain and health care resource impacts of air pollution control：A Markov modelling ap-proach［J］.Environmental Science & Policy,2016(63)：35-43.

［24］LOMAS J,SCHMITT L,JONES S,et al.A pharmacoeconomic approach to assessing the costs and benefits of air quality interventions that improve health：a case study［J］.BMJ open,2016,6(6)：e010686.

［25］EBENSTEIN A,FAN M,GREENSTONE M,et al.New evidence on the impact of sustained exposure to air pollution on life expectancy from China's Huai River Policy［J］.Proceedings of the National Academy of Sci-ences of the United States of America,2017,114(39)：10384-10389.

［26］WEN M,GU D.Air Pollution Shortens Life Expectancy and Health Expectancy for Older Adults：The Case of China［J］.The Journals of Gerontology：Series A,2012,67(11)：1219-1229.

第十章

大气污染的经济损失评估

第一节 概 述

一、大气污染的经济损失评估简介

疾病的经济负担是指由于疾病、失能和早死给患者、家庭与社会带来的经济损失以及为了防治疾病而消耗的卫生资源。疾病的经济负担包括直接经济负担和间接经济负担。

疾病成本是一种"机会成本",反映疾病给社会带来的负担。但是,如果能减少和消除疾病,社会也可以减少疾病成本,从而获得效益。测算疾病的经济负担,对帮助卫生政策制定者寻求减轻经济负担的方法和途径,增加健康投资的经济效益和社会效益有重要的意义。研究疾病的经济负担是为了确定有限卫生资源的优先重点配置。

(一)分类

疾病经济负担通常可分为直接疾病经济负担、间接疾病经济负担和无形疾病经济负担三类。

1. 直接疾病经济负担 指用于预防和治疗疾病所直接消耗的经济资源,包括个人、家庭、社会和政府用于疾病和伤害的预防、诊治及康复过程中消耗的各种经济资源,主要由两部分组成。一部分是卫生保健部门所消耗的经济资源,包括患者治疗疾病的各项支出、财政对医疗保健机构的投入等。另一部分是与疾病有关的科研经费支出、患者就医时产生的交通费、差旅费等非卫生保健部门所消耗的经济资源。直接疾病经济负担的测算主要应用上下法、分布模型法、直接法等。

2. 间接疾病经济负担 指因疾病引起劳动力有效工作时间减少或工作能力降低给社会经济或社会生产造成的产出损失,或由于发病、失能和因早亡造成收入减少的现值,以及陪护人员(如患者的亲属)劳动时间损失所造成的经济损失。通常可用人力资本法、支付意愿法、现值法等方法进行测算。

3. 无形疾病经济负担 指疾病、伤残或早死给患者、家庭和社会其他成员带来的心理上、精神上的痛苦。无形经济负担难以测量,一般很少真正列入计算。

(二)健康经济损失评估的基本原理

健康经济损失评估主要由两个部分组成,第一部分是进行健康损失的评估,确定颗粒物污染给暴露人群带来健康损失。第二部分是采用经济负担评价的方法,对健康损失进行货币化(流程见图10-1)。由于颗粒物污染对循环系统、呼吸系统等多个系统有不良影响,导致多种疾病发病率和死亡率上升,故在进行健康经济损失评估时,需要考虑各病种、各健康结局带来的经济损失,进行加总,具体公式如下(公式10-1):

$$L = \sum_{i=1}^{N} L_i = \sum_{i=1}^{N} E_i * Lp_i \qquad 公式 10\text{-}1$$

其中,L为颗粒物污染所致的总损失;L_i为健康结局i所对应的经济损失;E_i为颗粒物所致健康结局i的健康损失,通常由流行病学负担研究获得;Lp_i为健康结局i的单位健康损失对应的价值,可由疾病成本法、人力资本法和条件价值法等经济负担评估获得。

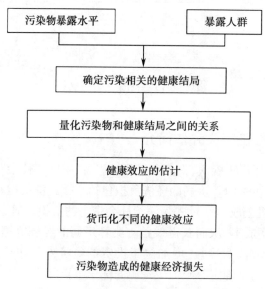

图 10-1　健康经济损失评估的基本流程

二、国内外研究现状

国外最早评估空气污染造成的经济损失的机构是 Mellon Institute,该机构于 1913 年对匹兹堡市烟雾公害的经济损失进行了调查,发现空气污染对每人每年的经济损失是 20 美元。我国空气污染造成的经济损失方面最早的报道在 1987 年,有学者将人体健康经济损失分为直接损失和间接损失,并对国外相关经济学评价方法进行总结,包括人力工资法、生命绝对价值法和支付意愿法,各方法的内涵在后来的发展中都有一定完善。此后,我国在大气污染造成的健康经济损失方面进行了一系列探索,但受限于评估方法和数据,经济损失均停留在理论研究或粗略估计。

现有的研究量化了空气污染造成的经济损失或减少空气污染可带来的收益。从方法角度来看,各研究所使用的经济学评价思路相同,即将根据暴露-反应关系所得到的健康影响值(如可减少/超额的不良健康结局发生数)乘以相应的单位经济价值。

改善欧洲空气污染与健康决策的知识与沟通(Improving Knowledge and Communication for Decision Making on Air Pollution and Health in Europe)项目评估了 25 个欧洲城市减少短期和长期接触颗粒物和 O_3 所带来的经济收益,该项目发现,由于遵守 WHO 空气质量准则,人群 30 岁时预期寿命因此增加 22 个月,相当于共 19 000 例死亡延迟(获得了 400 000 寿命年),其中年货币收益为 310 亿欧元。"欧洲清洁空气方案"项目估计,2000 年 O_3 造成欧洲21 000 人次呼吸系统疾病门诊,颗粒物造成 348 000 人过早死亡,100 000 人次因呼吸和心血管系统疾病住院。相关的经济成本为 2 760 亿~7 900 亿欧元,折算为每人每年的平均成本估计为 191~397 欧元。此外,经济合作与发展组织国家(OECD)使用针对具体国家的公式计算统计学生命价值,结果显示,2005—2010 年,34 个 OECD 国家因环境空气污染导致死亡造成的经济损失增加了约 7%,2010 年该数值高达 1.6 万亿美元。值得注意的是,2005—2010 年,非 OECD 国家中国和印度伴随着快速的工业、经济发展和较大的人口密度,因环境空气污染导致死亡造成的经济损失分别增加了 70% 和 80%。

根据世界银行 2007 年发布的报告,中国城市地区每年与空气污染有关的卫生总成本为 1 570 亿元,这是用人力资本的方法计算出来的。如果采用 WTP 法,估计的经济损失将更大 (5 200 亿元)。Zhang 等的研究结果显示,2004 年中国 111 个城市因颗粒物污染造成的经济损失总额为 291.8 亿美元,低于世界银行的估计数。经济成本最高的 3 个城市是北京 (27.7 亿美元)、上海(25.2 亿美元)和天津(12.00 亿美元),占 111 个城市总成本的 1/5 以上。另一项关于多个城市经济损失的研究得出结论,2015 年 74 个城市的空气污染造成的损失约为 3 100 亿元,约占 74 个城市国内生产总值(GDP)的 1.63%。排名前三的城市是重庆、北京和保定,天津和上海分别排在第四和第五。近几十年来,随着我国经济的快速增长,大气污染造成的健康经济损失急剧增加。1990—2013 年全球因环境 $PM_{2.5}$ 造成的健康影响成本增加了 63%,从 1990 年的 2.2 万亿美元增至 3.6 万亿美元。在中国,$PM_{2.5}$ 造成的福利损失总额从 1 266 亿美元增加到 1.6 万亿美元,其间所损失的劳动产出总额从 125 亿美元增加到 446 亿美元。

研究表明,更多的人口、更高的居民收入和更严重的空气污染是 3 个潜在因素,可能因空气污染而导致更高的健康经济成本。与内陆城市相比,大连、深圳、青岛等沿海城市经济增长快,居民收入高,经济成本较高。由于人口是另一个重要因素,人口众多的城市可能有更多的成本。穆泉等回顾了 2001—2013 年中国 31 个省 $PM_{2.5}$ 对人群死亡风险的影响与相应的经济损失。结果表明,2013 年因 $PM_{2.5}$ 重污染带来的过早死亡达 6.5 万例,健康损失为 281 亿元,相当于 2001—2013 年健康损失总和的 54%。其中,中东部 8 个省份 2013 年 1 月的持续重污染是 2013 年健康损失显著增加的主要原因。

近年来,国内外学者对大气污染造成的健康经济损失评价研究所关注的健康结局涵盖了死亡和发病(门、急诊及住院)。Martinez GS 等在南欧的研究表明,2012 年长期接触 $PM_{2.5}$ (49.2μg/m³)导致 1 199 例早逝($95\%CI$:821~1 519)。2012 年预计空气污染造成的过早死亡的社会成本为 5.7 亿~14.7 亿欧元。此外,$PM_{2.5}$ 还造成了 547 例心血管疾病住院($95\%CI$: 104~977)和 937 例呼吸系统疾病住院($95\%CI$:937~1 869)。Maji KJ 等的结果表明,2015 年孟买和德里归因于 PM_{10} 的死亡人数分别为 32 014 人和 48 651 人,而 1995 年为 19 291 人和 19 716 人。孟买和德里每年归因于 $PM_{2.5}$ 的死亡人数分别为 10 880 人和 10 900 人。1995—2015 年 PM_{10} 导致的 DALY 总数分别从 34 万人年增至 51 万人年(孟买)和 75 万人年(德里)。按不变价格计算,2005 年孟买归因于 PM_{10} 的总经济成本数从 1995 年的 27 亿美元增至 43 亿美元,德里从 27 亿美元增至 64 亿美元,总额约占印度国内生产总值的 1.01%。Brandt S 等在美国南加州的研究表明,2008 年可归因于交通污染的冠心病死亡价值为

38亿~115亿美元,可归因于交通污染的冠心病住院费用为4 860万美元,预计2035年将增至5 140万美元。Tian X等的研究结果表明,在全国范围内交通污染每年造成163.64人死亡,人均发病率增加0.37%,卫生保健支出14.3亿元。估计2015年统计生命价值损失442.90元,人均工时损失20.9小时。据Shen Y等估计,2014年我国$PM_{2.5}$污染引起的呼吸系统疾病门诊就诊总医疗费用为17.2亿~57亿元,占全国卫生总支出的0.5%~1.6%。李惠娟等以我国62个环保重点监测城市为样本,其关注的健康结局包括门诊(内科和儿科)和住院(呼吸系统和心血管系统疾病),暴露-反应关系来自已有文献。经济损失分析采用疾病成本法和人力资本法。结果表明,造成总经济损失5 705.57亿元(95%CI:1 930.82亿~8 742.14亿元),占这些城市GDP总和的1.53%(95%CI:0.52%~2.35%),人均经济损失1 970元(95%CI:667~3 018元)。同时对四大城市群和三大经济体的经济损失进行比较,发现京津冀在健康风险、健康经济损失及其占GDP比重、人均损失方面均高于长三角、珠三角及东北;东部的健康风险及经济损失高于中部与西部,三地的人均经济损失差别不大。何伟等对辽宁省本溪市的研究关注了住院(心脑血管疾病和呼吸系统疾病),暴露-反应关系来自已有文献。文章中本溪市因$PM_{2.5}$污染所致的人群总健康经济损失为健康损失成本和住院治疗成本之和。损失的货币化估计采用工资-风险法,引用已有Meta分析结果,疾病成本数据来自统计年鉴。结果显示,2014年本溪市$PM_{2.5}$污染健康损失为96.320亿~126.230亿元,占其当年GDP的8.06%~10.57%。王桂芝等对北京市的研究也关注了住院(呼吸系统和心血管系统疾病)、门诊(儿科、内科)、患病(慢性支气管炎、急性支气管炎、哮喘),暴露-反应关系来自已报道的研究结果,医疗费用只考虑住院和门诊,用2013年北京市卫生事业发展统计年鉴中的人均医疗费用代替。经济损失分析采用可计算的一般均衡模型。结果表明,2013年北京市$PM_{2.5}$污染造成的额外医疗费用约为11.13(95%CI:2.91~18.82)亿元。裴辉儒等对中国74个城市的研究关注慢性支气管炎、心血管疾病、哮喘、慢性阻塞性肺疾病的患病情况,暴露-反应关系来自已有文献,经济损失用工资-风险法。研究结果发现,2017年各城市$PM_{2.5}$的单位社会成本介于16.21亿~232.15亿元,所有城市的单位社会成本总量达到9 863.94亿元。谢杨等对京津冀地区的研究关注呼吸系统疾病、脑血管疾病住院及慢性支气管炎、哮喘的患病情况,暴露-反应系数采用已有研究,经济损失评价方法为疾病成本法(数据来源于统计年鉴)和可计算的一般均衡模型。结果表明,$PM_{2.5}$污染引起人均每年劳动时间损失分别为北京81.3小时、天津89.6小时、河北73.1小时。劳动力供给和劳动时间减少所造成GDP和福利损失分别为2.79%和8.11%(天津)、2.46%和5.10%(北京)、2.15%和3.44%(河北)。

目前国内只有刘帅等利用2种方法对北京市2014年$PM_{2.5}$的健康经济损失进行了计算,但2种方法得结果并不一致。暴露-反应关系采用美国BenMAP软件推荐使用的剂量-反应关系参数。用工资风险法和人力资本法得出的经济损失分别为2 966亿元(GDP的16%)和305亿元(GDP的3.6%)。

第二节　研究方法

一、研究方法简介

综述国内外相关研究,对疾病经济负担的评价方法主要有疾病成本法、人力资本法、修正的人力资本法、摩擦成本法、工资风险法、基于支付意愿的条件价值评估法、可计算的一般均衡模型等。

1967年，美国经济学家Ridker首次采用人力资本法计算了美国空气污染造成的经济损失。1981年全国环境经济研讨会（National Symposium on Environmental Economics）提出并讨论了环境污染经济损失评估的概念、理论和方法。因此，对空气污染造成的健康经济损失进行量化已成为评估总经济损失和制定相关政策的一个重要组成部分。

评价环境污染造成的健康经济损失过程可分为两个主要阶段：健康影响与空气污染暴露-反应关系的建立和健康结局价值的货币化。七种主要的货币化方法如下：

（一）疾病成本法

疾病成本法（cost of illness，COI）常被用来衡量疾病对社会造成的直接疾病成本，包括疾病造成的收入损失；医疗费用，如医院护理、家庭保健、药品和医生、护士的服务；以及其他相关的自付支出。包括自上而下法和自下而上法。

Rice首次提出自上而下法（上下法），旨在获取全国或地区总的医疗费用，将其按一定标准分配到患病人群，可获得各种疾病的总费用和例均费用。一般按疾病的主要诊断来分配，通过直接分配或建立模型（如广义相加模型）可在不同年龄、不同疾病、不同费用种类等层间进行比较。上下法是一种回顾性的调查方法，一般与患病率结合使用。

假设每一个与$PM_{2.5}$污染相关的疾病（主要是循环系统疾病和呼吸系统疾病）的医疗费用分别由C_{car}和C_{res}表示。因此，在整个社会中，总的空气污染相关直接医疗费用（用C_{med}表示）等于个体平均医疗花费乘以因$PM_{2.5}$污染而增加的心血管疾病和呼吸系统疾病就医人次数，即Z_{car}和Z_{res}。用以下公式表示（公式10-2）：

$$C_{med}=C_{car}\times Z_{car}+C_{res}\times Z_{res}$$

公式10-2

该法数据便于收集，省时省力。缺点：①仅能测算直接医疗成本，不够全面；②费用按疾病的主要诊断进行分配，若相当部分患者出院诊断为多种疾病时，会产生较大偏倚。另外，结合人群归因危险度百分比（$PAR\%$），上下法也可用于分析归因于某种疾病或危险因素的成本研究中。

自下而上法，即微观成本法，该法基于每一位患者实际的卫生资源消耗，一般通过随访调查获得患者实际的每项成本信息，既可以获得直接成本，也可以得到误工等造成的生产力损失成本。一般分两步：第一步，获得卫生服务投入量；第二步，估算卫生服务的单位成本。疾病总成本=卫生服务投入量×卫生服务单位成本。自下而上法可以获得每项成本的信息，因此同种疾病不同研究以及不同疾病间可以对某些内容进行比较及差别分析。如意大利一项脑卒中经济负担研究中，利用自下而上法获得脑卒中首次发病入院的患者在不同病房类别间（普通内科病房、神经科病房、脑卒中单元）的住院成本，进而比较3类病房间成本的差异。

自下而上法所得数据准确、资料利用度高，某种程度上被认为是疾病成本测算的"金标准"，一般与基于发病率的前瞻性随访研究结合。值得注意的是，从社会角度计算成本时，由于实际接受治疗的人数一般都小于发病或患病人数，因此该法会高估疾病的经济负担，需要了解确切的就诊率和住院率等信息；另外该法估算的疾病总的直接医疗费用可能会高于全国或地区的卫生总费用，相反自上而下法可以避免此种情况发生。

（二）人力资本法

与患病、伤残或早死相关的生产力损失等于个体在未来社会生产中保持健康状态继续工作所产生的市场价值。因此,人力资本法(human capital method,HCM)是用未来的收入作为生产力损失的货币价值,又称预先收入法。该法前提是假设充分就业及均衡的劳动力市场。一般计算公式可表示为(公式10-3):

$$间接成本 = 工资标准/人均GDP×误工时间 \qquad 公式10-3$$

有研究提出,将人力资本法与伤残调整生命年(DALY)结合,即:

$$间接成本 = 人均GDP×DALY×生产力权重 \qquad 公式10-4$$

根据各年龄组生产力大小赋予其相应权重。一般0~14岁权重为0.15;15~44岁及45~59岁分别为0.75和0.80;≥60岁为0.10;总体人口生产力权重为0.5。此法可以评价各年龄组和总的疾病间接成本。上述公式乘以疾病相应的发病或患病人数可获得其造成的总的社会间接成本。人力资本法基于假设劳动力市场是均衡的,即假设劳动者未患病之前充分就业,患病后全部失业。

有些学者在进行精神疾病经济负担等研究时,提出由于患病劳动者病情改善或痊愈后仍会有一部分人员选择工作,所以需要对人数进行相应的调整,利用国家失业率调整后间接成本的具体计算(公式10-5):

$$PLNE = NEP×a×(1-u)×AAW \qquad 公式10-5$$

PLNE:生产力损失;*NEP*:患病劳动者失业总人数;*a*:劳动适龄人口占全部劳动人口的比例;*u*:国家失业率;*AAW*:一般人群年平均工资。

评价非市场生产力价值时,如家务劳动者,一般有两种方法:①替代价值法:即假定家务劳动的价值等于从市场雇用相应工人的费用;②机会成本法:假定家务劳动的价值至少等于劳动者本人在市场得到雇用时所得的报酬。充分就业的假设使人力资本法可能高估未来的收入,即高估生产力损失的货币价值。

人力资本法将生产力损失看作是劳动者患病、伤残或死亡引起的短期或长期缺勤造成。对于短期缺勤,雇主能尽快找到他人替岗或非紧急生产工作可由患者病好返工后弥补;此外企业的超额生产能力也足以弥补患者短期缺勤造成的生产损失。对于长期缺勤,工作可由其他失业者来接替或雇员被安排做其他的工作。因此,无论短期还是长期缺勤,劳动者患病对个人来说可能会造成一定的费用损失,但对于社会或雇主来说,费用损失可能并不大。因此,研究者在采用人力资本法时应明确计算成本的角度,如果是从患者的角度,就不存在结果偏大的情况,如果是从社会角度,就应该分析结果的不确定性。另外,除了高估间接成本外,人力资本法还存在以下不足:①排除了疾病和伤害带来的痛苦、悲哀等无形负担;②对家务生产力估计时只对家庭主妇进行货币价值的估计,而认为退休或以非劳动收入生活的人没有疾病成本;③不同群体的收入差别反映的是工资差别,而不是实际的生产力差别;④应用多大的贴现率对目前价值估计比较敏感。虽然存在以上问题,人力资本法仍是目前评估疾病间接成本最常用的方法。

(三) 修正的人力资本法

针对传统的人力资本法存在的伦理道德缺陷,估算大气污染引起早死的经济损失时,往往应用人均GDP作为一个统计生命年对社会的贡献,即一个统计生命年的价值,这是从社会角度评估人的生命价值,称之为修正的人力资本法(amended human capital method)。这种方法与人力资本法的区别在于,人力资本法是从个体的收入来考察人的价值,而修正的人力资本法是从整个社会的角度(不存在人力是健康的劳动力还是老年人和残疾人的问题),考察人力生产要素对社会经济增长的贡献。从确切的含义角度讲,人力资本法并不是一种真正的效益度量方法。之所以仍然应用人力资本法,是因为在中国现阶段,估算污染引起早死的经济损失时,从整个社会而不是从个体角度,应用一个统计生命年的价值考察人力生产要素对 GDP 增长的贡献有其实用性,有一定的现实意义。

污染引起的过早死亡损失了人力资源要素,因而减少了统计生命年对 GDP 的贡献。因此,损失一个统计生命年对社会而言就是损失了一个人均 GDP。从社会的角度来看,大气污染引起人群患病、过早死亡等降低或减少了人力资源要素,导致人力资源要素对 GDP 贡献的减少,整个社会受到了损失。

该方法中用人均 GDP 表示一个统计生命年的价值,因此不需要考虑个体价值的差异,修正的人力资本损失相当于损失的生命年中的人均 GDP 之和。计算中要解决 3 个问题:第一,人的过早死亡损失的生命年数是社会期望寿命与平均死亡年龄之差,而社会期望寿命随着时间的推移逐步增加,要对社会期望寿命进行合理的预测;第二,未来的社会 GDP 也需要进行预测;第三,健康损失计算的是现值,未来的社会 GDP 需要贴现,贴现率的选择对评价结果的影响较大。

(四) 摩擦成本法

当劳动者由于患病引起暂时性功能障碍、永久性残疾和过早死亡时,为了维持正常的生产,需有人接替其工作。摩擦成本法(friction cost method,FCM)即是评估由他人(失业者)接替或完全取代患病劳动者期间(摩擦期)所需投入的额外成本,包括患病者所造成的正常生产中断的损失及培训新员工费用等。所谓摩擦期就是指患病劳动者在等待他人接替其工作或重新组织恢复正常生产的时间跨度,以平均误工期为基础。因为摩擦成本法评估只限于摩擦期的成本,从长远来看,摩擦成本法估算的费用要低于人力资本法。荷兰一项应用人力资本法和摩擦成本法评估背痛间接成本的对比研究中,前者所得结果是后者的 3 倍多。与人力资本法不同,摩擦成本法认为患病劳动者是可以被取代的,评价的是摩擦期实际的生产力损失。摩擦期长短依赖于公司内部合格雇用的可获得性、劳动力市场以及失业率,一般生产力损失的成本与摩擦期的长度成正比。虽然摩擦成本法所得结果更加接近真实水平,但不易获得相关的生产率等信息,而且摩擦期长短受失业率等因素的影响。

(五) 工资-风险法

工资-风险法(wage-risk method)是人们对降低死亡风险的支付意愿,是工资与风险之间的权衡,是人们对降低死亡风险的边际支付意愿。

工资-风险研究中,假设除了工伤死亡率不同外(如工作 A 比工作 B 工伤死亡率高1/10 000),工作 A 和工作 B 完全相同,而 A 工种工人平均比 B 工种工人工资高 500 美元。这就隐含着统计学寿命的价值为 500 万美元(500×10 000),因为工种 B 的工人愿意每年放弃 500 美元来降低 1/10 000 的死亡率。

工资风险模型建立的主要任务之一就是通过已有数据分析得出由于死亡风险变化所引起工资的变化比率,对该方程求工作风险的偏导数得到风险特征相应的隐含价格,即为风险变化边际效用系数,通过该系数即可估算出生命价值。工人工资与个人特征和工作特征之间关系可表达为(公式10-6):

$$\ln W_i = \alpha + H_i'\beta_1 + X_i'\beta_2 + r_1 p_i + r_2 q_i + r_3 q_i WC_i + p_i H_i'\beta_3 + \varepsilon_i \qquad \text{公式 10-6}$$

W_i:基本工资水平;α:常数;H_i':个人特征向量;X_i':工作特征向量;p_i、q_i分别表示死亡风险、工伤风险；WC_i：工伤得到的补偿；ε_i：随机误差。式中其余符号均为系数。

　　自变量采用线性形式，因变量采用对数形式，则风险系数 r_1 对应风险的单位绝对变化量导致工资的相对变化量（变化率）。

　　模型经简单推导，可用于估计生命价值：$VSL = Wi \times [\exp(r_1) - 1] \times 10\,000$，式中，$r_1$ 代表岗位死亡风险上升 1/10 000 情况下，工人所要求的工资补偿占其工资收入的百分比。刘帅等收集和整理国内已有工资-风险法文献资料，以 r_1 系数为效应量，采用 Meta 分析方法对研究结果进行合并，分析结果表明，在岗位死亡风险上升 1/10 000 情况下，工人所要求工资补偿占其工资收入的百分比为 1.45%（95%CI：0.77%~2.14%）。

　　因此，用工资-风险法计算的经济损失 = VSL×超额就医人次数

　　工资-风险法也存在一定的局限性，包括对风险理解和数据的准确性，以及不同城市之间工资性差异等问题。此外，在对空气污染所致死亡损失货币化测算的同时，还需要考虑缓减疾病影响的费用支出，包括个人误工治疗的时间损失价值、药品费用、住院费用、医务费用等。

（六）基于支付意愿的条件价值法

　　基于支付意愿的条件价值法（contingent valuation method，CVM）是使用模拟市场的方法，以调查问卷或询问为工具评价被调查者对缺乏市场的物品或服务所赋予的价值，通过询问人们对于环境质量改善的支付意愿（willingness to pay，WTP）或忍受环境损失的受偿意愿（willingness to accept compensation，WTA）推导出环境物品的价值。CVM 试图通过直接向有关人群提问来发现人们是如何给一定的环境资源定价的。

　　WTP/WTA 方法一直被用来计算统计生命价值（value of statistical life，VOSL），这是降低死亡风险的货币化收益，是 CVM 方法中评价颗粒物污染对人群死亡影响的指标，是计算出来的人的生命价值，计算公式如下（公式 10-7）：

$$VOSL = WTP / \Delta risk \qquad\qquad 公式\ 10\text{-}7$$

　　其中，$\Delta risk$ 是颗粒物污染所致的死亡风险降低的概率。

　　通过下面的例子可以更好地理解 VOSL：想象 1 000 人的人口，其中每个人每年都面临同样的死亡风险，为 1/1 000。每年将有一人死亡，这就是一个统计学意义上的生命。如果每个人都愿意支付 1 000 美元以避免死亡风险，这个人群的总支付意愿是 100 万美元，即 VOSL。1966 年 IRVING MICHELSON 和 BORIS TOURIN 最早用问卷调查的方式获取不同收入水平的家庭及个人愿意为改善空气质量花费的金额。中国一项 Meta 分析发现，城市地区和农村地区的居民愿意为挽救一个统计生命分别支付 159 万元和 32 万元。

　　目前我国已有许多 CVM 研究，有一定的参考价值。在开展一项新的 CVM 研究时，可以使用经济学上的成果参照法，选择一个已开展相关调查的基准地区（也可是相同地区但年份不同），采用收入转换或购买力转换的方法进行本地区 VOSL 的估算。

　　根据收入转换计算公式如下（公式 10-8）：

$$VOSLa = VOSLb \times (I_a / I_b)\beta \qquad\qquad 公式\ 10\text{-}8$$

$VOSLa$ 和 $VOSLb$ 分别为 a 区和基准地区 b 的 $VOSL$；I_a 和 I_b 分别为 a 地区和基准地区的可支配收入，β 为弹性系数，一般多取 1。

　　根据购买力法转换计算公式如下（公式 10-9）：

$$VOSLa = VOSLb \times (1+\%\Delta P + \%\Delta Y)\beta \qquad \text{公式 10-9}$$

其中%ΔP消费价格的变化百分比,反映了通货膨胀的程度。%ΔY为人均实际国民生产总值的变化百分比。如果基准 *VSL* 来自不同的国家,还需利用两国的人均 GDP 进行校正。

(七)可计算的一般均衡模型

可计算的一般均衡模型(computable general equilibrium,CGE)通常是在一个处于均衡态的经济系统中,对某些变量进行一定程度的政策干扰,在该经济系统再次回到均衡态时,各个经济变量的变化所产生的影响,政策的目标变量选择可根据需要进行设定。一般需量化空气污染导致的医疗支出增加及误工时间和过早死亡引起的劳动力减少,根据暴露人群、$PM_{2.5}$浓度和暴露-反应方程计算出因 $PM_{2.5}$ 污染引起的病例数和过早死亡人数,然后估算额外健康支出和劳动时间供给减少,通过 CGE 模型评估空气污染引起的经济损失,评估对地区经济和福利的影响。

二、典型研究案例

2016 年世界银行和华盛顿大学的健康度量评估机构(IHME)联合发布了 *The Cost of Air Pollution* 报告,系统地评估了全球 188 个国家 1990—2013 年大气污染造成的疾病负担和经济损失,受到了各国学者的广泛关注。

该研究以 $PM_{2.5}$ 作为空气污染指标,以缺血性心脏病、冠心病、脑卒中、肺癌、急性下呼吸道感染和肺炎导致的死亡为健康结局,采用流行病学疾病负担研究和经济学疾病负担研究方法,全面评估了空气污染对人群健康和社会经济的影响,具体评估过程如下:

(一)暴露评定

该研究分别对室内和室外颗粒物污染的暴露水平进行评估。

1. 室外 $PM_{2.5}$ 暴露水平　目前许多国家 $PM_{2.5}$ 监测站点集中在城市且数量较少,全球大部分地区没有 $PM_{2.5}$ 的监测数据,在此情况下,仅用以某个空气监测站点的测量数据作为整个城市或地区居民的 $PM_{2.5}$ 暴露浓度,会导致较大暴露测量偏倚。此外,各国测量 $PM_{2.5}$ 的标准存在差异,也会导致测量偏倚。针对这一问题,环境学家和流行病学家研究出了一些预测人群暴露情况的技术,提高了暴露测量的空间分辨率,减小了测量偏倚。该研究将基于卫星监测的气溶胶光学厚度数据和 $PM_{2.5}$ 地面监测数据相结合,运用全球大气化学模型建立了 $PM_{2.5}$ 暴露预测模型,将空间分辨率提高到 10km×10km 空间网格。

2. 室内 $PM_{2.5}$ 暴露水平　该研究首先分析了 148 个国家的数据,估计不同国家或地区使用固体燃料(包括煤炭、木柴和秸秆等)的比例,再利用 16 个国家的 66 项研究,通过线性混合效应模型和时空高斯过程回归估计室内厨房 24 小时污染物浓度均值作为室内 $PM_{2.5}$ 浓度水平,最后根据不同人群时间-活动模式的差异,分别估计成年男性、成年女性和 5 岁以下儿童的暴露浓度,作为个体暴露水平。

(二)暴露-反应关系评定

采用 GBD 2010 项目提出的综合风险度评估模型(integrated exposure response model)计算 *RR* 值,计算公式如下(公式 10-10):

$$z < z_{cf}, RR_{IER}(z) = 1$$
$$z \geq z_{cf}, RR_{IER}(z) = 1 + \alpha\{1 - \exp[-\gamma(z-z_{cf})^{\delta}]\} \qquad \text{公式 10-10}$$

其中 z 代表室内颗粒物暴露浓度($\mu m/m^3$);z_{cf}代表安全阈值;RR_{IER}代表综合的相对危险

度;α、γ 和 δ 是通过非线性回归方法估计的系数。

该模型是根据主动吸烟、二手烟、室内固体燃料烟尘与 $PM_{2.5}$ 浓度的数学转换关系,综合分析它们与疾病死亡率的相关性,计算出 $PM_{2.5}$ 的 RR 值。

(三) 疾病负担计算

根据 RR 值计算归因于 $PM_{2.5}$ 污染的各种疾病的超额死亡数,并采用 CVM 法和人力资本法计算疾病带来的经济损失。

(四) 主要结果

CVM 法计算的结果显示,2013 年全球空气颗粒物污染共造成 5.11 万亿美元的损失。其中东南亚及太平洋地区是受空气污染影响最严重的地区,污染所致的经济损失分别占当地 GDP 的 7.4% 和 7.5%;中东和北非是受空气污染影响最轻的地区,但污染所致的经济损失占该地区 GDP 的比重也高达 2.2%(图 10-2),这说明空气污染给全球各地区带来了较高的负担。由于计算原理不同,使用人力资本法计算得到经济损失远低于 CVM 法的计算结果。人力资本法计算结果显示,2013 年全球因 $PM_{2.5}$ 污染而导致的经济损失(早死或伤残带来的预期工资收入减少)为 2 250 亿美元,其中南亚地区的经济损失为 660 亿美元,约占该地区 GDP 总值的 1%。

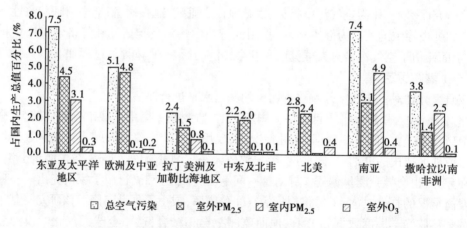

图 10-2　全球各地区空气污染所致经济损失占 GDP 比重

来源:World Bank and IHME 2017.

第三节　研究展望

总结目前国内外大气污染的经济损失相关文献,主要可得出以下三点研究空缺,是未来该领域值得探索的方向。

第一,暴露-反应关系研究作为经济损失评价的第一步,目前国内研究多采用国外长期队列研究结果,或通过对国内外相关研究结果进行 Meta 分析,或直接采用单一研究的结果,该方法所得暴露-反应关系对所研究人群的适用性有待商榷。因此可靠的暴露-反应关系研究是经济损失评价的基础,值得深入研究。

第二,经济损失评价采用方法单一。对门诊和住院的直接经济损失研究多采用疾病成本法,对误工的经济损失研究多采用人力资本法,将各部分经济损失加总所得的结果作为总的经济损失。有的研究仅采用工资-风险法或支付意愿法。仅有部分研究同时使用了多种方法,且得出了不同的结果。因此,对于同一地区、同一时间段内,运用不同经济学评价方法得出的研究结果不尽相同,哪种方法更适用于我国的健康经济损失评价,哪种方法所得结论更为准确,均不得而知。后续研究应针对特定地区、特定时间段,对不同方法所得经济损失结果进行比较研究,确定更适用于该地区的、更为准确的方法。

第三,对疾病成本法中单位经济损失的数据多为国家有关部门的统计数据或全国或全省/市范围内的均值。无法准确代表研究人群的实际经济损失情况,且无法区分个人和国家层面的经济损失。因此,对数据精确度的把握和对结果的细化是大气污染经济损失分析领域研究人员继续努力的方向。

(李国星　武子婷)

参 考 文 献

[1] 边茂新.环境污染造成人体健康经济损失计算方法的探讨[J].四川环境,1987,6(2):22-25.

[2] 何伟,宋国君,刘帅.城市$PM_{2.5}$污染健康损失与防治费用效益估算——以本溪市为例[J].环境保护科学,2018(1):66-72.

[3] 胡善联.疾病负担的研究(上)[J].卫生经济研究,2005(5):22-27.

[4] 李惠娟,周德群,魏永杰.我国城市PM_(2.5)污染的健康风险及经济损失评价[J].环境科学,2018(8):1-11.

[5] 刘帅,贾志勇,宋国君.人力资本法在空气污染生命健康损失评估中的应用[J].环境保护科学,2016(3):48-52.

[6] 刘帅,宋国君.城市$PM_{2.5}$健康损害评估研究[J].环境科学学报,2016(4):1468-1476.

[7] 穆泉,张世秋.中国2001—2013年$PM_{2.5}$重污染的历史变化与健康影响的经济损失评估[J].北京大学学报(自然科学版),2015(4):694-706.

[8] BAI R,LAM J C K,LI V O K.A review on health cost accounting of air pollution in China[J].Environment international,2018(120):279-294.

[9] HOU Q AX,TAO Y,SUN Z.Assessment of resident's exposure level and health economic costs of PM_{10} in Beijing from 2008 to 2012[J].Sci Total Environ,2016(563-564):557-565.

[10] PASCAL M,CORSO M,CHANEL O,et al.Assessing the public health impacts of urban air pollution in 25 European cities:results of the Aphekom project[J].Sci Total Environ,2013(449):390-400.

[11] TIAN X,DAI H,GENG Y,et al.Economic impacts from $PM_{2.5}$ pollution-related health effects in China's road transport sector:A provincial-level analysis[J].Environ Int,2018(115):220-229.

[12] WORLD BANK,INSTITUTE FOR HEALTH METRICS AND EVALUATION.The Cost of Air Pollution:Strengthening the Economic Case for Action[R].Washington,DC:World Bank,2016.

[13] WORLD BANK AND STATE ENVIRONMENTAL PROTECTION ADMINISTRATION PRC.Cost of pollution in China:economic estimates of physical damages[R].Washington,DC:World Bank,2007.

[14] XIE Y,DAI H,DONG H,et al.Economic Impacts from $PM_{2.5}$ Pollution-Related Health Effects in China:A Provincial-Level Analysis[J].Environ Sci Technol,2016,50(9):4836-4843.

[15] ZHANG M SY,CAI X,ZHOU J.Economic assessment of the health effects related to particulate matter pollution in 111 Chinese cities by using economic burden of disease analysis[J].J Environ Manage,2008,88(4):947-954.

第十一章

大气污染的干预研究

随着全球现代工业化、城市化进程的加快,城市规模不断扩大,各类污染物排放急剧增加,加上全球气候变化等因素,导致大气污染程度在工业化和城市化过程中不断加重,成为一个全球性问题。20世纪40年代至50年代,英国伦敦烟雾事件、美国洛杉矶光化学烟雾事件等严重大气污染公害事件的发生给人们敲响了警钟。英国、美国等发达国家迅速应对,并着手在大气污染防控领域立法。大气污染长期防控法律和政策的实施在群体水平改善了大气污染的暴露水平,为评价群体水平大气污染水平的变化及其健康效益提供了难得的契机。此外,在重大特殊事件期间,政府往往会采取一些临时措施以改善空气质量。这些针对空气质量改善的临时政策干预,为进行大气污染短期群体干预的健康效益评价提供了基础。本章内容就大气污染长期群体干预和短期群体干预研究进行分析。

除了群体干预,随着人们对大气污染关注程度及其健康危害意识的提高,开始使用空气净化器、佩戴口罩、服用膳食补充剂或药物、增加运动等个体防护措施,以降低大气污染暴露对健康的影响。对这些个体干预措施的健康效益研究评价,为将来推广有效干预措施提供了科学依据。

第一节 大气污染群体干预研究

一、大气污染长期群体干预

在20世纪40年代至50年代,英国伦敦烟雾事件、美国洛杉矶光化学烟雾事件、美国宾夕法尼亚州的多诺拉事件等严重大气污染公害事件不断出现,促使人们深刻反思。在大气污染严峻的事实面前,英国、美国等发达的工业化国家迅速应对,并着手在大气污染防控领域立法。1956年英国政府颁布了世界上第一部大气污染防控法案《清洁空气法案》,1970年美国国会颁布了涉及大气污染问题的综合性联邦法律《清洁空气法案》,成为美国处理大气污染问题的主要法律依据。西方发达国家在大气污染长期治理中积累的经验,也为我国大气污染防控提供了重要的借鉴。我国政府分别于2012年和2013年颁布了《重点区域大气污染防治"十二五"规划》《大气污染防治行动计划》等大气污染防控政策,旨在通过长期持续开展大气污染物防控,降低污染物浓度,改善空气质量。大气污染长期防控法律和政策为评价群体水平的大气污染浓度变化，及其相关的健康效益提供了难得的研究契机。本节对大气污染长期群体干预内容进行阐述。

（一）英国《清洁空气法案》

1. 英国《清洁空气法案》发展历史　从 19 世纪末期工业革命起，英国大城市的燃煤量骤增，工厂制造、城市发电、火车动力以及居民取暖等都需要燃煤供应能源。且英国是一个多雾的国家，煤炭在燃烧时产生的空气污染物排放到大气后，会附着和凝聚在烟尘和雾滴上，形成烟雾。因此工业革命之后，英国伦敦等大城市曾多次发生严重的烟雾事件，其中以 1952 年发生的伦敦烟雾事件最为严重。1952 年 12 月 5 日—12 月 9 日，伦敦的上空被烟雾笼罩，气温寒冷，在 $-3 \sim 4\,℃$，并且大气呈逆温状态，空气静止，浓雾不散。空气中污染物浓度不断增高，烟尘和 SO_2 的最高浓度分别达到 $4.46\,mg/m^3$ 和 $3.38\,mg/m^3$。与此同时，伦敦市民出现咳嗽、胸闷、哮喘等呼吸道疾病的患者显著增多，死亡人数突然猛增，超额死亡人数达到 4 000 多人，并且在此后的两个月中还陆续有 8 000 多人死亡。

伦敦烟雾事件发生后，推动了英国政府在空气污染防控方面的立法，于 1956 年出台了世界上第一部空气污染防治法案《清洁空气法案》。实际上，在英国《清洁空气法案》出台之前，英国政府已经制定了一些大气污染防治相关的法律法规，包括 1821 年的《烟尘禁止法》、1863 年的《制碱工业法》和 1875 年的《公共卫生法案》等，但均未取得显著的治理成效。伦敦烟雾事件促使政府加大了在空气污染防治立法方面的力度。《清洁空气法案》主要针对小企业工业用煤和家庭生活用煤，在法案中以煤烟治理为核心，内容包括禁止烟囱排放黑烟、设立烟尘控制区、调整能源结构、规定烟囱高度必须经过地方政府批准、明确奖惩机制等。作为空气污染防控历史上里程碑式的法案，《清洁空气法案》在煤烟治理方面取得了显著成效。

虽然 1956 年《清洁空气法案》在治理煤烟方面取得了良好成效，但其后在 1957—1962 年，伦敦又连续发生了多达 12 次严重的烟雾事件，说明《空气清洁法案》还有不完善之处。包括公众由于燃料费用问题，抵制在家庭壁炉中使用无烟燃料取代煤，地方政府在设立无烟区的态度上积极程度不一致，有些消极应付等问题。鉴于此，《清洁空气法案》于 1968 年进行修订，包括政府提供相应的补助费用，用于控烟区将家庭用煤炭燃料改为使用清洁燃料；增强住房和地方政府部部长的权利，要求地方政府设立烟尘控制区来减轻污染，扩大烟尘控制区的范围等，进一步增加《清洁空气法案》在烟尘防控方面的作用。

从 1980 年后，英国经济迅速发展，城市机动车保有量迅速增加，来自交通排放的大气污染成为城市新的主要大气污染源，煤烟型污染逐渐转变为机动车尾气和光化学烟雾型污染。由于《清洁空气法案》源于伦敦烟雾事件，其重点在于烟尘控制，对氮氧化物等空气污染物并未采取有效控制措施。在此背景下，英国政府于 1993 年进一步修订《清洁空气法案》，根据空气污染类型、空气污染形式的变化、科技发展对污染认识的深入以及公众参与的需求等，相应增加了新的内容。最终于 1993 年颁布的《清洁空气法案》成为英国大气污染防治的基本法，沿用至今。

英国《清洁空气法案》各阶段的主要内容变化见表 11-1。

表 11-1　英国《清洁空气法案》各阶段主要内容变化

年份	法案名称	主要内容
1821 年	《烟尘禁止法》	在合理条件下对烟尘造成的公害予以起诉
1863 年	《制碱工业法》	整治酸性物质、尘埃和难闻气味
1875 年	《公共卫生法案》	制定关于工业烟害的防治规定
1956 年	《清洁空气法案》	控制黑烟、建立无烟区、限定烟囱高度
1968 年	《清洁空气法案》修订	家庭煤炭燃料改为清洁能源、扩大烟尘控制区范围
1993 年	《清洁空气法案》修订	增加机动车尾气排放的控制措施

2. 大气污染物浓度变化和健康效益

（1）大气污染物浓度变化：自《清洁空气法案》实施以来，英国的空气质量发生了显著变化。

根据数据显示，伦敦的烟尘浓度从 1958 年的 170μg/m³ 下降到 1968 年的 50μg/m³。到 20 世纪 80 年代，伦敦上空烟尘浓度仅为 1960 年的 40% 左右。伦敦冬季的光照时间也相比《清洁空气法案》实施之前迅速增加。英国的工业城市谢菲尔德也逐渐摆脱了严重的烟雾侵扰，在实施烟尘控制后，1970—1971 年冬季烟雾浓度比 1955 年降低了 60% 左右。

除了大城市和工业城市的空气质量显著改善，英国整个国家的空气质量都有所好转。英国相关组织机构通过两项指标测量空气质量的变化，包括烟尘排放量和烟尘浓度。《清洁空气法案》颁布十年后，来自家庭的烟雾排放量减少了 38%，工业和铁路的烟尘排放量分别减少了 74% 和 92%。英国工业部沃伦泉实验室对涵盖约 1 150 个城镇和 150 个城市的空气质量进行调查，并把调查结果以"全国空气污染调查"的形式定期出版。数据显示 1973—1974 年英国烟尘的平均浓度是 60 年代的 30% 左右。

到了 20 世纪 80 年代后，烟尘的治理已经取得了显著成效。机动车尾气排放逐渐取代煤烟成为主要的空气污染来源。1993 年进一步修订的《空气清洁法案》针对机动车尾气排放进行了相关政策控制调整，对英国进一步空气改善起到了重要的政策控制作用。

图 11-1 分别显示了英国自 1970—2010 年几种常见污染物包括黑烟、SO₂、CO、NOx 以及挥发性有机物（volatile organic compounds，VOCs）排放总量的变化趋势。

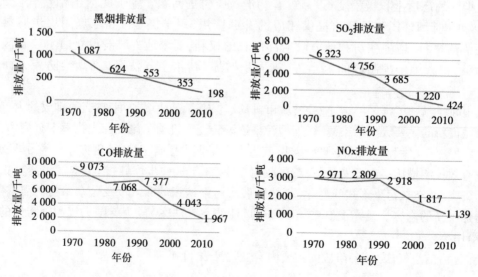

图 11-1 1970—2010 年英国黑烟、SO₂、CO、NOx 以及 VOCs 排放总量变化

来源：UK National Atmospheric Emissions Inventory.

根据图中数据（图 11-1）显示，黑烟和 SO₂ 的排放量自 1970 年开始一直呈现下降趋势。CO、NOx 和 VOCs 的排放量除 1990 年有一定上升趋势外，整体还是呈现下降趋势，说明英国的空气污染控制措施已经取得了显著的成效。以伦敦为例，1952 年伦敦 SO₂ 平均浓度为 $402\mu g/m^3$，与欧盟标准相比超标 20 倍；可吸入颗粒物 PM₁₀ 平均浓度达到 $200\mu g/m^3$。到 2010 年，伦敦 SO₂ 和 PM₁₀ 的浓度分别降低到 $3.9\mu g/m^3$ 和 $31.3\mu g/m^3$，降幅分别达到 99.0% 和 84.4%。此外，伦敦空气中 NOx、CO 和 VOCs 都有不同程度的显著降低。到 2010 年，伦敦的雾日已经降到了 < 5d/年，空气质量处于世界领先地位。英国从之前的空气污染大国转变为世界上空气较清洁的国家之一。

综上，从 1950 年到 2010 年，经过半个多世纪的治理，英国空气保卫战颇具成效，整个国家的空气质量迅速好转，成为世界空气污染治理的典范。

（2）健康效益：英国《清洁空气法案》的实施，不仅极大改善了空气质量，而且在公众健康方面也取得了显著效益。

以爱尔兰的都柏林为例，1990 年 9 月政府实施禁止使用含沥青煤炭的政策，显著降低了黑烟和 SO₂ 的浓度。研究者比较了政策实施前后（1984—1990 年和 1990—1996 年）黑烟、SO₂ 浓度与都柏林非意外死亡率、心血管系统疾病死亡率、呼吸系统疾病死亡率的关联。结果显示（表 11-2），在采取干预措施的当年 12 月份，非意外死亡率、心血管系统疾病死亡率和呼吸系统疾病死亡率就出现了下降。调整了年龄、气象因素、呼吸系统传染病以及爱尔兰其他地区死亡率后，采取空气污染干预措施后，非意外标化死亡率、心血管系统疾病标化死亡率、呼吸系统疾病标化死亡率分别降低了 5.7%、10.3%、15.5%，并且不同年龄别的降低率还有所差异（表 11-2）。根据研究评估，因空气污染干预措施，都柏林每年因心血管系统和呼吸系统疾病减少的死亡人数分别为 243 人和 116 人。

表 11-2 禁止使用沥青煤炭政策前后爱尔兰都柏林非意外死亡率、心血管系统疾病死亡率以及呼吸系统疾病死亡率变化

健康结局	未标化变化（95%CI）	P	标化变化（95%CI）	P
总死亡	−8.0（−9.8，−6.2）	<0.000 1	−5.7（−7.2，−4.1）	<0.000 1
不同疾病				
心血管系统疾病死亡率	−13.4（−15.9，−10.8）	<0.000 1	−10.3（−12.6，−8.0）	<0.000 1
呼吸系统疾病死亡率	−16.1（−20.4，−11.6）	<0.000 1	−15.5（−19.1，−11.6）	<0.000 1

健康结局	未标化变化(95%CI)	P	标化变化(95%CI)	P
其他疾病死亡率	1.4(-1.6,4.6)	0.36	1.7(-0.7,4.2)	0.17
不同年龄				
<60 岁	-8.1(-12.3,-3.7)	<0.000 1	-7.9(-12.0,-3.6)	<0.000 1
60~74 岁	-8.6(-12.3,-9.6)	<0.000 1	-6.2(-8.8,-3.5)	<0.000 1
≥75 岁	-7.6(-8.1,-7.0)	<0.000 1	-4.5(-6.7,-2.3)	<0.000 1

表格来源:Clancy et al.,Lancet,2002。

(二)美国《清洁空气法案》

1. 美国《清洁空气法案》发展历史 美国在其工业化过程中,也经历了严重的污染过程。光化学型烟雾最早出现在美国洛杉矶,先后于1943年、1952年、1955年在当地多次发生。洛杉矶在20世纪40年代的机动车保有量就达到250万辆,每天消耗石油1 100吨,排放 VOCs 1 000多吨、NOx 300多吨、CO 700多吨。机动车排放尾气中的挥发性有机物和氮氧化物,在当地强烈阳光的照射下,生成 O_3、醛类、过氧化物等形成光化学烟雾的大气污染物。

1943年7月26日,洛杉矶市中心能见度急剧降低,楼房、街道变得模糊。数千名居民出现眼睛刺痛、流泪、咳嗽、喉咙刺激等症状。1952年12月的洛杉矶光化学烟雾事件中,65岁以上老年人死亡400多人。1955年9月,由于光化学型烟雾污染和高温,洛杉矶市400多名老年人在短短2天内死亡,更多居民因烟雾刺激出现眼睛刺痛、呼吸困难等症状。

另一件环境公害事件是1948年10月发生在美国宾夕法尼亚州的多诺拉事件。当时美国宾夕法尼亚州多诺拉镇空气中 SO_2 以及其他氧化物与大气烟尘共同作用,生成硫酸烟雾,使得大气严重污染。在4天时间内,全镇14 000名居民中,有18人死亡,5 910人(43%)出现眼、鼻喉的刺激症状及其他呼吸道疾病。

这两大环境公害事件都是因为空气污染造成的。不仅引发了公众的强烈不满,也引起了美国政府的高度关注。美国自20世纪50年代起,已经意识到空气污染对其环境和社会存在着极其严重的影响,开始着力研究防治空气污染问题。

1955年,美国颁布了第一部联邦污染控制法《空气污染控制法案》。这是首部空气污染防治的联邦立法,并且为空气污染防治提供了资金支持。该法案要求美国公共卫生局和卫生、教育与福利部在空气污染来源的信息收集与影响分析方面进行合作。尽管该法案在空气污染防治方面收效甚微,但却在很大程度上让政府意识到空气污染防治是全国层面的问题,为联邦政府和州政府之间的技术合作、项目建设等提供了支持。

随后在1963年联邦政府颁布了《清洁空气法案》,是首部以空气污染治理为核心的联邦法律。基于此,美国公共卫生局开展了一项研发监控和治理空气污染的联邦项目,并且赋予政府直接干预"对任何人产生健康或福利方面威胁"的空气污染行为的权利。这部法案也为1970年出台更加完善的《清洁空气法案》,以及1977年和1990年修正案奠定了重要基础。

1967年,为了进一步扩展联邦政府空气污染治理行动的覆盖范围,《空气质量法案》出台。这项法案中,对有州际空气污染迁移的地区开始采取强制行动,包括广泛的环境监测研究和针对性的排放源固定测试等。该法案的另一个重要意义是制定了"联邦-州"结构,要求各州在空气质量标准的指导下,自行出台其可接受的污染排放标准,并且授权进一步开展研究活动。

1970年美国国会正式颁布了涉及空气污染问题的综合性联邦法律《清洁空气法案》。这部法案的颁布,使得联邦政府的角色在空气污染治理中,发生了巨大变化,设置了环境保护局这一联邦政府部门。这期间针对固定排放源的主要项目包括国家空气质量标准(the National Ambient Air Quality Standards, NAAQS)、州实施计划(State Implementation Plans, SIPs)、新能源性能标准(New Source Performance Standards, NSPS)以及有害空气污染物国家排放标准(National Emission Standards for Hazardous Air Pollutants, NESHAPs)。通过该部法案,政府治理空气污染的权限得到了很大程度的扩展。而与此同时,国家环境保护政策法也由美国环境保护局出台。1970年的《清洁空气法案》实现了污染防治战略上的三个重大转变。第一,促使国家层面的工作重点从敦促各州开展污染防治项目到制定和强制各州实行全国环境空气质量标准的转变。第二,该法案指导环境保护局识别污染物和污染源,并确定了这些污染物的级别标准以更好地保护公共健康和福利。第三,该法案认为当时的污染物治理技术无法满足联邦政府发布的标准,所以要求各行业都研发适合自身的污染治理技术。

1977年出台《清洁空气法案》修正案,在整体上延续了全国环境空气质量标准,并且在此基础上更多关注严重恶化的预防方案。此外,1977年的修正案在污染源控制方面实行了"新源控制原则",即对空气污染企业的设立进行了前置审批。修订案还进一步细化了污染防治的工业技术。

1990年《清洁空气法案》修正案,也是美国正在使用的最新版本。修正案面向环境保护局、各州政府以及企业发布了一些新的要求,包括对污染防治技术的分行业专业要求、移动污染排放的新标准和清除有毒空气污染等。1990年的修正案根据新的气候和环境状况,在很大程度上扩展法案所涉及的问题:包括进一步修正和增补国家空气质量标准、酸雨的防治、O_3层保护、涉及空气污染源的联邦审批制度等。美国《清洁空气法案》各阶段的主要内容变化如表11-3所示。

作为美国环境政策的基本法律,《清洁空气法案》历经了近半个世纪的发展演变和不断完善修订,构建了一套独特、完善、经济、高效管理模式,成为美国处理大气污染问题的主要法律依据。正是由于具有理念的超前性、标准的缜密性、管理的系统性和执行的严格性等特征,《清洁空气法案》不仅是美国治理大气污染的法律利器,也为其他国家提供了立法示范,包括日本《清洁空气法》、欧盟《清洁空气法》和《清洁空气计划》的制定。

表11-3　美国《清洁空气法案》各阶段主要变化内容

年份	法案名称	主要内容
1955年	《空气污染控制法》	首部空气污染防治的联邦立法,为空气污染防治提供资金支持
1963年	《清洁空气法案》	授权开展国家层面的与空气污染相关的环境问题研究项目
1967年	《空气质量法案》	规定涉及州际间空气污染转移问题的执法程序 授权进一步开展研究活动

续表

年份	法案名称	主要内容
1970 年	《清洁空气法案》	设置国家空气质量标准 规定州实施计划必须达到国家空气质量标准的要求 设立新能源性能标准 设立有害污染物国家排放标准 增强执法权力 设立机动车排放要求
1977 年	《清洁空气法案》修正案	设定对严重恶化的预防方案
1990 年	《清洁空气法案》修正案	进一步修正和增补了国家空气质量标准 酸雨的防治 O_3 层保护 涉及空气污染源的联邦审批制度

2. 大气污染物浓度变化和健康效益

（1）大气污染物浓度变化：自美国《清洁空气法案》颁布实施的四十余年来，美国 6 种主要大气污染物的排放量显著减少。根据美国环境保护署的统计数据，1980—2017 年美国 6 种主要大气污染物的排放量减少 67%，其中 CO 排放量减少 72%，铅（Pb）排放量减少 99%，NOx 排放量减少 61%，VOCs 排放量减少 54%，PM_{10} 排放量减少 61%，SO_2 排放量减少 89%。而与此同时，同期国内生产总值增加了 165%，机动车行驶里程数增加了 110%，能源消费增长了 25%，人口增长了 44%。说明推动环境保护和促进经济增长可以同步实现。

这些空气质量改善的成果使得美国许多地区的空气质量开始符合国家空气质量标准，并开始探索适合当地的空气质量标准。例如 1991 年有 41 个地区为 CO 不达标区域，现在已经全部达标。其中一个关键的原因就是《清洁空气法案》对新生产的机动车排放标准进行了严格的规定。另一个取得显著成效的是空气中铅含量的控制与治理。美国环境保护署在《清洁空气法案》的授权下，逐渐要求停止生产和使用含铅汽油，空气中铅超标地区的污染状况都有了显著改善。

根据美国环境保护署公布的数据，从全国的水平来看，1980—2017 年 CO、Pb、NO_2、SO_2 和 O_3 浓度分别降低了 84%、99%、60%、90% 和 32%。PM_{10} 和 $PM_{2.5}$ 由于开始监测的时间较晚，只统计了两种污染物分别从 1990 年和 2000 年起的浓度变化。其中 PM_{10} 浓度 1990—2017 年降低了 34%；$PM_{2.5}$ 浓度 2000—2017 年降低了 41%。主要大气污染物浓度在《清洁空气法案》实施后，都出现了不同程度的降低，并且总体上呈现先快后慢的降低模式。在所有污染物种类中，O_3 的降低幅度是最低的，提示空气污染治理是一个长期和艰巨的过程，仍然存在问题和挑战。

（2）健康效益：由于《清洁空气法案》的实施，很大程度上减少了美国与大气污染相关的各种疾病发病、住院和死亡人数。美国环境保护署对《清洁空气法案》1970—1990 年的健康效益、《清洁空气法案》修正案 1990—2010 年的健康效益以及 1990—2020 年预计的健康效益发布了 3 次评估报告。报告显示，《清洁空气法案》对公众健康保护的贡献大大超过了其成本。

根据 1970—1990 年评估报告,1990 年与 1970 年相比,美国 48 个州与 $PM_{2.5}$ 暴露相关的死亡数减少了 184 000 人,与 Pb 暴露相关的死亡人数减少了 22 000 人。与此同时,与颗粒物、Pb、O_3、NO_2、SO_2、CO 暴露相关的慢性支气管疾病、高血压、缺血性心脏病、动脉粥样硬化性脑梗死等疾病的发病和入院人数也显著降低,人群受限活动和工作日也明显减少(表 11-4)。

1990 年《清洁空气法案》进行了修正,包括进一步修正和增补了国家环境空气质量标准,提出了 O_3 层的保护等重大措施。该修正案的实施,取得了显著成效。截至 2010 年,减少了与颗粒物暴露相关的 160 000 名成人早死,230 名婴幼儿早死,与 O_3 暴露相关的 4 300 人早死。此外,慢性支气管疾病、急性心肌梗死、哮喘加剧、医院急诊人数、失学天数和失业天数也显著降低(表 11-4)。

表 11-4 美国 48 个州大气标准污染物健康效益——基于 1990 年非致病性疾病终点
结局与 1970 年的比较结果

健康终点	污染物	影响人群（年龄组）	每年减少的数量			单位
			5%	均值	95%	
慢性支气管炎	颗粒物	所有人群	493	674	996	千人
降低的智商分数	Pb	儿童	7 440	10 400	13 000	分数
智商<70	Pb	儿童	31	45	60	千人
高血压	Pb	20~74 岁男性	9 740	12 600	15 600	千人
慢性心脏病	Pb	40~74 岁	0	22	64	千人
动脉粥样硬化脑梗死	Pb	40~74 岁	0	4	15	千人
首次发生脑血管意外	Pb	40~47 岁	0	6	19	千人
医院入院						
所有呼吸系统疾病	颗粒物 &O_3	所有人群	75	89	103	千人
慢性阻塞性肺疾病+肺炎	颗粒物 &O_3	>65 岁人群	52	62	72	千人
缺血性心脏病	颗粒物	>65 岁人群	7	19	31	千人
充血性心力衰竭	颗粒物 &CO	≥65 岁人群	28	39	50	千人
其他呼吸系统相关疾病						
呼吸困难	颗粒物	儿童	14 800	68 800	133 000	千人
急性支气管炎	颗粒物	儿童	0	8 700	21 600	千人
上呼吸道 & 下呼吸道症状	颗粒物	儿童	5 400	9 500	13 400	千人
19 种呼吸系统急性症状之一	颗粒物 &O_3	18~65 岁	15 400	130 000	244 000	千人
哮喘发作	颗粒物 &O_3	哮喘患者	170	850	1 520	千人
呼吸系统疾病增加	NO_2	所有人群	4 840	9 800	14 000	千人
任何呼吸系统症状	SO_2	哮喘患者	26	264	706	千人

续表

健康终点	污染物	影响人群（年龄组）	每年减少的数量			单位
			5%	均值	95%	
活动或工作受限						
活动受限天数	颗粒物 &O_3	18~65 岁	107 000	125 000	143 000	天
工作受限天数	颗粒物	18~65 岁	19 400	22 600	25 600	天

来源：U. S. Environmental Protection Agency. The Benefits and Costs of the Clean Air Act.

由此可见，《清洁空气法案》带来了巨大的健康效益，并且随着计划的全面实施，这些效益将随着时间推移而增加。例如，美国环境保护署预计到 2020 年，1990 年《清洁空气法案》修正案的实施将减少与颗粒物暴露相关的 230 000 名成人早死，280 名婴幼儿早死，与 O_3 暴露相关的 7 100 人早死。减少与空气污染相关的心血管和呼吸系统疾病患病人数和医院急诊人数、失学与失业天数进一步增加（表 11-5）。并且该法案对 O_3 层保护的规定也获得了巨大的健康效益，预计 1990—2165 年将避免数百万人罹患皮肤癌或白内障疾病。

同时，由于与空气污染暴露相关死亡和疾病的降低，也带来了巨大的经济效益，死亡和疾病相关经济负担显著减少。成本-效益分析结果显示，美国《清洁空气法案》带来的收益远超过其成本，说明通过改善环境促进人群健康与经济发展可以同时实现，为后续其他国家进行空气污染治理提供了良好的借鉴。

表 11-5　1990 年《清洁空气法案》修正案的健康效益

健康相关结局	减少的人数或天数	
	截至 2010 年	截至 2020 年
成人死亡-颗粒物相关/人	160 000	230 000
婴幼儿死亡-颗粒物相关/人	230	280
死亡数-O_3 相关/人	4 300	7 100
慢性支气管炎/人	54 000	75 000
心脏病-急性心肌梗死/人	130 000	200 000
哮喘加剧/人	1 700 000	2 400 000
医院急诊人数/人	86 000	120 000
失学天数/天	3 200 000	5 400 000
工作受限天数/天	13 000 000	17 000 000

来源：U. S. Environmental Protection Agency. The Benefits and Costs of the Clean Air Act.

（三）我国大气污染防治

1. 我国大气污染防治法律及政策发展历史

（1）我国《大气污染防治法》：我国《大气污染防治法》是 1987 年第六届全国人大常委会第二十二次会议通过的，并于 1995 年和 2000 年进行了两次修订。20 世纪 90 年代我国主要以防治煤烟型大气污染为主，并且侧重于大气污染之后的治理，主要法律制度包括环境影响评价制度、大气污染浓度控制制度、限期治理制度等。2000 年修订的《大气污染防治法》重点在实施大气污染物排放总量控制和许可证制度、污染物排放超标违法制度、排污收费制度,以及防治燃煤污染、机动车船污染等,在防治煤烟型污染和机动车污染方面发挥了重要作用。

然而,随着近几十年我国城市化进程的不断加快、现代工业的快速发展以及机动车保有量的急剧增加,使得空气污染呈现多发和加重,局部的污染已经发展为区域性污染,工业污染已经发展为工业、交通、生活等复合型污染的特点。原有的法律在应对当前复杂的空气污染状况时,存在源头治理薄弱、管控对象单一、总量控制范围较小、重点难点针对不够、问责机制不严、处罚力度不够等问题。因此,2015 年我国对《大气污染防治法》又进行了修订,由第十二届全国人民代表大会常务委员审议通过。新《大气污染防治法》规定了大气污染防治领域的基本原则、基本制度、防治措施等,明确提出防治大气污染应当以改善大气环境质量为目标,强化地方政府的责任,加强考核和监督,确立了以改善大气环境质量为责任目标的考核机制。增加了包括推行重点区域大气污染联防联控、对重污染天气的监测预警体系建设等新举措。新《大气污染防治法》的出台,明确了我国新时期大气污染防治工作的重点,对解决大气污染防治领域的突出问题具有很强的针对性和操作性,为大气污染防治工作全面转向以质量改善为核心提供了坚实的法律保障。

此外,我国政府在大气污染防治的主要行动有 3 项,分别是实施《重点区域大气污染防治"十二五"规划》、是实施《大气污染防治行动计划》以及 2018 年 6 月《打赢蓝天保卫战三年行动计划》的出台。

(2)《重点区域大气污染防治"十二五"规划》:2012 年 9 月,国务院批复的《重点区域大气污染防治"十二五"规划》颁布。规划以 2010 年为基准年,为从"十二五"期间重点区域的大气污染防治设定了明确的规划目标。这是我国第一部综合性大气污染防治规划,标志着我国大气污染防治工作逐步由污染物总量控制为目标导向转变为以改善环境质量为目标导向,由主要防治一次污染物向既防治一次污染物又注重二次污染物转变。

规划目标为到 2015 年,重点区域 SO_2、NO_x、工业烟粉尘排放量分别下降 12%、13%、10%,挥发性有机物污染防治工作全面开展;环境空气质量有所改善,PM_{10}、SO_2、NO_2、$PM_{2.5}$年均浓度分别下降 10%、10%、7%、5%;O_3 污染得到初步控制,酸雨污染有所减轻;建立区域大气污染联防联控机制,区域大气环境管理能力明显提高。京津冀、长三角、珠三角三大重点区域将 $PM_{2.5}$ 纳入考核指标,$PM_{2.5}$ 年均浓度下降 6%。

规划中依据地理特征、社会经济发展水平、大气污染程度、城市空间分布以及大气污染物在区域内的传输规律,将规划区域划分为重点控制区和一般控制区,实施差异化的控制要求,制定有针对性污染防治策略。对重点控制区,采取更为严格的环境准入条件,执行重点行业污染物特别排放限值,采取更有力的污染治理措施。规划中提出了统筹区域环境资源、优化产业结构与布局,加强能源清洁利用,控制区域煤炭消费总量,深化大气污染治理,实施多污染物协同控制,创新区域管理机制、提升联防联控管理能力等措施。

《重点区域大气污染防治"十二五"规划》对切实改善我国大气环境质量具有重要意义,对重点区域乃至全国"十二五"大气污染防治工作发挥了重要的指导作用。

(3)《大气污染防治行动计划》:为了加快空气质量改善进程,2013 年 9 月国务院颁布了《大气污染防治行动计划》,提出了 10 条大气污染防治措施(简称"大气十条")。明确经过 5

年的努力,全国空气质量总体改善,重污染天气较大幅度减少;京津冀、长三角、珠三角等区域空气质量明显好转。力争再用 5 年或更长时间,逐步消除重污染天气,全国空气质量明显改善。其具体指标包括:到 2017 年,全国地级及以上城市可吸入颗粒物浓度比 2012 年下降 10% 以上,优良天数逐年增加;京津冀、长三角、珠三角等区域 $PM_{2.5}$ 浓度分别下降 25%、20%、15% 左右,其中北京市 $PM_{2.5}$ 年均浓度控制在 $60\mu g/m^3$。

"大气十条"中提出的措施包括加大综合治理力度,减少多污染物排放;调整优化产业结构、推动产业转型升级;加快企业技术改造,提高科技创新能力;加快调整能源结构,增加清洁能源供应;严格节能环保准入,优化产业空间布局;发挥市场机制作用,完善环境经济政策;健全法律法规体系,严格依法监督管理;建立区域协作机制,统筹区域环境治理;建立监测预警应急体系,妥善应对重污染天气;明确政府企业和社会的责任,动员全民参与环境保护。"大气十条"的实施,标志着我国将以前所未有的力度开展大气污染防治工作。

(4)《打赢蓝天保卫战三年行动计划》:2018 年 6 月,国务院印发了《打赢蓝天保卫战三年行动计划》。其主要目标为经过 3 年努力,大幅减少大气污染物排放总量,协同减少温室气体排放,进一步显著降低 $PM_{2.5}$ 浓度,明显减少重污染天数,明显改善环境空气质量,明显增强人民的蓝天幸福感。汾渭平原新增为污染重点防控区。

三年行动计划的主要措施包括:重点防控污染因子是 $PM_{2.5}$,重点区域是京津冀及周边、长三角和汾渭平原,重点时段是秋冬季,重点行业和领域是钢铁、火电、建材等行业以及"散乱污"企业、散煤、柴油货车、扬尘治理等领域。优化"四大结构",包括优化产业结构、能源结构、运输结构和用地结构;强化"四项支撑",包括强化环保执法督察、区域联防联控、科技创新和宣传引导(表 11-6)。

表 11-6　我国大气污染防治法律及政策主要内容

年份	法律或政策名称	主要内容
1987 年	《大气污染防治法》	以控制煤烟型污染为中心内容; 将大气环境保护工作纳入国民经济和社会发展计划
1995 年	《大气污染防治法》第一次修订	防治煤烟型大气污染; 大气污染防治的监督管理
2000 年	《大气污染防治法》第二次修订	实施大气污染物排放总量控制和许可证制度; 污染物排放超标违法制度; 排污收费制度; 防治燃煤污染、机动车船污染
2015 年	《大气污染防治法》第三次修订	确立以改善大气环境质量为责任目标的考核机制; 重点区域大气污染联防联控; 重污染天气的监测预警体系建设
2012 年	《重点区域大气污染防治"十二五"规划》	由污染物总量控制为导向到以改善环境质量为导向改变; 由主要防治一次污染物向同时防治一次污染物和二次污染物转变; 将规划区域划分为重点控制区和一般控制区,对重点控制区采取更为严格的措施

续表

年份	法律或政策名称	主要内容
2013 年	《大气污染防治行动计划》	政府调控与市场调节相结合； 全面推进与重点突破相配合； 总量减排与大气质量改善同步； 实施分区域、分阶段治理； 推动产业结构优化、科技创新能力增强
2018 年	《打赢蓝天保卫战三年行动计划》	汾渭平原新增为重点区域； 重点时段是秋冬季； 重点行业和领域是钢铁、火电、建材等行业以及"散乱污"企业、柴油货车、扬尘治理等领域； 优化产业结构、能源结构、运输结构和用地结构； 强化环保执法督察、区域联防联控、科技创新和宣传引导

2. 大气污染物浓度变化和健康效益

（1）大气污染物浓度变化：对我国大气污染防治法律及政策的效果评价研究显示，全国 SO_2 排放量在"十一五"规划期间 2010 年比 2005 年降低了 14%，使得大气 SO_2 和硫酸盐浓度在我国东部地区分别降低了 13%~15% 和 8%~10%。

有研究对《重点区域大气污染防治"十二五"规划》实施期间，我国 31 个省会城市和直辖市的大气污染物浓度变化进行了评价。结果显示，SO_2 浓度从 2010 年的 40.9μg/m³ 降低到 2015 年的 26.1μg/m³，$PM_{2.5}$ 浓度从 2013 年的 74.6μg/m³ 降低到 2015 年的 57.1μg/m³。$PM_{2.5}$ 与 SO_2 在重点区域的降低程度比非重点区域更加明显，其中 $PM_{2.5}$ 年平均浓度在重点区域和非重点区域分别降低 20.2μg/m³ 和 13.3μg/m³，SO_2 年平均浓度在重点区域和非重点区域分别降低 15.9μg/m³ 和 13.0μg/m³。但是 PM_{10} 浓度呈现先升后降，NO_2 浓度有一定升高趋势。

对"大气十条"的效果评价，有研究通过收集全国空气质量监测及全国死亡率监测的公开数据，并采用华盛顿大学健康测量与评价中心全球疾病负担项目推荐的暴露-反应关系模型，对"大气十条"实施 5 年期间（2013—2017 年），我国第一阶段实施《环境空气质量标准》（GB 3095—2012）的 74 个重点城市大气污染水平变化及相应的健康效益进行了评估。结果显示，2017 年与 2013 年相比，74 个重点城市 $PM_{2.5}$、PM_{10}、SO_2 和 CO 浓度分别降低了 33.3%、27.8%、54.1% 和 28.2%，NO_2 浓度变化不明显，O_3 浓度有一定上升趋势。京津冀、长三角、珠三角三大重点区域的 $PM_{2.5}$ 浓度分别降低 37.3%、35.2%、26.1%。北京在 2017 年的 $PM_{2.5}$ 年均浓度为 57.0μg/m³。

我国"大气十条"取得了显著的污染物防控效果，但是与美国和英国的《清洁空气法案》近半个世纪的大气污染防控进程类似，我国大气污染防控的挑战依然存在。具体表现为 $PM_{2.5}$ 和 PM_{10} 浓度下降呈现先快后慢趋势，并且 2017 年 74 个重点城市 $PM_{2.5}$ 和 PM_{10} 平均浓度仍超过国家标准；O_3 和 NO_2 防控仍需重点关注。

（2）健康效益："十二五"规划期间，归因于 PM_{10} 的年均死亡率在大部分省会城市和直辖市呈下降趋势，但在 2013 年显著上升，之后在 2014—2015 年降低。归因于 $PM_{2.5}$ 的死亡率在 2014 年和 2015 年显著降低,尤其在重点区域降低更为明显。例如归因于 $PM_{2.5}$ 的死亡率在我国 31 个省会城市和直辖市在 2014—2015 年降低了 0.441‰,减少了 121 658 人的死亡,其中在重点区域降低了 0.468‰,减少了 99 292 人的死亡,非重点区域降低了 0.311‰,减少了 22 366 人的死亡。归因于 SO_2 和 NO_2 的死亡率在 2011—2015 年变化不大。

"大气十条"实施 5 年期间相应的健康效益方面,2017 年与 2013 年相比,74 个重点城市大气污染相关的死亡人数减少了 4.7 万,寿命损失年减少了 71.0 万年(表 11-7)。京津冀、长三角、珠三角重点区域大气污染防控的健康效益显著,大气污染相关的死亡人数和寿命损失年减少数占 74 个重点城市总数的 55% 左右。

表 11-7　2014—2017 年全国 74 个重点城市大气污染相关死亡人数及寿命损失年
变化情况(2013 年为基线)

年份	减少死亡数(95%*CI*)/人	每十万人减少死亡数(95%*CI*)/人	减少的寿命损失年(95%*CI*)/年	每十万人减少的寿命损失年(95%*CI*)/年
2014 年	12 260 (−6700,34 090)	2.4(−1.3,6.6)	178 830 (−157 850,510 250)	34.7(−30.6,98.9)
2015 年	26 600 (4 880,50 340)	5.1(0.9,9.7)	391 030 (73 130,711 410)	75.4(14.1,137.1)
2016 年	37 760 (15 640,60 400)	7.2(3.0,11.6)	554 060 (233 510,872 740)	106.1(44.7,167.2)
2017 年	47 240 (25 870,69 990)	9.0(4.9,13.4)	710 020 (420 230,1 025 460)	135.5(80.2,195.7)

来源:HUANG J,PAN X,GUO X,et al,The Lancet Planetary Health,2018.

除了全国性的评价研究,也有不少研究对我国不同城市在大气污染治理过程中的健康效益进行评价。例如 1990 年 7 月 1 日,香港所有发电厂和机动车只能使用含硫量不超过 0.5% 的燃油。这种干预使得严重污染区大气中 SO_2 浓度和可吸入颗粒物中硫酸盐浓度分别降低了 80% 和 41%。对干预措施的研究显示,干预措施实施后,1990 年 7 月至 1995 年 6 月与 1985 年 7 月至 1990 年 6 月相比较,年均总死亡率、呼吸系统疾病死亡率、心血管系统疾病死亡率分别降低了 2.1%、3.9% 和 2.0%。在山西太原的研究,对自 2000 年起山西省政府减少燃煤排放和工业化对环境影响的政策后,太原市大气质量的改善带来的健康效益进行了评价。结果显示,太原市 2001—2010 年大气污染的降低,减少了 2 810 人的早死,降低了 951 例慢性支气管炎、141 457 例门诊、969 例急诊和 31 810 例住院。

上述针对大气污染长期防控政策带来的空气质量改善以及人群健康效益评价研究显示,大气污染长期防控政策能明显改善空气质量,而空气质量长期改善可显著降低人群与大气污染相关的疾病负担,包括降低总死亡率、呼吸系统疾病死亡率、心血管系统疾病死亡率、医院急诊人数等,从而带来巨大的健康效益。

二、大气污染短期群体干预

除了大气污染长期防控政策,在重大特殊事件期间,政府往往会采取一些临时措施以改善环境质量,其中包括交通管控、工业排放控制等快速改善大气质量的措施。这些针对空气质量改善的临时政策干预,为进行大气污染短期群体干预的健康效益评价提供了良好契机。如 1996 年美国亚特兰大奥运会、2002 年韩国釜山亚运会、2008 年北京奥运会、2010 年广州亚运会、2014 年南京青奥会、2014 年北京亚太经济合作组织峰会等重大事件期间,各国均采取了不同程度的空气质量短期改善措施。本节内容中也将针对这些事件期间大气污染物浓度短期变化及健康效益的相关研究进行简要概述。

(一) 国外大气污染短期群体干预

1. 1996 年美国亚特兰大奥运会

(1) 大气污染物浓度变化:1996 年美国亚特兰大奥运会期间(1996 年 7 月 19 日—8 月 4 日),政府采取了大力度措施降低亚特兰大的交通拥堵,尤其是交通早高峰期间的拥堵。研究结果显示,交通早高峰流量在奥运会期间降低了 22.5%,每日 O_3 浓度峰值从奥运会前 4 周和后 4 周的基线值 81.3ppb 降低到了奥运会期间 58.6ppb,降低了 27.9%,并且交通流量降低与每日 O_3 浓度峰值呈现显著关联。即使在时间序列模型中控制了气象变量、序列相关性以及每周星期几等因素,O_3 浓度在奥运会期间仍然显著降低了 13.0%($P = 0.06$)。除 O_3 之外,CO 和 PM_{10} 浓度也有显著降低,降低水平分别为 18.5%($P = 0.02$)和 16.1%($P = 0.01$),NO_2 和 SO_2 浓度分别降低 6.8%($P = 0.49$)和 22.1%($P = 0.65$),但无统计学差异。

(2) 健康效益:儿童急性哮喘事件在美国亚特兰大奥运会期间与基线期相比均有显著降低。根据美国佐治亚州医疗补助数据、健康维护组织数据、儿科急诊科数据、医院出院数据,奥运会期间,儿童急性哮喘事件发生的例数与基线期相比,降低比例分别为 41.6%、44.1%、11.1% 和 19.1%,并且与 O_3 浓度变化呈显著关联。

尽管儿童急性哮喘事件在奥运会期间有显著降低,并且与 O_3 浓度变化呈显著关联,但儿童非哮喘急性事件在奥运会期间与基线期相比变化不大。根据上述 4 个数据库,儿童非哮喘急性事件发生数变化分别为 −3.1%、1.3%、−2.1% 和 1.0%。此外,对呼吸系统和心血管系统疾病急诊人数的分析结果显示,这两类系统疾病的急诊人数在美国亚特兰大奥运会期间并未发生显著降低。

2. 2002 年韩国釜山亚运会

(1) 大气污染物浓度变化:2002 年韩国釜山亚运会期间(2002 年 9 月 29 日—10 月 14 日),政府采取了各种改善环境质量的临时政策,其中降低空气污染是首要考虑。相关措施包括加强工业排放监测、小汽车限行等。通过小汽车单双号限行,有效降低交通流量达 50%。研究者对 2002 年韩国釜山亚运会期间大气污染物浓度变化进行了分析。结果显示,2002 年亚运会期间,大气污染物 CO、NO_2、SO_2、PM_{10} 和 O_3 浓度比同期都有所降低。

(2) 健康效益:韩国釜山亚运会期间,儿童哮喘入院率降低了 37%。而在 2003 年同期,儿童哮喘入院率增加了 78%。

(二) 国内大气污染短期群体干预

1. 2008 年北京奥运会

(1) 大气污染物浓度变化:2008 年 8 月 8 日—9 月 17 日,第 29 届奥运会在北京举行。在此期间,北京市政府采取了一系列大气污染防控措施,包括推行新能源、发展公共交通、实施机动车单双号限行、淘汰老旧高排放机动车、禁止重型卡车上路、迁移市区重污染工厂、在北京及周边工厂开展脱硫除尘脱硝治理、奥运会期间停止工厂生产及建筑工地施工等。这些措施极大地改善了奥运会期间北京市的大气质量,具体表现为大气颗粒物和气态污染物如 SO_2、NOx、VOC_s 的排放量均显著降低,研究显示 $PM_{2.5}$ 和 PM_{10} 浓度在奥运期间与非奥运期间相比,分别降低了 31% 和 35%。

(2)健康效益:基于北京奥运会这一宝贵机遇,国内外研究者从人群生物标志水平、疾病发生、患癌风险及健康经济损失等方面探讨了短期大气质量改善带来的人群健康效益,取得了一系列的研究成果。

对奥运会期间人群生物标志水平的研究主要通过定组研究方法开展。一项对出租车司机的定组研究,追踪了出租车司机在奥运会前、中、后三个时期心率变异性(heart rate variability,HRV)水平的变化。HRV 是反映人体心脏节律变化的指标,该指标水平的降低在临床上被认为可增加心血管系统疾病发病的风险。对出租车司机的研究结果显示,机动车来源的 $PM_{2.5}$ 暴露浓度的增高,可导致研究对象 HRV 水平明显降低,而奥运会期间 $PM_{2.5}$ 浓度的下降则可以显著扭转这种不利影响,使研究对象的 HRV 水平显著升高。另一项对健康年轻人在北京奥运会前、中、后期的定组研究显示,研究对象在奥运会期间的凝血功能指标血浆可溶性 CD62P(sCD62P)和炎症指标血管性血友病因子(von Willebrand factor,vWF)水平与奥运会前相比,均有显著降低。并且分析显示,奥运会期间大气质量的改善与凝血和炎症标志物水平降低存在显著关联。还有研究者对一组儿童在奥运会前和奥运会期间呼吸道炎症水平指标呼出气 NO 进行了 5 次追踪测量。结果显示,奥运会期间儿童呼吸道炎症水平显著降低,并且与奥运会期间大气污染物浓度尤其是黑炭浓度的降低存在显著关联。

一项流行病学调查显示,北京市某医院奥运会期间的日均成人哮喘门诊量为平均 7.3 人,与奥运会前平均每日 16.5 人相比显著降低,并且奥运会期间 $PM_{2.5}$ 浓度的降低与哮喘门诊量的降低存在显著关联。还有研究显示在 2005—2007 年,大部分与机动车尾气排放相关的健康结局,包括急慢性支气管炎死亡数、呼吸系统疾病入院、哮喘发作的人数均有不同程度的增加,但在 2008 年却出现降低。上述研究说明 2008 年奥运会期间大气质量的改善能有效减少人群相关疾病的发生和死亡。

有研究测定了北京奥运会前后大气 $PM_{2.5}$ 中多环芳烃(polycyclic aromatic hydrocarbons,PAHs)含量的变化,结果显示 PAHs 在奥运会期间所对应的苯并芘当量浓度显著低于非奥运会期间,因此与 PAHs 相关的人群超额患癌风险在奥运会期间显著降低。根据此研究结果,研究者估计,如果污染控制措施在奥运会之后得以延续,PAHs 导致的人群患癌风险将降低 46%~49%。研究提示,有效的大气污染控制措施可显著降低人群的患癌风险。另一项对人群健康经济损失的评估显示,奥运会期间北京市人群加权 PM_{10} 的暴露水平及相应的人群健康经济损失均低于奥运会前、后期;奥运会前、中、后期的日均人群健康经济损失占北京市日均国民生产总值(GDP)的比重分别为 7.46%、4.61%、5.46%。由此可见,大气质量改善可显著降低人群健康经济损失的绝对值及其占 GDP 的比值,具有良好的经济效益和社会效益。

2. 2010 年广州亚运会

(1)大气污染物浓度变化:2010 年广州亚运会期间,广州市政府为改善亚运会期间的空气质量出台了一系列措施,包括交通限行、工业排放控制等。其中交通限行措施包括小汽车单双号限行和重型卡车在活动期间禁行。这些措施有效改善了广州市区的空气质量。研究显示 2010 年广州亚运会期间, 越秀区和荔湾区的大气 PM_{10} 平均浓度为 $80.47\mu g/m^3$, 与 2006—2009 年以及 2011 年同期平均浓度 $88.64\mu g/m^3$ 相比, 降低 9.22%; 亚运会期间大气 NO_2 的平均浓度为 $64.27\mu g/m^3$, 比同期平均浓度降低 3.27%; 亚运会期间大气 SO_2 的平均浓度为 $33.15\mu g/m^3$, 比同期平均浓度降低 4.22%。还有研究显示, 2010 年广州亚运会期间, 大气 $PM_{2.5}$ 浓度比 2009 年同期降低了 $3.5\mu g/m^3$。

(2) 健康效益: 2010 年广州亚运会期间, 越秀区和荔湾区的平均每日非意外死亡人数、心血管系统疾病死亡人数和呼吸系统疾病死亡人数分别为 25 人、8 人和 5 人, 低于同期相同时间 (2006—2009 年以及 2011 年) 的水平。三种类别死亡风险在亚运会期间与同期相同时间相比, 分别为 0.79 (95% CI: 0.73~0.86)、0.77 (95% CI: 0.66~0.89) 和 0.68 (95% CI: 0.57~0.80), 均有所降低。

还有研究通过空气污染控制健康效益评价工具 BenMAP-CE, 评价了 2010 年广州亚运会期间污染物浓度变化对疾病发生及死亡的影响, 以及带来的健康经济收益。结果显示, 亚运会期间空气质量的改善, 避免了当地居民 106 例早死、1 869 例住院及 20 026 例急诊, 由此带来的健康经济收益为 1.65 亿元。

3. 2014 年南京青奥会

(1) 大气污染物浓度变化: 为了保障 2014 年南京青奥会期间空气质量, 南京市政府采取了一系列严格的空气污染治理措施, 包括调控火电厂和炼金厂等重点工业污染源、严控垃圾焚烧、建筑工地停工, 以及区域大气环境联合整治等措施, 以改善空气质量。

研究显示, 南京青奥会期间 (2014 年 8 月 6 日—8 月 31 日), $PM_{2.5}$ 浓度与 O_3 浓度均有显著降低, 其中 $PM_{2.5}$ 浓度从奥运前 (2018 年 7 月 15 日—8 月 1 日) 的平均 $53.6\mu g/m^3$ 降低到奥运期间平均 $37.3\mu g/m^3$, O_3 浓度从奥运前平均 $40.6\mu g/m^3$ 降低到奥运期间平均 $19.2\mu g/m^3$。

(2) 健康效益: 有研究者对 31 名非吸烟的健康成人在南京青奥会前 (2014 年 7 月 15 日—8 月 1 日)、中 (2014 年 8 月 6 日—8 月 31 日)、后 (2014 年 9 月 6 日—9 月 30 日) 进行了追踪随访, 测量了其不同阶段血样中系统炎症水平。研究结果显示, 炎症因子人可溶性 CD40 配体 (soluble cluster of differentiation 40 ligand, sCD40L) 和白介素 1β (interleukin 1β, IL-1β) 水平在奥运会期间比奥运会前有显著降低。而 C 反应蛋白 (C-reactive protein, CRP) 和血管细胞黏附分子 (vascular cell adhesion molecule 1, VCAM-1) 在奥运后期显著升高, 并且大气 $PM_{2.5}$ 及 O_3 浓度与炎症因子水平显著关联, 尤其是 sCD40L。

4. 2014 年北京亚太经济合作组织 (APEC) 峰会

(1) 大气污染物浓度变化: 北京 APEC 峰会期间 (2014 年 11 月 5 日—11 月 11 日), 政府也采取了短期的空气污染控制措施。包括对移动排放源的控制, 如机动车单双号限行、限制大卡车在 6:00—24:00 进入城区; 对固定排放源的管控, 如对发电厂排放的控制, 以及对生产活动的监管, 如采取防尘措施。除北京外, 周边省市 (天津、河北、山西、山东、内蒙古) 也实施了相应的空气污染防控措施。研究显示, APEC 期间大气颗粒物包括 $PM_{2.5}$ 和 PM_{10} 浓度均有显著降低, 气态污染物 SO_2 和 NO_2 浓度也显著下降。

(2) 健康效益: 研究显示, 北京 APEC 峰会期间, 归因于大气 $PM_{2.5}$ 和 PM_{10} 的总死亡人数、心血管系统疾病死亡人数和呼吸系统疾病死亡人数与 APEC 峰会前、后相比, 均有显著降低。并且 APEC 峰会期间, 与大气 $PM_{2.5}$ 和 PM_{10} 导致死亡的经济损失与 APEC 前、后相比,也有显著减少。还有研究关注了 APEC 期间 PM$_{2.5}$浓度降低对多环芳烃(polycyclic aromatic hydrocarbons,PAHs)导致的肺癌人群归因分数的影响,结果显示 APEC 期间,PM$_{2.5}$结合的 PAHs 浓度从 7.1 ng/m^3 降低至 4.2 ng/m^3,相应的肺癌人群归因分数从 0.75%降至 0.45%。

上述有关大气污染短期群体干预的研究结果显示,即使短期大气污染控制政策仍然可以显著降低大气污染物水平,减少与大气污染相关的人群健康风险,带来可观的人群健康效益,从而为进一步开展长期大气污染控制提供理论依据。

第二节　大气污染个体干预研究

由于我国人口基数大,污染物水平高,短期内很难将污染物浓度控制到 WHO 推荐的水平,因此研发能够在个体水平降低大气污染健康风险的方法成为亟待解决的问题。个体干预是指为降低大气污染对健康的不良效应,通过减少个体暴露或增强机体对其不良效应抵抗力的方法。目前研究主要涉及减少个体暴露的办法:包括室内使用空气净化设备和室外佩戴口罩;增强个体抵抗力的方法:营养干预和体育锻炼。已有研究表明,个体水平的干预可以带来明显的健康收益,然而由于不同区域污染物浓度的差异,具体方法还需进一步的环境流行病学调查提供更多的科学依据。

尽管"大气十条"实施以来,我国大气质量有了明显改善,但较发达国家仍然高很多。鉴于大量流行病学研究证实大气污染物对健康有不良效应,如何选择合适的策略在个体水平减少大气污染的健康风险已经成为亟待解决的问题。

有很多学者在这个领域开展了相关研究。Langrish 等招募了 15 名健康无抽烟史志愿者,分为佩戴口罩组和对照组进行随机对照试验。受试者在预定路线行走两小时,结果显示 PM$_{2.5}$浓度、气象因素相似,佩戴口罩组收缩压降低,24 小时心率变异性增加,这表明室外佩戴口罩对改善心血管功能有一定作用。Liu 等在北京利用空气净化器对老年人群进行了一项随机对照研究,其中包括 20 名 COPD 人群。干预时间共计 4 周,包括两周真净化器干预和两周假净化器干预。对 PM$_{2.5}$和黑炭进行了浓度实时监测。结果显示,净化器可以明显减低污染物浓度(PM$_{2.5}$:34.8%;黑炭:35.3%),且使用真净化器和假净化器相比,可明显减少 SDNN 段的降低,对心血管系统表现为保护作用。Martenies 等利用净化器对哮喘儿童的影响进行研究,结果显示学校使用净化器可每年减少颗粒物相关哮喘负担 13%,每年每个哮喘儿童 32 美金或者每个教室 63 美金。家庭使用净化器可每年减少哮喘负担 11%~16%,每年每个家庭为 151~494 美金。国外也有学者进行了膳食补充剂对大气污染不良效应减缓的研究。Hansell 等探讨了儿童补充鱼油对交通来源污染和过敏性疾病之间的关系。作者利用澳大利亚开展的一项哮喘预防研究队列,包括出生在 1997—2000 年的 616 个儿童(其父亲或母亲有哮喘或相关症状),随机分为鱼油服用组和对照组,服用时间为 6 月龄至 5 岁。作者选择加权道路密度作为交通污染暴露相关因子。结果显示鱼油能够预防交通污染相关的过敏早期症状。体育锻炼和大气污染对健康的交互作用也受到了关注。Laeremans 等利用 122 名志愿者体育锻炼和污染物暴露的数据进行了分析,结果显示在低暴露水平下(BC<10μg/m^3),体育锻炼和大气污染物同时作用于机体,其效应表现为对肺功能的保护作用。

一、净化器干预研究

近年来,复旦大学对净化器降低大气污染暴露的健康效应进行了系统的评估。该系列研究采取随机交叉对照设计,选择健康在校大学生,在证实净化器对人体循环、呼吸系统保护作用的基础上,从多个角度,包括表观遗传学、代谢组学和神经内分泌变化等,阐释其作用机制(图 11-2)。

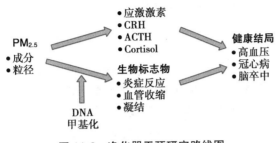

图 11-2　净化器干预研究路线图

(一) 心肺功能影响

该研究招募 35 名健康大学生,将其随机分为两个组,分别用真假净化器进行 48 小时干预,研究期间全程在宿舍(关闭门窗)。经过 2 周洗脱期,干预组和对照组进行交叉。研究结果显示使用空气净化器可将污染物水平从 $96.2\mu g/m^3$ 下降到 $41.3\mu g/m^3$,降低 57%。同时空气净化器使用和循环系统中反应验证、凝血、血管内皮功能障碍的细胞因子降低有关。此外,收缩压、舒张压和呼出气 NO 也明显降低。

(二) 表观遗传学改变

20 世纪 70 年代初,Holliday 系统表述了表观遗传学为研究非 DNA 序列变化所致的可遗传的基因表达变化。表观遗传学改变包括 DNA 甲基化、组蛋白修饰、非编码 RNA 作用等,表观遗传变异是环境因素和细胞内遗传物质交互作用的结果。净化器的干预实验中,主要针对长散在核苷酸元件(long interspersed nucleotideelements,LINE-1)、10 个特定基因和 10 个循环系统生物标志物的甲基化水平进行测定。结果显示净化器干预后,甲基化水平升高。其中,CD40LG 甲基化水平降低对 $PM_{2.5}$ 对 sCD40L 蛋白的作用有明显的中介效应。但在该课题组另外一项净化器干预实验中对全基因组甲基化水平进行了检测,发现 $PM_{2.5}$ 增加了和胰岛素抵抗、氧化应激等特定基因的甲基化水平。因此在表观遗传学领域 $PM_{2.5}$ 对甲基化水平的影响还需进一步研究。

(三) 代谢组学改变

代谢组学是继基因组学、转录组学和蛋白质组学之后迅速发展起来的一门新兴学科,它以生物系统中的代谢产物分子为对象,以高通量、高灵敏度、高分辨率的现代仪器分析方法为手段,结合模式识别等化学计量方法,重点是生物体对病理生理刺激或遗传改变产生的代谢物质动态应答的测定。该研究招募了 60 名健康大学生,随机分为两组,干预 9 天,其间除上课外,75%时间在宿舍。洗脱期时间设为 12 天,之后干预组和对照组交叉。由于受试对象暴露于真实环境,因此研究期间记录时间活动日志。代谢组学研究发现,$PM_{2.5}$ 高暴露可引起皮质醇、可的松、肾上腺素、去甲肾上腺素增加。之后招募 43 名学生,对颗粒物和应激激素之间的关系进一步分析。研究发现 $PM_{2.5}$ 短期暴露就可引起促肾上腺皮质激素释放激素(CRH)、促肾上腺皮质激素(ACTH)水平显著升高,提示下丘脑-垂体-肾上腺(HPA)轴的激活。水溶性离子 NO_3^-、NH_4^+ 与 CRH 呈显著正相关;金属元素 Zn、Mn、Cu 与 CRH 呈显著正相关;OC 与 CRH 呈显著正相关;水溶性离子 SO_4^{2-}、NO_3^-、NH_4^+、Ca^{2+} 与 ACTH 呈显著正相关;水溶性离子 NO_3^-、NH_4^+ 与 Cortisol 呈显著正相关;金属元素 Fe、Ba、Cr 与 Cortisol 呈显著正相关。该结果表明水溶性离子 NO_3^- 和 NH_4^+ 是引起 HPA 轴激活的主要组分;重金属元素也可引起 PHA 轴的激活;OC、EC 对于 HPA 轴的作用较弱。

二、营养干预研究

颗粒物对机体不良效应的主要作用机制包括炎性反应和氧化应激,因此美国 EPA 的一个团队开展了探讨具有抗氧化和消炎功能的营养剂减缓颗粒物毒副作用研究。由于膳食补充剂的特殊性,该研究并未采用标准随机对照设计,采用相同的暴露顺序对营养剂作用进行了评估,探讨其对心血管功能、血脂水平和血管功能的影响(图 11-3)。

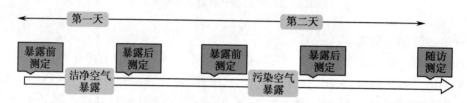

图 11-3　效应检测路线图

Tong 等纳入了 29 名 50~72 岁的无心脏病史人群,研究期间限制 Omege-3 脂肪酸以及抗氧化剂、抗生素等摄入。测试前 24 小时禁食酒精和咖啡因类饮品。随机分为两组,其中 16 名参加者补充鱼油(3g/d)、13 名参加者补充橄榄油(3g/d),连续 28 天。每名参加人员首先暴露于洁净空气,隔日暴露于高污染空气(平均值 $278\mu g/m^3$)。利用 Holter 测定受试者心率变异性改变,并对血中脂质水平进行检测。心率变异性作为目前评价心脏自主神经系统功能系统公认的指标体系,是一类敏感且非损伤性的定量指标。频域指标主要包括总功率(total power, TP, ≤0.40Hz)、极低频功率(very low-frequency power, VLF, ≤0.04Hz)、低频功率(low-frequency power, LF, 0.04~0.15Hz)、高频功率(high-frequency power, HF, 0.15~0.40Hz)以及低频高频功率比(the ratio of LF power to HF power, LFHFR)等。其中 LF 同时反映了交感神经和副交感神经对心脏的调控作用,HF 主要反映了副交感神经的调控作用,而 LFHFR 则用于评价心脏自主神经调控中交感和副交感作用的平衡性。研究结果显示,鱼油补充剂可以减缓高浓度颗粒物引发的 LFHFR 升高,甘油三酯和极低密度脂蛋白升高可能与粥样硬化有关。鱼油补充剂可降低由于高污染物暴露引起的甘油三酯和极低密度脂蛋白的升高,但橄榄油补充剂未发现相关的效应。

Tong 等的另一个研究中,对鱼油和橄榄油补充剂对血管功能的影响进行了分析。研究采用相似的设计,招募 42 名研究对象,随机分为 3 组:鱼油补充剂组($n=13$)、橄榄油补充剂组($n=16$)和对照组($n=13$)。选择血流介导的血管扩张(flow mediated dilation, FMD)、组织纤溶酶原激活物(tissue plasminogen activator, t-PA)、内皮素-1(endothelin-1, ET-1)等指标评价血管功能。其中 FMD 是 1992 年开发的评价指标,主要通过人为干预暂时阻止和恢复血流,伴随血流增大的剪应力增加从而刺激血管内皮细胞产生 NO,通过测量由于 NO 产生增加而引起的血管舒张量评价血管内皮功能。ET-1 是迄今为止发现的作用最强的缩血管物质。T-PA 是以丝氨酸为活性中心的蛋白酶,其能将纤溶酶原转化为纤溶酶,为血栓消除的关键酶类。研究结果显示橄榄油补充剂可以减缓污染物暴露引起的 FMD 降低;增加 t-PA 含量;稳定 ET-1 水平。而鱼油补充剂未显示出类似的效果。该团队研究成果说明,鱼油/橄榄油补充剂可以减缓污染物对心血管系统的不良效应。

三、体育锻炼干预

2016 年国务院印发实施《"健康中国 2030"规划纲要》,推动健康中国建设,推行健康文明的生活方式,体育锻炼是其中之一。定期体育锻炼可以减少多种非传染性疾病的风险。近年来,我国多城市为提高全民健康水平,加强公共体育基础设施建设,提供了更多的体育锻炼场所。但目前尚无体育锻炼对大气污染不良效应的干预研究。因此本部分选取体育锻炼减缓颗粒物不良效应的研究进行阐述。

流行病学研究表明,体育锻炼可以减少抽烟引起的炎性反应,因此有研究者利用欧洲社区呼吸健康调查(European Community Respiratory Health Survey,ECRHS)随访数据探讨体育锻炼对大气污染所致机体炎性反应的减缓效应。ECRHS 是始于 1990 年的欧洲多中心研究,研究环境因素对疾病影响。该研究是两阶段研究:第一阶段为问卷调查,大约 20 万人;第二阶段为临床体检,约 2.6 万人。1998—2002 年进行了第一次随访(27~57 岁),2010—2014 年进行了第二次随访(39~67 岁)。由于两次随访中有体育锻炼和肺功能检测的数据,因此该项研究利用这两次数据分析体育锻炼与大气污染对肺功能的交互作用。

研究者从参加随访的 10 217 人中(26 个中心,12 个国家)排除既往有吸烟史人群,然后筛选出两次随访中均有肺功能和体育锻炼人群以及污染物暴露估计的人群,共 4 520 人(19 个中心,9 个国家)纳入研究(2 801 例无吸烟史人群和 1 719 例吸烟人群)。肺功能测定指标包括用力肺活量(forced vital capacity,FVC)和第一秒用力呼出容积(forced expiratory volume in one second,FEV1)。体育锻炼情况通过自填问卷获得,包括每周锻炼频率和每次锻炼时间。将每周锻炼两次及以上同时每次锻炼不少于 1 小时定义为活跃,反之为不活跃。基于卫星和地面监测站数据,选择土地利用模型对 NO_2、PM_{10}、$PM_{2.5}$ 的浓度进行估计,然后将污染物浓度和受试对象住址相匹配。统计方法选择线性混合效应模型,其中将不同的中心作为随机效应项。分析中将性别、年龄、教育程度、职业、身高、体重、二手烟暴露情况、吸烟量作为自变量加以控制。为了评价体育锻炼和污染物之间的交互作用,根据受试对象住址的污染物浓度,将数据分为低中浓度暴露组和高浓度暴露组。

研究结果显示对于非吸烟人群,居住于低中污染物浓度区,体育锻炼增加 FVC 和 FEV1 水平较高,但在高污染区未发现这个现象。对于吸烟人群,无论在高污染区还是中低污染区,体育锻炼均可增强肺功能。该研究表明体育锻炼对于吸烟人群肺功能有益。但其对非吸烟人群的影响还需进一步研究。

另外一项研究对空气质量水平不同的城市中,跑步所带来的收益与大气污染的不良效应进行了分析比较(图 11-4)。结果显示,在全球空气质量最差的城市中,跑步 15 分钟可获得最大的健康收益,跑步时间达到 75 分钟及以上,大气污染带来的健康风险将超过运动获得的健康收益。然而在空气质量最好的城市中,无论跑步时间长短,跑步的健康收益均超过大气污染的健康风险。

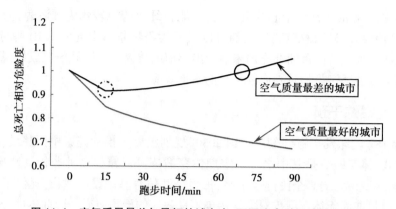

图 11-4　空气质量最差与最好的城市中,不同跑步时间的健康风险

来源:Pasqua et al,International Journal of Environmental Research and Public Health,2018.

但是该研究有明显的局限性。它仅考虑了定期体育锻炼和颗粒物暴露的长期效应,并未对颗粒物短期效应进行评估,尤其是雾霾天气。在健康结局的选择中,也仅仅对总死亡进行了分析,未考虑发病和住院等。此外,该研究的结果受暴露-反应关系系数影响较大。

第三节　研究展望

虽然《大气污染防治行动计划》实施后,我国空气质量明显改善,但和发达国家相比,仍然面临污染物浓度较高、多种污染并存的局面。迄今为止,我国已经有大量研究对大气污染物和健康效应的关系进行了研究,但干预研究仍然相对较少,而其恰恰是公共卫生研究的意义所在。

在群体研究层面,有研究证实长期和短期的干预均可降低心血管疾病等患病和死亡风险,提高居民健康水平。但考虑到我国污染物浓度、成分和人群易感性的不同,有必要基于我国队列研究的结果,对干预政策效果进行科学和准确评估。由于我国各地因地制宜的出台干预政策,可在较小地理尺度上对政策效果做精准化评估。同时,研究者应开展政策效应的多方位、全面评估,为政策制定者提供可靠证据,如应考虑干预政策对疾病负担的影响,并从经济学角度来定量评价其带来的潜在收益。在未来的研究中,可利用我国健康城市建设的契机,结合大数据平台所带来的海量数据,探讨对政策干预进行全人群精准评估的方法。

在个体研究层面,国内外开展了多项研究,为多种干预方式的有效性提供了科学证据。未来需从以下几个方面进行拓展研究:加强污染物健康影响和运动关系的研究,对运动进行精准评估(包括问卷、可穿戴设备),为个体提供更好的科学证据,使个人在室外活动和减少污染物暴露之间取得平衡;在污染程度不同、生活饮食习惯不同的典型城市进行研究,探讨个体水平上的抗氧化剂长期干预的有效性;在未来的个体干预评估中,需更好地控制室内污染物影响,对个体暴露进行精准估计,突出对妇女儿童、老年人、残疾人、流动人口、低收入人群等重点人群的关注。

综上所述,在我国面临工业化、城镇化、人口老龄化以及疾病谱、生态环境、生活方式等多种新挑战的背景下,干预研究可对健康中国 2030 目标的实现提供重要的科学证据和有力保障。

(李国星　黄　婧)

参考文献

[1] LOGAN W P.Mortality in the London fog incident,1952[J].Lancet,1953,1(6755):336-338.

[2] 王越.英国空气污染防治演变研究(1921~1997)[D].西安:陕西师范大学,2018.

[3] UK NAEI.UK emissions data selector-NAEI[DB/OL].http://naei.beis.gov.uk/data/data-selector?view=air-pollutants.

[4] 张亚欣.英国空气污染及其治理研究(1950-2000)[D].郑州:郑州大学,2018.

[5] DOOLEY E E.Fifty years later:clearing the air over the London smog[J].Environ Health Perspect,2002,110(12):A748.

[6] CLANCY L,GOODMAN P,SINCLAIR H,et al.Effect of air-pollution control on death rates in Dublin,Ireland:an intervention study[J].Lancet,2002,360(9341):1210-1214.

[7] 黄衔鸣,蓝志勇.美国清洁空气法案:历史回顾与经验借鉴[J].中国行政管理,2015,2015(10):140-146.

[8] 梁睿.美国清洁空气法研究[D].青岛:中国海洋大学,2010.

[9] EPA.National Air Quality:Status and trends of key air pollutants[DB/OL].http://www.epa.gov/airtrends/aqtrends.html.

[10] AGENCY E P.Benefits and costs of the Clean Air Act,1970 to 1990[DB/OL].https://www.epa.gov/clean-air-act-overview/benefits-and-costs-clean-air-act-1970-1990-retrospective-study.

[11] EPA.Costs and Benefits of the Clean Air Act-- 1990 to 2010[DB/OL].https://www.epa.gov/clean-air-act-overview/benefits-and-costs-clean-air-act-1990-2010-first-prospective-study.

[12] EPA.Second Prospective Study-1990 to 2020[DB/OL].https://www.epa.gov/clean-air-act-overview/benefit-and-costs-clean-air-act-1990-2020-second-prospective-study.

[13] SAMET J M.The Clean Air Act and health--a clearer view from 2011[J].N Engl J Med,2011,365(3):198-201.

[14] KRUPNICK A,MORGENSTERN R.The future of benefit-cost analyses of the Clean Air Act[J].Annu Rev Public Health,2002,23(1):427-448.

[15] WANG S,XING J,ZHAO B,et al.Effectiveness of national air pollution control policies on the air quality in metropolitan areas of China[J].J Environ Sci(China),2014,26(1):13-22.

[16] LIU T,CAI Y,FENG B,et al.Long-term mortality benefits of air quality improvement during the twelfth five-year-plan period in 31 provincial capital cities of China[J].Atmospheric Environment,2018,173(1):53-61.

[17] COHEN A J,BRAUER M,BURNETT R,et al.Estimates and 25-year trends of the global burden of disease attributable to ambient air pollution:an analysis of data from the Global Burden of Diseases Study 2015[J].Lancet,2017,389(10082):1907-1918.

[18] HUANG J,PAN X,GUO X,et al.Health impact of China's Air Pollution Prevention and Control Action Plan:an analysis of national air quality monitoring and mortality data[J].Lancet Planetary Health,2018,2(7):e313-e323.

[19] HEDLEY A J,WONG C M,THACH T Q,et al.Cardiorespiratory and all-cause mortality after restrictions on sulphur content of fuel in Hong Kong:an intervention study[J].Lancet,2002,360(9346):1646-1652.

[20] TANG D,WANG C,NIE J,et al.Health benefits of improving air quality in Taiyuan,China[J].Environ Int,2014(73):235-242.

[21] FRIEDMAN M S,POWELL K E,HUTWAGNER L,et al.Impact of changes in transportation and commuting behaviors during the 1996 Summer Olympic Games in Atlanta on air quality and childhood asthma[J].Jama,2001,285(7):897-905.

[22] PEEL J L,KLEIN M,FLANDERS W D,et al. Impact of improved air quality during the 1996 Summer

Olympic Games in Atlanta on multiple cardiovascular and respiratory outcomes[J].Res Rep Health Eff Inst, 2010(148):3-23.

[23] LEE J T,SON J Y,CHO Y S.Benefits of mitigated ambient air quality due to transportation control on childhood asthma hospitalization during the 2002 summer Asian games in Busan,Korea[J].J Air Waste Manag Assoc,2007,57(8):968-973.

[24] LIN H,LIU T,FANG F,et al.Mortality benefits of vigorous air quality improvement interventions during the periods of APEC Blue and Parade Blue in Beijing,China[J].Environ Pollut,2017,220(Pt A):222-227.

[25] XIE Y,ZHAO B,ZHAO Y,et al.Reduction in population exposure to $PM_{2.5}$ and cancer risk due to $PM_{2.5}$-bound PAHs exposure in Beijing,China during the APEC meeting[J].Environ Pollut,2017(225):338-345.